编委会名单

主 任 委 员　庄燕滨

副主任委员　张永常　邵晓根　范剑波　沈振平　倪　伟　马正华　范兴南
　　　　　　　华容茂

委　　　员（以姓名笔画为序）

丁志云　丁海军　王　琳　石敏辉　刘玉龙　刘红玲　朱宇光

朱信诚　冷英男　闵立清　吴　胜　杨玉东　杨茂云　张宗杰

张碧霞　张献忠　查志琴　赵立江　赵　梅　郭小荟　徐煜明

唐土生　唐学忠　程红林　彭　珠　韩　雁

21 世纪高等学校本科计算机专业系列实用教材

C51 单片机及应用系统设计

徐煜明　编著

电子工业出版社

Publishing House of Electronics Industry

北京 · BEIJING

内 容 简 介

本书以目前国内使用最广泛的 MCS-51 系列单片机为对象，以单片机应用系统设计为主，首先详细介绍了单片机系统与外设接口的设计及编程技术，内容涉及键盘、LED 段码和点阵显示、液晶显示、IC 卡模块、模数/数模转换等，然后总结了系统设计的流程和步骤及常用软硬件抗干扰技术等内容。书中原理性实例采用汇编语言和 C51 编程，旨在使读者能够理解编程思路，掌握两种语言的编程方法，为学习其他型号的单片机打下良好基础；应用型、综合型实例全部采用 C51 编程，使程序的可读性和可移植较好。

本书适用于高校计算机、通信、电子信息、电子技术、自动化等专业的教学使用，也是一本工程技术人员的参考用书。

图书在版编目（CIP）数据

C51 单片机及应用系统设计 / 徐煜明编著.—北京：电子工业出版社，2009.2
（21 世纪高等学校本科计算机专业系列实用教材）
ISBN 978-7-121-07846-0

I. C⋯　　II. 徐⋯　　III. 单片微型计算机—系统设计—高等学校—教材　　IV. TP368.1

中国版本图书馆 CIP 数据核字（2009）第 006532 号

责任编辑：刘海艳（lhy@phei.com.cn）
印　　刷：北京京华虎彩印刷有限公司
装　　订：北京京华虎彩印刷有限公司
出版发行：电子工业出版社
　　　　　北京市海淀区万寿路 173 信箱　邮编：100036
开　　本：787×1 092　1/16　印张：19.25　字数：517.5 千字
版　　次：2009 年 2 月第 1 版
印　　次：2015 年 8 月第 7 次印刷
定　　价：35.00 元

凡所购买电子工业出版社图书有缺损问题，请向购买书店调换。若书店售缺，请与本社发行部联系，联系及邮购电话：（010）88254888。

质量投诉请发邮件至 zlts@phei.com.cn，盗版侵权举报请发邮件至 dbqq@phei.com.cn。

服务热线：（010）88258888。

序　言

21 世纪是"信息"主导的世纪，是崇尚"创新与个性"发展的时代，体现"以人为本"、构建"和谐社会"是社会发展的主流。然而随着全球经济一体化进程的不断推进，市场与人才的竞争日趋激烈，对于国家倡导发展的 IT 产业，需要培养大量的、适应经济和科技发展的计算机人才。

众所周知，近年来，一些用人单位对部分大学毕业生到了工作岗位后，需要 1～2 年甚至多年的训练才能胜任工作的"半成品"现象反应强烈。从中反映出单位对人才的需求越来越讲求实用，社会要求学校培养学生的标准应该和社会实际需求的标准相统一。对于 IT 业界来讲，一方面需要一定的科研创新型人才，从事高端的技术研究，占领技术发展的高地；另一方面，更需要计算机工程应用、技术应用及各类服务实施人才，这些人才可统称"应用型"人才。

应用型本科教育，简单地讲就是培养高层次应用型人才的本科教育。其培养目标应是面向社会的高新技术产业，培养在工业、工程领域的生产、建设、管理、服务等第一线岗位，直接从事解决实际问题、维持工作正常运行的高等技术应用型人才。这种人才，一方面掌握某一技术学科的基本知识和基本技能，另一方面又具有较强的解决实际问题的基本能力，他们常常是复合性、综合性人才，受过较为完整的、系统的、有行业应用背景的"职业"项目训练，其最大的特色就是有较强的专业理论基础支撑，能快速地适应职业岗位并发挥作用。因此，可以说"应用型人才培养既有本科人才培养的一般要求，又有强化岗位能力的内涵，它是在本科基础之上的以'工程师'层次培养为主的人才培养体系"，人才培养模式必须吸取一般本科教育和职业教育的长处，兼容并蓄。"计算机科学与技术"专业教学指导委员会已经在研究并指导实施计算机人才的"分类"培养，这需要我们转变传统的教育模式和教学方法，明确人才培养目标，构建课程体系，在保证"基础的前提"下，重视素质的养成，突出"工程性"、"技术应用性"、"适应性"概念，突出知识的应用能力、专业技术应用能力、工程实践能力、组织协调能力、创新能力和创业精神，较好地体现与实施人才培养过程的"传授知识，训练能力，培养素质"三者的有机统一。

在规划本套教材的编写时，我们遵循专业教学委员会的要求，针对"计算机工程"、"软件工程"、"信息技术"专业方向，以课群为单位选择部分主要课程，以计算机应用型人才培养为宗旨，确定编写体系，并提出以下的编写原则。

（1）本科平台：必须遵循专业基本规范，按照"计算机科学与技术"专业教学指导委员会的要求构建课程体系，覆盖课程教学知识点。

（2）工程理念：在教材体系编写时，要贯穿"系统"、"规范"、"项目"、"协作"等工程理念，内容取舍上以"工程背景"、"项目应用"为原则，尽量增加一些实例教学。

（3）能力强化：教学内容的举例，结合应用实际，力争有针对性；每本教材要安排课程实践教学指导，在课程实践环节的安排上，要统筹考虑，提供面向现场的设计性、综合性的实践教学指导内容。

（4）国际视野：本套教材的编写要做到兼长并蓄，吸收国内、国外优秀教材的特点，人才培养要有国际背景和视野。

本套教材的编委会成员及每本教材的主编都有着丰富的教学经验，从事过相关工程项目（软件开发）的规划、组织与实施，希望本套教材的出版能为我国的计算机应用型人才的培养尽一点微薄之力。

编委会

前　言

单片机的诞生标志着计算机正式形成了两大系统，即通用计算机系统和嵌入式系统。进入 21 世纪后，随着计算机科学和微电子集成技术的飞速发展，嵌入式系统得到了迅猛的发展，单片机不断地向更高层次和更大规模发展。单片机应用系统的高可靠性，软、硬件的高利用系数，优异的性能价格比，使它的应用范围由开始传统的过程控制，逐步进入数值处理、数字信号处理及图像处理等高技术领域。同时，世界各大半导体厂商纷至沓来争先挤入这一市场，激烈的市场竞争也促进了单片机迅速更新换代，带来了它们更为广泛的应用，开辟了计算机应用的一个新时代。

学习单片机不但要学习单片机的原理和编程语言，掌握单片机的接口技术和编程方法，还要熟悉单片机的编程器、仿真器等工具。由于单片机种类较多，往往令初学者感到头痛。在众多单片机中，由 51 架构的单片机芯片市场流行已久，技术资料也相对较多，是初学者较好的选择。51 单片机编程语言常用的有两种：汇编语言和 C 语言。汇编语言的机器代码生成效率很高，但可移植性和可读性差；而 C 语言在大多数情况下其机器代码生成效率和汇编语言相当，但可读性和可移植性却远远胜于汇编语言，而且 C 语言还可以嵌入汇编，开发周期短。

编者是多年从事单片机应用系统技术研发和教学的教师，选用 51 单片机编写了本教材，试图向读者较好地解答"什么是单片机？怎样学好单片机？如何应用单片机？"这三个问题，使读者既能掌握单片机的一般原理，又能掌握单片机应用系统的软硬件设计技巧，从而能很快从事嵌入系统开发的工作。

为了便于组织教学，在本教材的编排顺序上采用了循序渐进的策略。本书共 11 章，第 1 章简要介绍了单片机的特点、发展概况和应用领域；第 2 章介绍了 MCS-51 单片机的内部结构、资源及特性；第 3 章介绍了 MCS-51 的指令系统及汇编语言程序的设计方法；第 4 章介绍了单片机 C51 程序设计方法；第 5 章介绍了 MCS-51 中断系统及中断服务程序的设计方法；第 6 章介绍了 MCS-51 定时器/计数器的原理及其应用；第 7 章介绍了串行通信的基本概念及 RS-232、RS-422、RS-485 串行总线接口标准，通过实例介绍了 MCS-51 串行通信接口应用及编程方法；第 8 章从单片机并行和串行总线两个方面，介绍了常用存储器、并行接口芯片 8255 和串行接口芯片 8251 的扩展方法，特别介绍了 I^2C、SPI、1-Wire 串行总线的特性及虚拟接口的设计和编程方法；第 9 章介绍了键盘、LED 段码点阵显示、液晶显示、IC 卡、模数/数模转换等与单片机系统的接口及编程方法；第 10 章介绍了单片机应用系统设计流程和步骤，常用的软硬件抗干扰技术；第 11 章介绍了 Keil C51 集成开发环境的使用。

本教材内容丰富、深入浅出，大部分程序代码采用 C 语言编写，使程序的可读性和可移植性较好，读者在应用这些典型模块的程序代码时，只需将程序代码的全部内容作为一个独立模块链接在应用程序之后，统一编译。本教材十分适合于应用型高等学校计算机、通信、电子信息、电子技术、自动化及其他相关专业的教学使用，也是一本工程技术人员的参考用书。

本教材由徐煜明编著，韩雁对全文的校对和审核做了大量工作，在编著过程中韩雁、朱宇光、徐强、李春光、王建农、王文宁、赵徐成、陆锦军、黄忠良对全文内容及安排提出了许多宝贵的意见，在此一并表示感谢。由于编者学术水平有限，书中不妥之处在所难免，恳请读者批评指正！

本书配有免费电子课件，任课教师可与编辑刘海艳（E-mail:lhy@phei.com.cn）联系。

编　者

目　　录

第1章　绪论 ……………………………………………………………………………… 1

1.1　单片机基础知识 ……………………………………………………………………… 1

    1.1.1　单片机的结构和特点 …………………………………………………………… 1

    1.1.2　单片机的发展 …………………………………………………………………… 2

    1.1.3　单片机芯片技术的发展趋势 …………………………………………………… 2

1.2　单片机应用 …………………………………………………………………………… 5

    1.2.1　单片机应用方向 ………………………………………………………………… 5

    1.2.2　单片机应用系统的分类 ………………………………………………………… 6

1.3　MCS-51 单片机系列 …………………………………………………………………… 6

    1.3.1　MCS-51 系列单片机分类 ………………………………………………………… 6

    1.3.2　MCS-51 单片机的结构特点 ……………………………………………………… 7

1.4　其他系列单片机介绍 ………………………………………………………………… 8

    1.4.1　Microchip 公司系列单片机 ……………………………………………………… 8

    1.4.2　Motorola 公司系列单片机 ……………………………………………………… 9

习题 1 ………………………………………………………………………………………… 9

第2章　单片机的结构与组成 …………………………………………………………… 10

2.1　MCS-51 单片机的内部结构及信号引脚 …………………………………………… 10

    2.1.1　8051 单片机结构 ………………………………………………………………… 10

    2.1.2　中央处理器 CPU ………………………………………………………………… 11

    2.1.3　存储器 …………………………………………………………………………… 13

    2.1.4　I/O 口及相应的特殊功能寄存器 ……………………………………………… 18

    2.1.5　信号引脚 ………………………………………………………………………… 21

2.2　时钟电路与 CPU 时序 ……………………………………………………………… 23

    2.2.1　时钟电路 ………………………………………………………………………… 23

    2.2.2　CPU 时序 ………………………………………………………………………… 24

2.3　MCS-51 单片机的复位 ……………………………………………………………… 26

2.4　CHMOS 型单片机的节电方式 ……………………………………………………… 27

    2.4.1　空闲方式 ………………………………………………………………………… 27

    2.4.2　掉电方式 ………………………………………………………………………… 28

2.5　AT89 系列单片机的结构 …………………………………………………………… 28

    2.5.1　AT89 系列单片机简介 …………………………………………………………… 28

    2.5.2　AT89 系列 Flash 的编程和校验 ………………………………………………… 29

    2.5.3　AT89C51RC 单片机 ……………………………………………………………… 31

习题 2 ………………………………………………………………………………………… 32

第 3 章　指令与汇编语言程序设计 ··· 34

3.1　指令系统概述 ··· 34

3.1.1　MCS-51 汇编指令的格式 ··· 35

3.1.2　指令中的符号标识及注释符 ··· 35

3.2　寻址方式 ··· 36

3.2.1　寄存器寻址 ·· 36

3.2.2　直接寻址 ··· 37

3.2.3　寄存器间接寻址 ··· 37

3.2.4　立即寻址 ··· 38

3.2.5　变址寻址 ··· 38

3.2.6　相对寻址 ··· 38

3.2.7　位寻址 ··· 39

3.2.8　MCS-51 寻址方式小结 ··· 39

3.3　MCS-51 指令说明 ·· 40

3.3.1　数据传送指令 ··· 40

3.3.2　算术操作指令 ··· 45

3.3.3　逻辑操作及移位类指令 ·· 49

3.3.4　控制转移指令 ··· 51

3.3.5　位操作类指令 ··· 56

3.3.6　访问 I/O 口指令的使用说明 ··· 58

3.4　MCS-51 伪指令 ·· 58

3.5　MCS-51 汇编语言程序设计 ··· 61

3.5.1　顺序结构程序设计 ·· 61

3.5.2　分支程序设计 ··· 62

3.5.3　循环程序设计 ··· 63

3.5.4　子程序设计 ·· 65

习题 3 ··· 69

第 4 章　C51 程序设计 ·· 72

4.1　Keil C51 编程语言 ·· 72

4.1.1　Keil C51 的函数和程序结构 ·· 72

4.1.2　C51 和标准 C 的函数差别 ·· 75

4.1.3　C51 中断函数的声明 ··· 76

4.2　C51 的数据类型、运算符、表达式 ··· 77

4.2.1　C51 的基本数据类型 ··· 78

4.2.2　C51 变量、常量、指针 ··· 79

4.2.3　C51 的复杂数据类型 ··· 82

4.2.4　C51 的运算符和表达式 ·· 85

4.3　C51 的程序流控制语句 ··· 88

4.4　编译预处理命令 ·· 90

4.4.1　宏定义 ··· 90

      4.4.2   条件编译 ·· 91

      4.4.3   文件包含 ·· 91

      4.4.4   数据类型的重新定义 ··· 92

  4.5   C51 的编程技巧 ·· 92

  4.6   Keil C51 库函数原型列表 ·· 93

  4.7   C51 编程实例 ··· 96

      4.7.1   基本的输入/输出 ··· 96

      4.7.2   C51 软件延时 ·· 97

      4.7.3   定时中断函数的编制 ··· 98

  习题 4 ·· 99

第 5 章   MCS-51 中断系统 ··101

  5.1   中断概述 ·· 101

      5.1.1   中断的基本概念 ·· 101

      5.1.2   中断的作用与功能 ·· 102

      5.1.3   常用的中断源 ·· 102

  5.2   MCS-51 中断系统 ·· 103

      5.2.1   MCS-51 中断源 ·· 103

      5.2.2   中断控制 ·· 104

      5.2.3   中断响应与中断处理 ·· 106

  5.3   中断程序设计及举例 ·· 108

      5.3.1   中断初始化程序 ·· 108

      5.3.2   中断服务程序 ·· 109

      5.3.3   中断应用举例 ·· 110

  5.4   外部中断源的扩展 ·· 112

      5.4.1   用定时器 T0、T1 作为外部中断扩展 ············· 112

      5.4.2   用中断与查询相结合的方法扩展外部中断 ····· 113

  习题 5 ·· 114

第 6 章   MCS-51 定时器/计数器 ··· 115

  6.1   定时器的结构及工作原理 ·· 115

      6.1.1   工作方式寄存器 TMOD ····································· 117

      6.1.2   控制寄存器 TCON ·· 117

      6.1.3   定时器的工作方式 ·· 117

  6.2   定时器应用举例 ·· 120

      6.2.1   定时控制、脉宽检测 ·· 121

      6.2.2   电压/频率转换 ·· 124

  6.3   定时器/计数器 T2 ·· 126

      6.3.1   T2 的状态控制寄存器 T2CON ························· 127

      6.3.2   T2 的工作方式 ·· 128

  习题 6 ·· 130

第 7 章 MCS-51 串行通信及其应用···131

　7.1　概述···131

　　　7.1.1　串行通信的字符格式···131

　　　7.1.2　串行通信的数据通路形式·······································132

　　　7.1.3　串行通信的传输速率···132

　7.2　MCS-51 的串行通信接口···134

　　　7.2.1　通用的异步接收/发送器 UART·································134

　　　7.2.2　串行口的控制寄存器···135

　　　7.2.3　串行接口的工作方式···136

　　　7.2.4　波特率设计···137

　　　7.2.5　RS-232 标准串行总线接口及应用·······························139

　　　7.2.6　RS-422、RS-485 标准串行总线接口及应用·····················141

　7.3　串行通信应用举例···144

　　　7.3.1　移位寄存器方式应用···144

　　　7.3.2　双机、多机通信应用···146

　　　7.3.3　单片机与微机的串行通信·······································159

　习题 7···163

第 8 章 单片机系统扩展技术···164

　8.1　并行总线扩展与总线驱动··165

　　　8.1.1　外部总线扩展···165

　　　8.1.2　总线驱动···166

　8.2　存储器的并行扩展···166

　　　8.2.1　常用存储器的介绍···167

　　　8.2.2　MCS-51 存储器的扩展线路设计·································171

　8.3　I/O 口的扩展···174

　　　8.3.1　I/O 接口概述···174

　　　8.3.2　简单的 I/O 口扩展···174

　　　8.3.3　可编程并行接口 8255···175

　　　8.3.4　可编程串行接口 8251A···182

　8.4　串行总线接口技术···188

　　　8.4.1　I²C 串行总线···188

　　　8.4.2　SPI 总线···195

　　　8.4.3　1-Wire 单总线···200

　　　8.4.4　Microwire 总线··208

　习题 8···208

第 9 章 单片机与外设接口技术···210

　9.1　键盘接口技术···210

　　　9.1.1　键盘的基本工作原理···210

　　　9.1.2　键盘工作方式···212

　9.2　显示器接口技术···215

9.2.1 七段码 LED 显示器 ·· 215

9.2.2 LED 点阵显示器 ··· 220

9.2.3 LCD 点阵液晶显示器及其接口 ·· 224

9.3 D/A 转换接口技术 ·· 230

9.3.1 后向通道概述 ··· 230

9.3.2 D/A 转换器的工作原理及技术指标 ····································· 231

9.3.3 D/A 转换器的接口技术 ·· 234

9.4 A/D 转换接口技术 ·· 240

9.4.1 前向通道概述 ··· 240

9.4.2 A/D 转换器工作原理及分类 ·· 241

9.4.3 ADC0809 与 MCS-51 单片机的接口 ··································· 246

9.4.4 串行 A/D 转换器 TLC1542 的应用 ···································· 248

9.5 IC 卡接口技术 ··· 251

9.5.1 SLE4442 的存储区域分配 ··· 251

9.5.2 SLE4442 的通信协议 ··· 252

9.5.3 8051 单片机和 SLE4442 卡的接口设计 ································· 256

习题 9 ·· 258

第 10 章 系统设计及抗干扰技术 ·· 260

10.1 单片机应用系统的开发过程 ·· 260

10.1.1 技术方案论证 ··· 260

10.1.2 硬件系统的设计 ··· 261

10.1.3 应用软件的设计 ··· 262

10.1.4 硬件、软件系统的调试 ··· 262

10.1.5 程序的固化 ··· 262

10.2 单片机硬件系统的设计 ·· 263

10.2.1 元件的选取 ··· 263

10.2.2 硬件电路的设计原则 ··· 263

10.2.3 单片机资源的分配 ··· 264

10.2.4 印制电路板的设计 ··· 265

10.3 单片机软件系统的设计 ·· 265

10.3.1 任务的确定 ··· 265

10.3.2 软件结构的设计 ··· 265

10.4 单片机系统抗干扰技术 ·· 266

10.4.1 硬件抗干扰措施 ··· 266

10.4.2 软件抗干扰措施 ··· 268

第 11 章 Keil C51 软件的使用 ·· 273

11.1 工程文件的建立及设置 ·· 274

11.1.1 工程文件的建立和编译、连接 ··· 274

11.1.2 设置工程文件的属性 ··· 277

11.2 程序调试 ··· 282

    11.2.1　常用调试命令 ··· 282

    11.2.2　在线汇编 ··· 283

    11.2.3　断点设置 ··· 283

 11.3　Keil 程序调试窗口 ··· 284

    11.3.1　存储器窗口 ··· 284

    11.3.2　观察窗口 ··· 285

    11.3.3　工程窗口寄存器页 ··· 286

    11.3.4　外围接口窗口 ··· 286

附录 A　MCS-51 指令表 ·· 287

附录 B　ASCII 码表 ·· 292

第1章

绪　论

1.1 单片机基础知识

1.1.1 单片机的结构和特点

根据美籍匈牙利科学家冯·诺依曼提出的存储原理，一个完整的计算机包括运算器、控制器、存储器、输入设备和输出设备五大部件。如果把运算器和控制器集成在一块芯片上，就构成了中央处理器（CPU），与随机存储器（RAM）、程序存储器、输入和输出接口（I/O）用总线结构相连，就构成了微型计算机。若将中央处理器、存储器、输入和输出接口等部件集成在一块芯片上，就构成了单片微型计算机（Single Chip Microcomputer），简称单片机。

目前，计算机系统已明显地朝巨型化、单片化、网络化三个方向发展。巨型机用于解决复杂系统计算和高速数据处理，故目前还在朝高速及处理能力的方向努力。单片机在出现时，Intel 公司就给单片机取名为嵌入式微控制器（Embedded Microcontroller）。单片机的最明显优势，就是可以嵌入到各种仪器、设备中，这一点是巨型机和网络不可能做到的。

（1）由于单片机的这种结构形式及它所采取的半导体工艺，使其具有很多显著的特点：

① 有优异的性能价格比。

② 集成度高、体积小、有很高的可靠性。单片机把各功能部件集成在一块芯片上，内部采用总线结构，减少了各芯片之间的连线，大大提高了单片机的可靠性与抗干扰能力。另外，其体积小，对于强磁场环境易于采取屏蔽措施，适合在恶劣环境下工作。

③ 控制功能强。为了满足工业控制的要求，一般单片机的指令系统中均有极丰富的转移指令、I/O 接口的逻辑操作及位处理功能。单片机的逻辑控制功能及运行速度均高于同一档次的微机。

④ 低功耗、低电压，便于生产便携式产品。

⑤ 外部总线增加了 I^2C 及 SPI 等串行总线方式，进一步缩小了体积，简化了结构。

⑥ 单片机的系统扩展和系统配置较典型、规范，容易构成各种规模的应用系统。

（2）单片机作为计算机发展的一个重要领域，根据目前的发展情况，单片机大致可以分为通用型/专用型、总线型/非总线型及工控型/家电型。

① 通用型/专用型：这是按单片机适用范围来区分的。例如，80C51 是通用型单片机，它不是为某种专用途设计的。专用型单片机是针对一类产品甚至某一个产品设计生产的。例如，为了满足电子体温计的要求，在片内集成 ADC 接口等功能的温度测量控制电路。

② 总线型/非总线型：这是按单片机是否提供并行总线来区分的。总线型单片机普遍设置有并行地址总线、数据总线、控制总线，这些引脚用以扩展并行外围器件。但是，外围器件也可通过串行口与单片机连接，另外，许多单片机已把所需的外围器件及外设接口集成于片内，因此在许多情况下可以不要并行扩展总线，大大降低封装成本和缩小芯片体积，这类单片机称为非总线型单片机。

③ 工控型/家电型：这是按照单片机大致应用的领域进行区分的。一般而言，工控型寻址范围大，运算能力强；用于家电的单片机多为专用型，通常是小封装、低价格，外围器件和外设接口集成度高。

单片机系统以单片机为核心，配以控制、输入/输出、显示等外围电路和相应的控制软件，即由硬件和软件构成。硬件是应用系统的基础，软件是在硬件的基础上合理安排及使用系统资源，实现系统功能，两者缺一不可，相辅相成。由于单片机实质上是一个芯片，在实际应用中大都嵌入到控制系统中，所以单片机系统也称嵌入式系统。

1.1.2 单片机的发展

单片机作为微型计算机的一个重要分支，应用面很广，发展很快。自单片机诞生至今，已发展为上百种系列的近千个机种。如果将 8 位单片机的推出作为起点，那么单片机的发展大致经历了四个阶段。

（1）第一阶段（1976—1978 年）：单片机的探索阶段。以 Intel 公司的 MCS-48 为代表。MCS-48 的推出是在工控领域的探索，参与这一探索的公司还有 Motorola、Zilog 等，都取得了满意的效果。这就是 SCM 的诞生年代，"单片机"一词由此而来。

（2）第二阶段（1978—1982 年）：单片机的完善阶段。Intel 公司在 MCS-48 基础上推出了完善的、典型的单片机系列 MCS-51。它在以下几个方面奠定了典型的通用总线型单片机体系结构：

① 完善的外部总线。MCS-51 设置了经典的 8 位单片机的总线结构，包括 8 位数据总线、16 位地址总线、控制总线及具有多机通信功能的串行通信接口。

② CPU 外围功能单元的集中管理模式。

③ 体现工控特性的位地址空间及位操作方式。

④ 指令系统趋于丰富和完善，并且增加了许多突出控制功能的指令。

（3）第三阶段（1982—1990 年）：8 位单片机的巩固发展及 16 位单片机的推出阶段，也是单片机向微控制器发展的阶段。Intel 公司推出的 MCS-96 系列单片机，将一些用于测控系统的模数转换器、程序运行监视器、脉宽调制器等纳入片中，体现了单片机的微控制器特征。随着 MCS-51 系列的广泛应用，许多电气厂商竞相以 80C51 为内核，将许多测控系统中使用的电路技术、接口技术、多通道 A/D 转换部件、可靠性技术等应用到单片机中，增强了外围电路的功能，强化了智能控制的特征。

（4）第四阶段（1990 年至今）：微控制器的全面发展阶段。随着单片机在各个领域全面深入的发展和应用，出现了高速、大寻址范围、强运算能力的 8 位/16 位/32 位通用型单片机，以及小型廉价的专用型单片机。

1.1.3 单片机芯片技术的发展趋势

目前，单片机正朝着高性能和多品种方向发展。下面分别就内部结构、功耗、外部电压等级、制造工艺、可靠性技术几个方面，来说明单片机的主要发展趋势。

1．内部结构的进步

单片机在内部已集成了越来越多的部件，这些部件包括一般常用的电路，如定时器、比较器、A/D 转换器、D/A 转换器、串行通信接口、看门狗电路、LCD 控制器等。有的单片机为了构成控制网络或形成局域网，内部含有局域网络控制模块（CAN）。例如，Infineon 公司的 C505C、C515C、C167CR、C167CS-32FM、81C90；Motorola 公司的 68HC08AZ 系列等；特别是在单片机 C167CS-32FM 中，内部还含有两个 CAN。因此，这类单片机十分容易构成网络。特别是在控制系统较为复杂时，构成一个控制网络十分有用。

为了能在变频控制中方便使用单片机，形成经济效益好的嵌入式控制系统，有的单片机内部设置了专门用于变频控制的脉宽调制控制电路。这些单片机有 Fujitsu 公司的 MB89850 系列、MB89860 系列，Motorola 公司的 MC68HC08MR16、MR24 等。在这些单片机中，脉宽调制电路有 6 个通道输出，可产生三相脉宽调制交流电压，具有死区控制等功能。

特别引人注目的是，现在有的单片机已采用所谓的三核（TrCore）结构。这是一种建立在系统级芯片（System on a Chip）概念上的结构。这种单片机由三个核组成：一个是微控制器和 DSP 核，一个是数据和程序存储器核，另一个是外围专用集成电路（ASIC）。这种单片机的最大特点在于把 DSP 和微控制器同时做在一个片上。虽然从结构定义上讲 DSP 是单片机的一种类型，但其作用主要反映在高速计算和特殊处理（如快速傅里叶变换）方面，把它和传统单片机结合、集成，大大提高了单片机的功能，这是目前单片机最大的进步之一。这种单片机最典型的有 Infineon 公司的 TC10GP，Hitachi 公司的 SH7410、SH7612 等。这些单片机都是高档单片机，MCU 都是 32 位的，而 DSP 采用 16 位或 32 位结构，工作频率一般在 60MHz 以上。

2．功耗、封装及电源电压的进步

现在新型单片机的功耗越来越低，特别是很多单片机都设置了多种工作方式，这些工作方式包括等待、暂停、睡眠、空闲、节电等。Philips 公司的单片机 P87LPC762 就是一个很典型的例子，在空闲时其功耗为 1.5mA，而在节电方式中其功耗只有 0.5mA。而在功耗上最令人惊叹的则是 TI 公司的 16 位单片机 MSP430 系列，有 LPM1、LPM3、LPM4 三种低功耗工作方式。当电源为 3V 时，如果工作于 LMP1 方式，即使外围电路处于工作状态，由于 CPU 处于节能状态，振荡器频率为 1～4MHz，工作电流为 50μA；工作于 LPM3 方式时，振荡器频率为 32kHz，工作电流为 1.3μA；工作于 LPM4 方式时，CPU、外围及振荡器都不工作，则工作电流只有 0.1μA。

随着贴片工艺的出现，单片机也大量采用了各种符合贴片工艺的封装方式，大大地缩小了体积。在这种形势中，Microchip 公司推出了 8 个引脚的 PIC12Cxxx 系列单片机特别引人注目。它含有 0.5～2KB 程序存储器，25～128B 数据存储器，6 个 I/O 端口及 1 个定时器，有的还含 4 通道 A/D，完全可以满足一般系统的应用。

扩大电源电压范围及适合低电压工作，是单片机的发展目标之一，目前一般单片机都可以在 3.3～5.5V 的条件下工作，而一些厂家已经生产出可在 2.2～6V 工作的单片机，如 Fujitsu 公司的 MB89191～89195、MB89121～125A、MB89130 系列等。

3．工艺上的进步

现在的单片机基本上采用 CMOS 技术，大多数采用了 0.6μm 以上的光刻工艺，有的公司

（如 Motorola 公司）已采用 0.35μm 甚至是 0.25μm 技术，这些技术的进步大大地提高了单片机的内部集成度和可靠性。

随着半导体集成工艺的不断发展，单片机的集成度将更高、体积将更小、功能将更强。在单片机家族中，80C51 系列是其中的佼佼者，加之 Intel 公司将其 MCS-51 系列中的 80C51 内核使用权以专利互换或出售形式转让给全世界许多著名 IC 制造厂商，如 Philips、NEC、Atmel、AMD、华邦等，这些公司都在保持与 80C51 单片机兼容的基础上改善了 80C51 的许多特性。这样，80C51 就变成有众多制造厂商支持和发展，具有上百品种的大家族，现统称为 80C51 系列。80C51 单片机已成为单片机发展的主流，虽然世界上的 MCU 品种繁多，功能各异，开发装置也互不兼容，但客观上的发展表明：80C51 可能最终形成事实上的标准 MCU 芯片。

4. 单片机应用的可靠性技术发展

在单片机应用中，可靠性是首要因素。为了扩大单片机的应用范围和领域，提高单片机自身的可靠性是一种有效方法。近年来，单片机的生产厂家在单片机设计上采用了各种提高可靠性的新技术，这些新技术表现在如下几点。

（1）EFT（Electrical Fast Transient）技术

EFT 技术是一种抗干扰技术，它是指在振荡电路的正弦信号受到外界干扰时，其波形上会叠加各种毛刺信号，如果使用施密特电路对其整形，则毛刺会成为触发信号而干扰正常的时钟，交替使用施密特电路和 RC 滤波电路，就可以消除这些毛刺，从而保证系统的时钟信号正常工作，这样就提高了单片机工作的可靠性。Motorola 公司的 MC68HC08 系列单片机就采用了这种技术。

（2）低噪声布线技术及驱动技术

在传统的单片机中，电源及地线是在集成电路外壳的对称引脚上，一般是在左上、右下或右上、左下的两对对称点上，这样会使电源噪声穿过整块芯片，对单片机的内部电路造成干扰。现在，很多单片机都把地和电源引脚安排在两个相邻的引脚上，不仅降低了穿过整个芯片的电流，另外还便于在印制电路板上布置去耦电容，从而降低系统的噪声。

现在为了适应各种应用的需要，很多单片机的输出能力都有了很大提高，Motorola 公司的单片机 I/O 口的灌电流、拉电流可达 8mA 以上，而 Microchip 公司的单片机可达 25mA。其他公司，如 AMD、Fujitsu、NEC、Infineon、Hitachi、Atmel、Toshiba 等的单片机基本上可达 8～20mA 的水平。这些电流较大的驱动电路集成到芯片内部，在工作时带来了各种噪声，为了降低这种影响，现在单片机采用多个小管子并联等效一个大管子的方法，并在每个小管子的输出端串联上不同等效阻值的电阻，以降低 di/dt，这也就是所谓"跳变沿软化技术"，从而消除大电流瞬变时产生的噪声。

（3）采用低频时钟

高频外时钟是噪声源之一，不仅能对单片机应用系统产生干扰，还会对外界电路产生干扰，令电磁兼容性不能满足要求。对于要求可靠性较高的系统，低频外时钟有利于降低系统的噪声。在一些单片机中，内部采用锁相环技术，在外部时钟频率较低时，也能产生较高的内部总线速度，从而提高了速度又降低了噪声。Motorola 公司的 MC68HC08 系列及其 16/32 位单片机就采用了这种技术以提高可靠性。

1.2　单片机应用

1.2.1　单片机应用方向

在日常生活、生产等领域，凡是有自动控制要求的地方，都会有单片机的影子，其应用已经相当普及。单片机的应用有利于系统的小型化、智能化及多功能化，从根本上改变了传统控制系统的设计思想和设计方法。以前必须用模拟电路或数字电路实现的大部分功能，现在已能用单片机通过软件方法来实现。用软件代替部分硬件，使系统软化并提高性能，是传统控制技术的一次革命。

单片机的应用具有软件和硬件相结合的特点，因而设计者不但要熟练掌握单片机的编程技术，还要有较强的单片机硬件方面的知识。由于单片机具有显著的优点，它已成为科技领域的有力工具、人类生活的得力助手。单片机的应用已遍及各个领域，主要表现在以下几个方面。

1．智能仪表

单片机广泛地用于各种仪器仪表，使仪器仪表智能化，集测量、处理、控制功能于一体，并提高测量的自动化程度和精度，简化仪器仪表的硬件结构，提高其性能价格比。这些特点不仅使传统的仪器仪表发生了根本的变革，也给仪器仪表行业技术改造带来曙光。

2．机电一体化

机电一体化是机械工业发展的方向。机电一体化产品是指集成机械技术、微电子技术、计算机技术于一体，具有智能化特征的机电产品。例如，微机控制的车床、钻床，采用单片机可提高其可靠性，增强系统功能，降低控制成本。单片机作为机电产品的控制器，能充分发挥其体积小、可靠性高、功能强等优点，大大提高机电产品的自动化、智能化程度。

3．实时控制

单片机广泛用于各种实时控制的系统中。例如，工业控制系统、自适应控制系统、数据采集系统等各种实时控制系统，都可以用单片机作为控制器。单片机的实时数据处理能力和控制功能，可使系统保持在最佳工作状态，提高系统的工作效率和产品质量。

4．分布式多机系统

在复杂的控制系统中，常采用分布式多机系统。多机系统由若干台功能各异的单片机组成，各自完成特定的任务，它们之间通过串行通信相互联系、协调工作。单片机在这种系统中往往作为一个终端机，安装在系统的某些节点上，对现场信息进行实时的测量和控制。单片机的高可靠性和强抗干扰能力，使它可以置于恶劣环境的前端工作。

5．人类生活

自从单片机诞生以后，它就步入了人类生活，如洗衣机、电冰箱、电子玩具、收录机等家用电器。家用电器配上单片机以后，提高了智能化程度，增加了功能，使人类生活更加方便、舒适、丰富多彩。

6．智能接口

计算机系统有许多外部通信、采集、多路分配管理、驱动控制等接口。这些接口及其所连接的外部设备如果完全由主机进行管理，势必造成主机负担过重，降低运行速度。用单片机进行接口的控制与管理，单片机与主机可并行工作，可大大提高系统的运行速度。

21 世纪是全人类进入计算机时代的世纪，许多人不是在制造计算机便是在使用计算机。在使用计算机的人们中，只有从事嵌入式系统应用的人才真正地进入到计算机系统的内部软硬件体系中，才能真正领会计算机的智能化本质并掌握智能化设计的知识。从学习单片机应用技术入手是掌握计算机应用软硬件技术的最佳方法之一。

1.2.2 单片机应用系统的分类

按照单片机系统扩展与系统配置状况，单片机应用系统可分为最小应用系统、最小功耗应用系统、典型应用系统等。

1．最小应用系统

最小应用系统是指能维持单片机运行的最简单配置的系统，如开关状态的输入/输出控制等。片内有 ROM/EPROM 的单片机，其最小应用系统即为配有晶振、复位电路、电源、简单的 I/O 设备（开关、发光二极管）及必要的软件组成的单片机系统。若片内无 ROM/EPROM 的单片机，则除了上述配置外，还应外接 EPROM 或 E^2PROM 作为程序存储器，构成单片机系统。

2．最小功耗应用系统

最小功耗应用系统是指在保证系统正常运行的情况下，使系统的功率消耗最小。设计最小功耗应用系统时，必须使系统内的所有器件、外设都有最小的功耗，而且能运行在 Wait 和 Stop 方式。选择 CMOS 型单片机芯片，为构成最小功耗应用系统提供了必要的条件，这类单片机中都设置了低功耗运行的 Wait 和 Stop 方式。

最小功耗应用系统常用在便携式、手提式等袖珍式智能仪表，野外工作仪表及在无源网络、接口中的单片机工作子站。

3．典型应用系统

典型应用系统是指以单片机为核心，配以输入/输出、显示、控制等外围电路和软件，实现一种或多种功能的实用系统。由于单片机主要用于工业控制，因此，其典型应用系统应具备前向传感器通道、后向驱动通道及基本的人机对话手段。它包括了系统扩展与系统配置两部分内容。系统扩展是指在单片机中 ROM、RAM 及 I/O 接口等片内部件不能满足系统要求时，在片外扩展相应的部分以弥补单片机内部资源的不足。系统配置是指单片机为满足应用要求时，应配置的基本外部设备，如键盘、显示器等。

1.3 MCS-51 单片机系列

1.3.1 MCS-51 系列单片机分类

MCS-51 系列单片机属中高档 8 位单片机，是使用最为广泛的单片机。本书主要以 MCS-51

系列单片机为研究对象，介绍其内部的硬件结构、指令、工作原理及系统设计。

MCS-51 系列单片机的分类见表 1-1，51 子系列是基本型，而 52 子系列则属于增强型。从表 1-1 中可以看出，52 子系列与 51 子系列的不同点为：

（1）片内 ROM 由 4KB 增加到 8KB；

（2）片内 RAM 由 128B 增加到 256B；

（3）定时器/计数器由 2 个增加到 3 个；

（4）中断源由 5 个增加到 6 个。

表 1-1 MCS-51 系列单片机分类表

系列	型号	片内存储器		片外存储器寻址范围		I/O 接口线		中断源（个）	定时器/计数器（个×位）
		ROM	RAM	RAM	EPROM	并行	串行		
51 子系列	8031，80C31	无	128B	64KB	64KB	32 位	UART	5	2×16
	8051，80C51	4KB ROM							
	8751，87C51	4KB EPROM							
	8951，89C51	4KB Flash							
52 子系列	8032，80C32	无	256B					6	3×16
	8052，80C52	8KB ROM							
	8752，87C52	8KB EPROM							
	8952，89C52	8KB Flash							

从 Intel 公司 1983 年推出 MCS-51 系列单片机，至今已有 20 多年，51 系列的单片机层出不穷。例如，Atmel 公司将 51 系列单片机的内核与其自身的擅长 Flash 技术相结合，推出可重复擦写 1000 次以上、低功耗的 AT89 系列单片机系列产品，见表 1-1 中的 89C51、89C52，取代了 MCS-51 的 8751 系列；而中国台湾华邦电子推出的 W78E5xx 系列，也是采用 Flash 工艺，也与 51 系列兼容，但它的工作频率可达 40MHz，而且价格便宜，颇受工程师的喜爱。另外，Philips 的 C51 品种也较齐全（如 P87Cxx 系列、LPC 系列 OTP 型、P89Cxx 系列 Flash 型），DALLAS 的高速单片机（DS80Cxxx 系列、DS87Cxxx）、SST 的 SST89xx 系列、韩国现代（HYNIX）的 GMS97Cxx 系列、OKI 公司的掩膜产品等都有 C51 系列产品供应。还有一些集成更多功能模块，号称片上系统（SoC），即一片就是一个系统的产品，如 Cygnal 的 C8051Fxxx 系列、ADI 的 ADuC8xx 系列等，都是嵌入了 8051 内核的产品。可以说，51 系列的单片机阵营最强大，用户最广，软硬件配套最齐全，又有很好的 C 编译器厂商，像 TASKING、Keil、Franklin 等，大大提高编程的效率，从而导致了 51 系列经久不衰。这也是本书为什么要以 MCS-51 单片机为研究对象的理由。

1.3.2 MCS-51 单片机的结构特点

MCS-51 单片机在结构上有其自身特点。

（1）存储结构的特点：程序存储器和数据存储器在空间分开，采用不同的寻址方式，使用两个不同的地址指针（PC 指向程序存储器，DPTR 指向数据存储器）。采用这种结构主要是考虑到工业控制中往往需要较大的程序空间和较小的数据空间，当然用户可根据需要把它们都扩充到 64KB 的范围。

（2）输入/输出接口的特点：引脚在程序控制下有第二功能，可供设计者灵活选择。如当需要系统扩展时，数据线和地址线低 8 位分时复用通道 P0 口，地址高 8 位和其他信号可合用通道 P2 口，功能变换和选择由相应的指令完成。单片机 I/O 引脚一线多功能的特点方便了用户的设计，在组成系统时可自行选择。

（3）MCS-51 单片机的另一个特点：内部含有一个全双工的异步通信接口，即可同时发送和接收数据，这可以很方便地组成分布式控制系统。

（4）MCS-51 单片机内部有专门的位处理机，具有较强的位处理功能。这为单片机的按位控制提供了很大的方便。

MCS-51 单片机的特点还有很多，这里只列出主要的特点，读者从开始学习就应该注意这些特点，这对掌握今后所学的内容十分重要。

1.4 其他系列单片机介绍

1.4.1 Microchip 公司系列单片机

美国 Microchip 公司推出的 PIC 系列的 8 位单片机，强调节约成本的最优化设计，目前在世界上具有较大的影响力。它最先使用 RISC 结构的 CPU，采用双总线的哈佛结构，具有运行速度快、工作电压低、功耗低、输入/输出直接驱动能力强、价格低、OTP（一次性编程）体积小等众多优点，已经广泛地用于包括办公自动化设备、电子产品、电信通信、智能仪表、汽车电子、金融电子、工业控制、智能监控在内的各个领域中。

为满足不同领域应用的需求，Microchip 公司将其产品划分为三种不同的层次，即基本级、中级、高级，它们最主要的区别在于指令字长不同。

（1）基本级产品指令字长为 8 位，其特点是价格低。例如，PIC16C5xx 系列适用于各种对成本要求严格的家电产品中，因其体积很小，可以应用于以前不能使用单片机的领域中。

（2）以 PIC12C6xx 为代表的中级产品的指令字长为 12 位，品种最为丰富，在保持兼容的基础上对基本级产品进行了很多改进，如其内部可以集成 A/D 转换器、E^2PROM 数据存储器、比较输出、PWM 输出、I^2C 和 SPI 接口、UART 接口等，在保持低价位的同时大大提高了性能。它的外部结构也是多种多样，引脚 8～68 个不等。目前这类产品已经广泛应用于各种高中低档的电子设备中，且表现极佳。

（3）PIC17Cxxx 与 PIC18Cxxx 两个系列是 Microchip 公司的高级产品，指令字长 16 位，是目前所有 8 位单片机中运行速度最快的。由于它可以在一个指令周期内（最短 160ns）完成 8 位二进制运算，所以可以取代 DSP 应用于一些需要高速数字信号处理的场合。PIC17Cxxx 系列还提供了丰富的 I/O 控制功能，并可以外接扩展 EPROM 或 RAM，这使它成为目前性能最好的 8 位单片机产品之一，目前已广泛应用于高中档电子设备中。

总的来说，PIC 系列的单片机在结构上具有以下一些特点。

（1）采用双总线哈佛结构：数据总线与指令总线分离并采用不同的宽度，这也使 ROM 和 RAM 的寻址空间相互独立，可以在执行一条指令的同时从 ROM 中取得下一条指令，从而实现指令流水执行，而在其他单片机中，指令总线与数据总线往往是复用的。

（2）寻址方式简单：仅提供 4 种寻址方式，即寄存器间接寻址、立即数寻址、直接寻址和位寻址，很容易掌握。

（3）采用 RISC 指令集：PIC 系列产品的指令集中，最多只有 58 条指令，远远少于 MCS-51

的 111 条。

（4）功耗低：PIC 系列产品的功耗极低，在 4MHz 时钟下工作时，耗电不超过 2mW；在睡眠模式下，功耗甚至在 1μW 以下。

（5）提供 I²C 和 SPI 串行总线端口，可以方便扩展一些必要的外围器件，不仅大大简化了系统结构，而且还容易形成产品电路的模块化结构。

（6）简洁的外围电路：PIC 系列产品内部集成了上电复位电路、I/O 引脚的上拉电路、看门狗定时器等，可以最大限度地减少甚至不用任何外围器件。这样不仅便于开发，而且还可以节省用户的印制电路板空间和制造成本。

1.4.2 Motorola 公司系列单片机

Motorola 公司是世界上最大的单片机供应商，提供 8 位、16 位、32 位系列的单片机，其中包括 8 位的 68HC05 和 68HC08 系列、8 位增强型的 68HC11 和 68HC12 系列、16 位的 68HC16 系列、32 位的 683xx 系列。

MC68HC05 系列单片机最早于 20 世纪 80 年代中期推出，经过十余年的发展，已经成为一个拥有几十系列、数百个品种的大家族，广泛地应用于工业、农业、商业、军工、医疗、通信、化工、材料等几乎所有国民经济领域。

MC68HC08 采用 0.35μm 工艺，具有速度快（8MHz 总线速度）、功能强、功耗低及价格便宜等优点，特别是带有 Flash 的 MC68HC908 具有很高的性价比。该系列的单片机的主要特点如下。

（1）采用模块化设计：基于用户定义集成电路（CSIC），使用增强型的 08 型 CPU 配以各种 I/O 模块和不同大小及类型的存储器，能够快速设计出不同的产品。为方便使用，每种产品都有若干种封装形式。

（2）以 Flash 取代片内 EPROM 和 ROM，使应用程序的在线编程成为可能，应用类产品开发不再需要昂贵的仿真器，价格优于相同容量的 OTP 型单片机。此外，含有片内监控 ROM，为用户提供了在线编程及在线调试等功能。

（3）通过锁相环电路（Phase Locked Loop，PLL），使用 32kHz 的晶振产生 32MHz 的内部时钟，总线速度达到 8MHz，大大降低了应用系统的噪声，提高了抗电磁干扰能力，更适用于工控领域及恶劣的环境。

（4）与 M68HC05 系列向上兼容，增加了 78 条指令和 8 种寻址方式，将变址寄存器由 8 位变为 16 位，堆栈指针 SP 由 6 位变为 16 位，程序计数器 PC 也变为 16 位，使高级语言（如 C 语言）的应用成为可能。

习题 1

1．什么是单片机？什么是单片机系统？

2．单片机有哪些系列产品？各有什么特点？

3．单片机主要应用于哪些领域？

4．在单片机应用系统中的硬件与软件是什么关系？软件如何实现对硬件的控制？

5．观察大街上的电子广告，思考它是如何实现的？

6．简述 MCS-51 单片机的特点及分类。

第2章

单片机的结构与组成

2.1　MCS-51 单片机的内部结构及信号引脚

　　MCS-51 系列单片机典型的芯片有 8031、8051、8751 及 8951。8031 内部无 ROM，8051 内部有 4KB ROM，8751 内部有 4KB EPROM，8951 内部有 4KB E²PROM。除此之外，它们的内部结构及引脚完全相同。下面以 8051 为例介绍其内部结构及信号引脚。

2.1.1　8051 单片机结构

　　MCS-51 系列的 8051 单片机的内部总体结构框图如图 2-1 所示。

图 2-1　8051 单片机的内部总体结构框图

（1）中央处理器 CPU。CPU 包括运算器和控制器两部分电路。运算器用于实现算术运算和逻辑运算，包括如图 2-1 所示中的 ALU（算术逻辑单元）、ACC（累加器 A）、PSW（程序状态寄存器）、B 寄存器及暂存器 1 和暂存器 2 等。控制器是单片机的指挥中心，协调控制单片机各部分正常工作，包括如图 2-1 所示中的 PC（程序计数器）、PC 增 1、指令寄存器、指令译码器及定时控制等。

（2）内部数据存储器。内部数据存储器在如图 2-1 所示中包括 128B RAM 和 RAM 地址寄存器等。实际上，8051 内部有 256 个 RAM 单元，其中后 128 个单元被特殊功能寄存器占用，用户只能通过特殊功能寄存器去使用它；而前 128 个单元是供用户直接使用的，使用较为灵活。一般所说的内部 RAM 单元是指前 128 单元，简称"内部 RAM"或"片内 RAM"。

（3）内部程序存储器。8051 内部有 4KB ROM 单元（4K×8b），用于存放程序和原始数据，简称"内部 ROM"或"片内 ROM"。

（4）并行 I/O 口。8051 提供了 4 个 8 位的 I/O 口，分别为 P0、P1、P2 和 P3，实现数据的输入/输出。在系统扩展时，P2 和 P0 口作为地址总线，最大寻址空间达 64KB，P0 作为数据总线。

（5）定时器/计数器。8051 内部有两个 16 位定时器/计数器，用以实现定时和计数功能。

（6）串行口。8051 内部有一个全双工的串行口，可实现数据的串行传送。

（7）中断控制。8051 内部提供 5 个中断源，可分为两个优先级别处理。如图 2-1 所示，中断、串行口和定时器画在同一个框内。

（8）时钟电路。图 2-1 中的 OSC 为 8051 内部的时钟电路，外接石英晶体和微调电容，即可产生时钟脉冲序列。

除此之外，8051 单片机内部还包含一个位处理器，具有较强的位处理功能，图 2-1 中没有具体画出。上述所有部件都是由内部总线连接起来的。从图 2-1 中可以看出，一个单片机就是一个简单的微型计算机。

2.1.2 中央处理器 CPU

中央处理器 CPU 一般包括运算器和控制器两部分电路。但与一般微机中的 CPU 不同，单片机的 CPU 还包含一个专门进行位数据操作的布尔处理器。

1. 运算器

运算器主要由 ALU、ACC、PSW、寄存器 B 及暂存器等部件构成。

（1）ALU（算术逻辑单元）。用来完成二进制数的算术运算和逻辑运算。除位操作由专门的布尔处理器完成外，运算器主要完成下列功能：

算术运算——加、减、乘、除、加 1、减 1 及 BCD 码加法的十进制调整。

逻辑运算——与、或、异或、求反（非）、清 0。

移位功能——对某一数进行逐位的左移、右移、循环移位。

（2）ACC（累加器 A）。累加器 A 是一个 8 位寄存器，是使用最频繁的寄存器，功能较多，地位重要，直接与运算器打交道。CPU 中的算术和逻辑运算都要通过累加器 A。MCS-51单片机的大部分指令的操作数都取自累加器 A。

（3）寄存器 B。寄存器 B 是一个 8 位寄存器，主要用于乘法运算和除法运算。在乘法运算中，乘数存于 B 中，乘法运算后，乘积的高 8 位存于 B 中，低 8 位存于累加器 A 中。在除法运算中，除数存于 B 中，除法运算后，余数存于 B 中，商存于累加器 A 中。

（4）程序状态寄存器 PSW（又称标志寄存器）。程序状态寄存器是一个 8 位寄存器，用于存放程序执行过程中的各种状态信息（如存放运算结果的一些特征和标志）。有些位是根据程序的执行结果由硬件自动设置的，有些位是由软件设置的，表 2-1 给出了 PSW 寄存器每位的符号、作用和位地址。

PSW 的格式如下：

	D7	D6	D5	D4	D3	D2	D1	D0
PSW	CY	AC	F0	RS1	RS0	OV	F1	P

表 2-1 PSW 寄存器每位的符号、作用和位地址

符号	作　用	位置	位地址
CY	进位标志：加减运算中，如果操作结果在最高位有进位（加法）或借位（减法），则该位由硬件置"1"，否则清为"0"。在布尔运算时，CY 作为位累加器 C 使用，并参与位传送	PSW.7	D7H
AC	辅助进位标志：在进行算术加、减运算中，当低 4 位向高 4 位有进位（加法）或借位（减法），则 AC 由硬件置"1"，否则清为"0"。AC 常用于二-进制数加/减法调整	PSW.6	D6H
F0	用户标志：供用户使用的位标志，其功能和内部 RAM 中位寻址区的位相似	PSW.5	D5H
F1		PSW.1	D1H
RS1	工作寄存器区选择：用于选择 CPU 当前使用的工作寄存器区，其对应关系见表 2-2。复位后，RS1RS0=00，即工作寄存器区为第 0 区	PSW.3	D4H
RS0		PSW.4	D3H
OV	溢出标志：在带符号的加减运算中，若结果超过有符号的表示范围，则 OV=1 表示有溢出，否则 OV=0。在乘法运算中，OV=1 表示乘积超过 255，乘积在 B 和 A 中；OV=0 表示乘积只在累加器 A 中。在除法运算中，OV=1 表示除法溢出，即商溢出，不能进行除法运算；OV=0 表示除法不溢出	PSW.2	D2H
P	奇偶标志：如果累加器 A 中有奇数个"1"，则 P 由硬件置"1"，否则将 P 清为"0"	PSW.0	D0H

表 2-2 工作寄存器区选择

RS1	RS0	工作寄存器区	R0~R7 所占用 RAM 单元的地址
0	0	第 0 区（BANK0）	00H~07H
0	1	第 1 区（BANK1）	08H~0FH
1	0	第 2 区（BANK2）	10H~17H
1	1	第 3 区（BANK3）	18H~1FH

读者在学习完第 3 章指令系统后，对 PSW 的理解会更加深刻。

2. 控制器

控制器是单片机的神经中枢，MCS-51 系列单片机的控制器包括定时控制逻辑、指令寄存器、指令译码器、地址指针 DPTR 及程序计数器 PC、PC 增 1 等部件。

程序计数器 PC 是一个 16 位的计数器，其内容为将要执行指令的地址，寻址范围达 64KB。CPU 根据程序计数器 PC 的内容从程序存储器取出指令放在指令寄存器中寄存，PC 的内容自动加 1，指向下一个指令单元，然后指令寄存器中的指令代码被指令译码器分析译码并产生控制信号，执行规定的动作，控制 CPU 与内部寄存器、输入/输出设备之间数据的流动，运算处理，对外部发出地址锁存 ALE、外部程序存储器选通 $\overline{PSEN}$ 及读/写等控制信号。程序计数器 PC 不在特殊功能寄存器（SFR）之中，不占 RAM 单元，在物理上是独立的。用户无法对程序计数器 PC 进行读/写，但可以通过转移、调用、返回等指令改变其内容。

3. 布尔处理器

布尔处理器具有较强的位处理功能，与 8 位算术操作指令相同，大部分位操作均围绕着位累加器——C 完成，可执行置位、取反、等于 1 或 0 转移、等于 1 转移并清 0 的操作，以及以 C 为中心，位传送、位与、或、异或操作。位操作指令允许直接寻址内部数据存储器 RAM 中 20H～2FH 的 128 个位单元和部分特殊功能寄存器里的位地址空间。

由于布尔处理器给用户提供了丰富的位操作功能，在编程时，用户可以利用指令，方便地设置状态/控制标志，实现原来用复杂的硬件逻辑所实现的逻辑功能，实现位控。

2.1.3　存储器

MCS-51 单片机存储器结构采用哈佛结构，即程序存储器和数据存储器的寻址空间是分开的。从逻辑空间上看，实际上存在三个独立的空间，如图 2-2 所示。内部、外部程序存储器 ROM 在同一个逻辑空间，它们的地址 0000H～FFFFH（64KB）是连续的；内部的数据存储器 RAM 占一个逻辑空间，地址为 00H～FFH（256B）；在内部数据存储器单元不够的情况下，可扩充外部数据存储器，其地址空间与内部数据存储器 RAM 分开，但与外部 I/O 接口共用，地址为 0000H～FFFFH（64KB）。

图 2-2　MCS-51 存储器结构

访问外部数据存储器或 I/O 口时，地址由 CPU 内部的 16 位数据存储器指针 DPTR 指出，用 P2 口输出地址高 8 位，用 P0 口输出地址低 8 位，用 ALE 作为地址锁存信号。和程序存储器不同，数据存储器的内容既可读出也可写入。单片机指令中设置了专门访问外部数据存储器的指令 MOVX（产生 $\overline{RD}$ 或 $\overline{WR}$ 控制信号），使这种操作既区别于访问程序存储器的指令 MOVC（产生 $\overline{PSEN}$ 信号），也区别于访问内部数据存储器的 MOV 指令，从而对不同区域相同地址的访问不会发生冲突。

1. 程序存储器 ROM

程序存储器是用于存放控制系统的监控程序和表格常数的。51 系列不同的单片机，内部程序存储器的容量和类型不同，8051 片内有 4KB ROM，8751 片内有 4KB EPROM，8951 片内有 4KB 的 Flash。而 8052、8752、8952 的片内存储器容量则为 8KB。8031、8032 无片内程序存储器，需要使用片外程序存储器容量。至于片外程序存储器容量，用户可根据需要任意选择，但片内、片外的总容量不得超过 64KB。

MCS-51 CPU 根据引脚 $\overline{EA}$ 信号来区别访问是片内 ROM 还是片外 ROM。对 8051 而言，当 $\overline{EA}$ 信号保持高电平，程序计数器 PC 的内容在 0000H～0FFFH 范围内（4KB），这时执行的是片内 ROM 中的程序，而当 PC 的内容在 1000H～FFFFH 范围时，自动执行片外程序存储器中的程序；当 $\overline{EA}$ 保持低电平时，只能寻址片外程序存储器中的程序。在选用 8031 单片机时，$\overline{EA}$ 必须接低电平。

而程序存储器地址为 0003H～002AH，共 40 个单元为特殊单元，被分为 5 段，每段有 8 个单元，固定地存放 5 个中断服务子程序。中断响应后，根据中断的类型自动转到各中断区的首地址去执行，如下所示：

0003H～000AH　　　外部中断 0（INT0）中断地址区
000BH～0012H　　　定时器/计数器 0（T0）中断地址区
0013H～001AH　　　外部中断 1（INT1）中断地址区
001BH～0022H　　　定时器/计数器 1（T1）中断地址区
0023H～002AH　　　串行中断地址区

故往往把程序存储器 0003H～002AH 作为保留单元。但通常情况下，8 个单元对中断服务程序是远远不够的，所以常常在每段的首地址放一条转移指令，以便转到相应的中断服务程序处执行。

但由于单片机复位后，程序计数器 PC 的内容为 0000H，使单片机必须从 0000H 单元开始执行程序，故在 0000H 处存放一条跳转指令，跳转到用户主程序的第一条指令，其常位于 0030H 之后。

以上这些描述，读者在学习了"第 5 章 MCS-51 中断系统"后，会有一个更加深刻的认识。

图 2-3　内部数据存储器单元

2．内部数据存储器

内部数据存储器单元如图 2-3 所示，它是程序设计人员使用最频繁，也是使用最方便、最灵活的存储单元区。

MCS-51 系列，内部只有 128B RAM 区（地址为 00H～7FH）和 128B 的特殊功能寄存器区 SFR（地址为 80H～FFH）。

MCS-52 系列，内部有 256B RAM 区，此时高 128B RAM 区和 128B 的特殊功能寄存器区（SFR）的地址是重合的，均为 80H～FFH。究竟访问的是哪个区域的存储单元，是通过不同的寻址方式加以区分的。访问高 128B RAM 单元（80H～FFH）采用的是寄存器间接寻址方式；访问特殊功能寄存器 SFR 区域（80H～FFH），则只能采用直接寻址方式；访问低 128B RAM（00H～7FH）时，两种寻址方式均可采用。

低 128B RAM 区按其用途划分为工作寄存器区、位寻址区、用户数据区，如图 2-4 所示。

图 2-4　MCS-51 内部 RAM 分配

（1）工作寄存器区。4 组工作寄存器区占据内部 RAM 的 00H～1FH 单元，每组 8 个寄存器分别用 R0～R7 表示，用来暂存数据及中间结果，使用灵活。在任一时刻，CPU 通过程序状态寄存器 PSW 中的 RS1、RS0 位的状态来选择当前所使用的工作寄存器区（见表 2-2）。

（2）位寻址区。内部 RAM 的 20H～2FH 单元，既可以字节寻址，作为一般的 RAM 单元使用；又可以按位寻址进行布尔操作。位寻址区对应 128 个位地址 00H～7FH，位地址的具体分配见表 2-3。

表 2-3　内部 RAM 20H～2FH 位寻址区位地址分布表

（高位）			位　　地　　址			（低位）		字节地址
D7	D6	D5	D4	D3	D2	D1	D0	
7FH	7EH	7DH	7CH	7BH	7AH	79H	78H	2FH
77H	76H	75H	74H	73H	72H	71H	70H	2EH
6FH	6EH	6DH	6CH	6BH	6AH	69H	68H	2DH
67H	66H	65H	64H	63H	62H	61H	60H	2CH
5FH	5EH	5DH	5CH	5BH	5AH	59H	58H	2BH
57H	56H	55H	54H	53H	52H	51H	50H	2AH
4FH	4EH	4DH	4CH	4BH	4AH	49H	48H	29H
47H	46H	45H	44H	43H	42H	41H	40H	28H
3FH	3EH	3DH	3CH	3BH	3AH	39H	38H	27H
37H	36H	35H	34H	33H	32H	31H	30H	26H
2FH	2EH	2DH	2CH	2BH	2AH	29H	28H	25H
27H	26H	25H	24H	23H	22H	21H	20H	24H
1FH	1EH	1DH	1CH	1BH	1AH	19H	18H	23H
17H	16H	15H	14H	13H	12H	11H	10H	22H
0FH	0EH	0DH	0CH	0BH	0AH	09H	08H	21H
07H	06H	05H	04H	03H	02H	01H	00H	20H

（3）用户数据区。内部 RAM 30H～7FH 单元是供用户使用的数据区，用户的大量数据存放在此区域，在实际使用时，常把堆栈也开辟在此。

关于堆栈和堆栈指针：堆栈是在 RAM 内开辟用于暂存数据的一种特殊的存储区域，只允许在其一端进行数据插入和删除操作，该端称为栈顶，其地址存在堆栈指针寄存器 SP 内。堆栈操作有入栈和出栈两种：在进行入栈操作时，SP 的内容会自动加 1；在进行出栈操作时，SP 的内容会自动减 1，按照先进后出（FILO）的原则存取数据。

系统复位后，SP 的内容为 07H，堆栈操作由 08H 单元开始。由于 08H～1FH 单元对应工作寄存器区 1～3，如果程序中要用到这些工作寄存器区，应该把 SP 设置为 1FH 或更大，通常设在内部 RAM 的 30H～7FH 中（跳过可位寻址区）。由于初始化时 SP 可设置不同的值，因此堆栈位置是浮动的，SP 的内容一经确定，堆栈的位置也就确定下来。

将字节数据 A3、A4、A5 入栈的过程如图 2-5（a）所示，SP 先自动加 1，然后数据放入 SP 指定的单元；数据出栈过程如图 2-5（b）所示，先将 SP 所指单元的内容放入指定单元，然后 SP 自动减 1。

图 2-5　数据入栈、出栈过程

3．特殊功能寄存器区

对于 MCS-51 系列单片机，有 21 个特殊功能寄存器离散地分布在内部 80H～FFH 的 128 个字节单元中，其余单元现无定义，用户不能对这些单元进行读/写操作。

对于 MCS-52 系列单片机，有 26 个特殊功能寄存器离散地分布在 80H～FFH 的 128 个字节单元中，剩余的地址单元可作为一般数据单元使用。MCS-51/52 系列单片机可寻址特殊功能寄存器见表 2-4（带*的为 MCS-52 特有）。

表 2-4　特殊功能寄存器的地址分配表

标　识　符	名　　称	地　　址
P0	P0 口锁存器	80H
SP	堆栈指针	81H
DPTR	数据地址指针，16 位（DPH，DPL）	83H，82H
PCON	电源控制及波特率选择寄存器	87H
TCON	定时器/计数器控制	88H
TMOD	定时器/计数器方式控制	89H
TL0	定时器/计数器 0，时间常数（低字节）	8AH
TL1	定时器/计数器 1，时间常数（低字节）	8BH
TH0	定时器/计数器 0，时间常数（高字节）	8CH
TH1	定时器/计数器 1，时间常数（高字节）	8DH
P1	P1 口锁存器	90H
SCON	串行控制	98H
SBUF	串行数据缓冲器	99H
P2	P2 口锁存器	A0H
IE	允许中断控制	A8H
P3	P3 口锁存器	B0H

续表

标 识 符	名 称	地 址
IP	中断优先控制	B8H
*T2CON	定时器/计数器 2 控制	C8H
*RLDL	定时器/计数器 2 自动再装载时间常数（低字节）	CAH
*RLDH	定时器/计数器 2 自动再装载时间常数（高字节）	CBH
*TL2	定时器/计数器 2（低字节）	CCH
*TH2	定时器/计数器 2（高字节）	CDH
PSW	程序状态字	D0H
ACC	累加器 A	E0H
B	寄存器 B	F0H

特殊功能寄存器大体可分为两类：一类与芯片的引脚有关，如特殊功能寄存器是 P0～P3，它们实际上是 4 个 8 位并行 I/O 口；数据指针 DPTR 是一个 16 位寄存器，存放访问外部数据存储器 RAM 或 I/O 口的地址，它既可以作为一个 16 位寄存器 DPTR 使用，也可以分成两个独立的 8 位寄存器使用，即 DPH（DPTR 中的高 8 位）和 DPL（DPTR 中的低 8 位）。另一类与芯片内部控制功能相关，如中断控制寄存器 IE，优先级寄存器 IP，定时器方式寄存器 TMOD，控制寄存器 TCON、初值寄存器 THx、TLx，串行口控制寄存器 SCON 及数据缓冲器 SBUF，这些将在定时器（第 6 章）、中断（第 5 章）、串行通信（第 7 章）等章节中加以介绍。与运算器 ALU 相关的有累加器 ACC、寄存器 B、状态寄存器 PSW 等。

4. 位地址空间

MCS-51 具有功能很强的布尔处理器，有着丰富的位操作指令，而且硬件上有自己的累加器和位地址空间。位地址空间包括两块区域：一块位地址范围为 00H～7FH，分布于内部数据存储器 RAM 20H～2FH 字节单元中，见表 2-3；另一块位地址范围为 80H～FFH，分布在特殊功能寄存器区中，这些特殊功能寄存器的字节地址可以被 8 整除，目前已定义了 12 个（其中 T2CON 为 MCS-52 特有），见表 2-5。整个位地址空间地址为 00H～FFH。

表 2-5　特殊功能寄存器位地址映像

（高位）			位　地　址				（低位）	字节地址	特殊功能寄存器
D7	D6	D5	D4	D3	D2	D1	D0		
F7H	F6H	F5H	F4H	F3H	F2H	F1H	F0H	F0H	B
E7H	E6H	E5H	E4H	E3H	E2H	E1H	E0H	E0H	ACC
CY	AC	F0	RS1	RS0	OV	F1	P	D0H	PSW
D7H	D6H	D5H	D4H	D3H	D2H	D1H	D0H		
TF2	EXF2	RCLK	TCLK	EXEN2	TR2	C/$\overline{T2}$	CP/$\overline{RL2}$	C8H	*T2CON
CFH	CEH	CDH	CCH	CBH	CAH	C9H	C8H		
—	—	PT2	PS	PT1	PX1	PT0	PX0	B8H	IP
—	—	BDH	BBH	BBH	BAH	B9H	B8H		
P3.7	P3.6	P3.5	P3.4	P3.3	P3.2	P3.1	P3.0	B0H	P3
B7H	B6H	B5H	B4H	B3H	B2H	B1H	B0H		

（高位）				位　地　址			（低位）	字节地址	特殊功能寄存器
D7	D6	D5	D4	D3	D2	D1	D0		
EA	—	ET2	ES	ET1	EX1	ET0	EX0	A8H	IE
AFH	—	ADH	AAH	ABH	AAH	A9H	A8H		
P2.7	P2.6	P2.5	P2.4	P2.3	P2.2	P2.1	P2.0	A0H	P2
A7H	A6H	A5H	A4H	A3H	A2H	A1H	A0H		
SM0	SM1	SM2	REN	TB8	RB8	TI	RI	98H	SCON
9FH	9EH	9DH	99H	9BH	9AH	99H	98H		
P1.7	P1.6	P1.5	P1.4	P1.3	P1.2	P1.1	P1.0	90H	P1
97H	96H	95H	94H	93H	92H	91H	90H		
TF1	TR1	TF0	TR0	IE1	IT1	IE0	IT0	88H	TCON
8FH	8EH	8DH	8CH	8BH	8AH	89H	88H		
P0.7	P0.6	P0.5	P0.4	P0.3	P0.2	P0.1	P0.0	80H	P0
87H	86H	85H	84H	83H	82H	81H	80H		

位处理的数据为 1 位二进制数，所以在指令系统中，位地址和字节地址是不难区别的。大多数的位传送和逻辑类位操作指令均围绕着进位 C 进行开展。例如，位"置位"SETB C、位"清 0"CLR C、位"求反"CPL C，其位地址（C 即 CY，地址为 D7H）是显而易见的。请读者一定要加以区分字节地址和位地址。

2.1.4　I/O 口及相应的特殊功能寄存器

典型的 MCS-51 单片机芯片内部有 4 个 8 位并行输入/输出口（P0、P1、P2、P3），用于连接外设并行的输入和输出信号。每个口都包含一个锁存器（即特殊功能寄存器 P0～P3）、一个输出驱动器和两个（P3 口为 3 个）控制输入操作的三态缓冲器。这种结构在 CPU 输出数据时，数据可以锁存，即在重新输出新的数据之前，原来口上的数据一直保持不变；但对于输入信号是不锁存的，外部设备欲向单片机输入数据时，输入的数据必须保持到取数指令执行为止。

MCS-51 单片机的 4 个口在电路结构上基本相同，但它们又各具特点，因此在功能和使用上各口之间有一定的差距。下面将分别对各个口进行分析。为分析方便，以下把 4 个端口和其中的锁存器（即特殊功能寄存器）都笼统地表示为 P0～P3。

1．P0 口

P0 口可作为 I/O 口，也可作为地址/数据总线使用，其一位的逻辑结构如图 2-6 所示。

P0 口由一个输出锁存器，两个"三态"缓冲器 1、2，输出驱动电路及控制电路组成。其工作状态受控制电路"与门"4、反相器"非门"3 和"多路转换开关"MUX 控制。

（1）P0 口作为 I/O 口使用

当 P0 口作为 I/O 口时，硬件自动使控制线 C=0，与门 4 输出为"0"，使输出级上拉场效应管（VT1）处于截止状态，因此，输出级（VT2）是漏极开路的开漏结构。多路转换开关MUX 指向锁存器 $\overline{Q}$ 端，把输出级（VT2）与锁存器的 $\overline{Q}$ 端接通。

图 2-6　P0 口一位逻辑结构框图

P0 口用做输出口：当 CPU 执行输出指令时，写脉冲加在 D 锁存器的 CP 上，这样与内部锁存器相连的 D 端数据取反后就出现在 $\overline{Q}$ 端上，又经输出级（VT2）反相，在 P0 端口上出现的数据正好是内部总线的数据 P0.x=D（即 Dx="0"，P0.x="0"；Dx="1"，P0.x="1"）。由于场效应管（VT1）处于截止状态，故在 P0.x 输出端口必须外接上拉电阻，P0.x 才有高电平输出。

必须注意，当 CPU 执行"读—修改—写"操作指令（如执行"ANL　P0，A"）时，CPU 不直接读引脚上的数据，而是 CPU 先读 P0 口 D 锁存器中的数据，当"读锁存器"信号有效时，三态缓冲器 1 开通，Q 端数据送入内部总线和累加器 A 中的数据进行逻辑与操作，结果再送回 P0 端口锁存器，此时锁存器中的内容（Q 端状态）反映到 P0.x 引脚上。

P0 口用做输入口：当执行一条对 P0 口的输入指令时，"读引脚"脉冲把三态缓冲器 2 打开，这样，引脚上的数据经过缓冲器 2 读入到内部总线。

必须注意，从如图 2-6 所示中可以看出，在端口引脚读入数据时，由于输出驱动器（VT2）并接在引脚上，如果输出驱动器（VT2）是导通的，则输入的高电平将会被拉成低电平，从而产生误读，即不能输入"1"。所以，在端口进行输入操作前，应预先向端口锁存器写入"1"，也就是使 $\overline{Q}$=0，使输出驱动器（VT2）截止，即引脚处于悬浮状态。例如：

```
MOV    P0,#0FFH    ;在端口进行输入操作前，应预先向端口锁存器写入"1"
MOV    A,P0        ;P0 口输入状态
```

（2）P0 口作为地址/数据总线使用

在访问外部存储器时，P0 口分时复用传送低 8 位地址和数据信号，是一个真正的双向数据总线口。

当 CPU 对外部存储器读/写时，由内部硬件使控制线 C=1，开关 MUX 指向非门 3 输出端，P0 口作为地址/数据总线分时使用，上下两个输出驱动器（VT1、VT2）处于反相（即 VT1 导通，VT2 截止；VT2 导通，VT1 截止），构成"推拉式"的输出电路，大大提高了负载能力；当 P0 口输入数据，这时"读引脚"信号有效，打开输入缓冲器 2，使数据进入内部总线。

总之，P0 口作为地址/数据总线口使用时，是一个真正的双向口，用户不必做任何工作；作为通用 I/O 口使用时，是一个准双向口，作为输出口，需外加上拉电阻。准双向口的特点是：当某引脚由原来的输出变为输入时，用户应先向锁存器写"1"，以免错误读出引脚上的内容。当复位时，口锁存器均自动置"1"，即输出驱动器（VT2）已截止，P0 口作为输入使用。

2. P1 口

P1 口是一个标准的准双向口，只能作为通用 I/O 口使用，其一位逻辑结构如图 2-7 所示。

图 2-7　P1 口一位逻辑结构框图

其电路结构与 P0 口有些不同：首先其内部没有多路开关 MUX；其次内部有上拉电阻，与场效应管共同组成输出驱动。因此，当 P1 口作为输出时，无需外接上拉电阻；当 P1 口作为输入时，同样也需先向其锁存器写"1"，使输出驱动截止。

必须注意，在 8032/8052 中，P1.0 和 P1.1 是多功能的。除做一般的双向 I/O 口使用外，P1.0 还可用来作为定时器/计数器 2 的外部输入端，并以标识符 VT2 表示；P1.1 则可作为定时器/计数器 2 的外部控制输入，以 T2EX 表示。8031、8752、8051 无此功能。

3. P2 口

P2 口可作为的 I/O 口和高 8 位地址线 A8～A15 输出口，其一位的逻辑结构如图 2-8 所示。

图 2-8　P2 口一位逻辑结构框图

P2 口电路比 P1 口电路多了一个多路开关 MUX，这与 P0 口一样。当 P2 口作为通用的 I/O 口使用时，硬件置开关 MUX 倒向锁存器的 Q 端，功能和使用方法同 P1 口，是一个准双向口。复位时，口锁存器均自动置"1"，即输出驱动器已截止，P2 口可作为输入使用。

当开关 MUX 倒向地址端时，P2 口输出高 8 位地址线 A8～A15，用于寻址外接的存储器和 I/O 口，这时 P2 口不能再作为并行的 I/O 口使用。

由图 2-8 还可以看出，在输出驱动器部分，P2 口也有别于 P0 口，它接有内部上拉电阻。实际中，上拉电阻是由做阻性元件使用的场效应管组成的，可分为固定部分和附加部分。其附加部分是为加速输出"0"→"1"的跳变过程而设置的。

4. P3 口

P3 口是一个双功能口，分为第一功能和第二功能，其一位逻辑结构框图如图 2-9 所示。

（1）当 P3 口作为第一功能使用时，由内部硬件自动将第二功能输出线 W 置"1"，这时 P3 口作为通用 I/O 口，与 P1 类似，是一个准双向口。复位时，口锁存器均自动置"1"，即输出驱动器截止，P3 口作为输入口使用。

（2）P3 口作为第二功能使用时，各位的定义见表 2-6，有 3 个输出信号、5 个输入信号，此时由内部硬件使锁存器输出为"1"，使"与非"门 3 对"第二输出功能端"W 是畅通的。

① 当 P3 口作为第二功能的输出脚，W 可输出 TXD、$\overline{RD}$、$\overline{WR}$ 三个信号。例如，P3.7 作为 $\overline{RD}$ 功能，则 W 线为控制信号 $\overline{RD}$，其状态通过"与非"门 3 到输出驱动器引脚端 P3.7。

② 当 P3 口作为第二功能的输入脚时，可作为 RXD、$\overline{INT0}$、$\overline{INT1}$、T0、T1 信号的输入

图 2-9 P3 口一位逻辑结构框图

引脚，此时 W 线为"1"，由于锁存器 Q 输出也为"1"，故输出驱动器截止，同时"读引脚"信号无效，故三态缓冲器 2 不导通，所输入的信号经缓冲器 4 送入内部第二功能的输入端，而非内部数据总线。

表 2-6 P3 口的第二功能

引　　脚	第 二 功 能
P3.0	RXD（串行输入通道）
P3.1	TXD（串行输出通道）
P3.2	$\overline{INT0}$（外中断 0）
P3.3	$\overline{INT1}$（外中断 1）
P3.4	T0（定时器 0 外部输入）
P3.5	T1（定时器 1 外部输入）
P3.6	$\overline{WR}$（外数据存储器写选通）
P3.7	$\overline{RD}$（外数据存储器读选通）

总之，单片机的 I/O 口使用很灵活，不仅可以字节操作，还可按位操作。在一般情况下，P1 口作为通用的 I/O 口使用；P0 口作为低 8 位地址和数据口使用；P2 口作为高 8 位地址口使用；P3 口作为 I/O 口或第二功能使用，若不用做第二功能，则也可做一般 I/O 口使用。

在组成应用系统时，必须考虑 I/O 口的负载能力：

① P1～P3 口的上拉电阻较大（约为 20～40kΩ）属于"弱上拉"。P1～P3 口输出高电平时，电流很小（$I_{OH} \approx 30 \sim 60 \mu A$）；输出低电平时，下拉的 MOS 管处于饱和，可以吸收 1.6mA 左右的灌电流，负载能力较强，能驱动 4 个 LS TTL 负载。

② P0 口作为输出口使用时，为漏极开路，需外加上拉电阻；输出低电平负载能力比 P1～P3 口强，可以吸收 3.2mA 的灌电流，能驱动 8 个 LS TTL 负载。但当 P0 口作为地址/数据时，它可直接驱动 MOS 输入而不必外加上拉电阻。

这些在实际使用时都应予以注意。

2.1.5 信号引脚

8051 是标准的 40 引脚双列直插式集成电路芯片，其引脚排列如图 2-10 所示。其中有 4 个 8 位 I/O 并行口共 32 个引脚、4 个控制引脚、两个时钟输入/输出引脚及两个电源引脚。

图 2-10 MCS-51 单片机引脚

1. 信号引脚介绍

（1）电源引脚

V_{CC}：电源正端，接电源＋5V。

V_{SS}：接地端。

（2）I/O 口引线

4 个 8 位的 P0～P3 口。

（3）控制线

ALE：地址锁存允许输出。在系统扩展时，用以控制何时锁存 P0 口输出的低 8 位地址，实现低 8 位地址和数据的分离。此外，ALE 输出的脉冲信号频率为晶振频率的 1/6，因此它也可以用于外部时钟脉冲使用。

$\overline{PSEN}$：片外程序存储器的读选通信号。当读片外 ROM 时，$\overline{PSEN}$ 有效（低电平），实现对片外程序存储器的读操作。

$\overline{EA}$：当 $\overline{EA}$ 为低电平时，不管片内是否有 ROM，CPU 只从片外程序存储器取指；而当 $\overline{EA}$ 为高电平时，CPU 先从片内程序存储器取指，当 PC（程序计数器）的值超过 0FFFH（4KB）时，将自动转去执行片外程序存储器取指。对无片内 ROM 的 8031，$\overline{EA}$ 必须接低电平。

RST：复位信号。在此引脚持续给出两个机器周期以上的高电平即可以使单片机复位，完成单片机内部的初始化操作。

（4）外接石英晶体引脚

XTAL1、XTAL2：当使用芯片内部的时钟电路时，用于外接石英晶体和微调电容；当使用外部时钟时，用于外接时钟信号。

可以从 $\overline{\text{PSEN}}$、ALE 和 XTAL2 输出端测量输出信号，判断 8051 是否正常工作。

2. ALE、EA、RST 引脚的第二功能

由于工艺及标准化等原因，芯片的引脚数目是有限制的。MCS-51 芯片的引脚数目限定在 40，而单片机为实现其功能所需的信号数目超过此数，就出现了供需矛盾。为解决这一矛盾，采用引脚复用的方法，即给一些信号引脚定义双重功能。除前面所讲的 P0、P2、P3 具有第二功能外，还有一些引脚具有第二功能（往往把前面描述的引脚信号定义为第一功能，根据需要再定义的信号为第二功能）。

（1）EPROM 存储器固化所需的信号

向 EPROM 程序存储器写入数据而提供的专门编程脉冲和编程电压。

编程脉冲：30 脚（ALE/$\overline{\text{PROG}}$）。

编程电压：31 脚（$\overline{\text{EA}}$/V_{PP}）。

（2）备用电源引入

备用电源：9 脚（RST/V_{PD}）。

当单片机的工作电压降至下限时，备用电源从该脚向片内 RAM 供电，保护片内 RAM 中的信息不丢失。

上述引脚的第二功能和第一功能是在单片机的不同工作方式下的信号，因此在使用时不会发生矛盾。

2.2 时钟电路与 CPU 时序

时钟电路用于产生单片机工作所需的时钟信号，而 CPU 时序研究的是执行指令中各信号之间的相互关系。它指明单片机内部及内部与外部互相联系所遵守的规律。

2.2.1 时钟电路

时钟是计算机的心脏，控制着计算机的工作节奏。MCS-51 单片机内有一个由高增益反相放大器组成的振荡器。反相放大器的输入端为 XTAL1，输出端为 XTAL2。MCS-51 单片机的振荡方式有两种，即内部时钟方式和外部时钟方式。

内部时钟方式如图 2-11（a）所示，利用芯片内部反相器和电阻组成的振荡电路，在 XTAL1 和 XTAL2 引脚上跨接晶体振荡器和微调电容，从而构成一个稳定的自激振荡器，形成单片机的时钟电路。电容 C1、C2 的主要作用是帮助振荡器起振，其值的大小对振荡器频率有微调作用，典型值为 $C_1=C_2=30\text{pF}$。

（a）内部时钟方式   （b）外部时钟方式

图 2-11 MCS-51 的时钟方式

外部时钟方式如图 2-11（b）所示，外部时钟信号经反相器输入到 XTAL2 引脚，对外部

时钟脉冲信号没有特殊的要求。当整个单片机系统已有时钟源或多片单片机同时工作时，可采用外部时钟方式取得时钟的同步。

2.2.2 CPU 时序

单片机执行指令是在时序控制下一步一步进行的，人们通常以时序的形式来表明相关信号的波形及出现的先后次序。为了说明信号的时间关系，必须先搞清楚状态与相位、机器周期、指令周期等几个概念。

1. 状态与相位、机器周期

单片机的基本操作周期为机器周期，如图 2-12 所示。1 个机器周期可分为 6 个状态，用 S1、S2、S3、S4、S5、S6 表示；两个振荡脉冲构成 1 个状态，前一个脉冲叫 P1（相位 1），后一个脉冲叫 P2（相位 2），即所谓两相 P1 和 P2 组成 1 个状态。所以，一个机器周期共由 12 个时钟脉冲组成。例如，当晶体振荡频率为 6MHz 时，则一个机器周期为 2μs。

图 2-12 单字节、单周期指令

2. 指令周期

CPU 执行一条指令所需的时间称指令周期。指令周期以机器周期为单位。MCS-51 单片机指令分单机器周期指令（简称单周期指令）、双周期指令及四周期指令。

图 2-12 所示的内部状态和相位表明了 CPU 取指/执行的时序。由于这些内部时钟信号在外面是无法观察到的，所以画出了外部 XTAL2 的振荡信号和 ALE（地址锁存允许）信号供参考。在每个机器周期中，ALE 信号两次有效，可读入两个字节的数据：一次在 S1P2 和 S2P1 期间，读入第一个字节；还有一次在 S4P2 和 S5P1 期间，可读入第二个字节。

执行一条单周期指令时，在 S1P2 期间读入操作码并把它锁存到指令寄存器中。如果是一条双字节指令，第二个字节在同一机器周期的 S4 期间读出。如果是一条单字节指令，在 S4 期间仍然有一个读操作，但这时读出的字节（下一条指令的操作码）是不加以处理的，而且程序计数器也不加 1。不管是上述哪一种情况，指令都在 S6P2 期间执行完毕。图 2-12 和图 2-13 分别显示了单字节、单周期指令和双字节、单周期指令的时序。

图 2-13 双字节、单周期指令

绝大多数的 MCS-51 指令是在 1 个机器周期内执行的。只有 MUL（乘）和 DIV（除）指令需用 4 个机器周期来完成。

通常在每一个机器周期中，从程序存储器中取两个字节码，仅在执行 MOVX 指令时例外。MOVX 是一条单字节、双周期指令，用于存取片外数据存储器数据。在执行 MOVX 指令时，仍在第一个机器周期的 S1 期间读入其操作码，而在 S4 期间也执行读操作，但读入的下一个操作码不予处理（因为 MOVX 是单字节指令）。由第一机器周期 S5 开始，送出片外数据存储器的地址，随后读或写数据，直到第二个机器周期的 S3 结束，此期间不产生 ALE 有效信号。而在第二个机器周期 S4 期间，由于片外数据存储器已被寻址和选通，所以也不产生取指操作。故在执行 MOVX 指令期间，少执行两次取指操作，如图 2-14 所示。

图 2-14 执行 MOVX 指令

2.3 MCS-51 单片机的复位

单片机的复位是使 CPU 和系统的其他功能部件处在一个确定的初始状态，并从这个状态开始工作，同时 PC=0000H，从第一个单元取指令执行。

当在 RST/V_{PD} 引脚上给出持续两个机器周期（即 24 个振荡周期）以上的高电平，使系统完成复位。例如，若单片机的晶体振荡器的频率 f_{osc}=12MHz，$T_{机器}$=1μs，则需 2μs 以上的高电平才能完成复位。

RST/V_{PD} 由高电平变为低电平后，单片机从 0000H 地址开始执行程序。单片机复位期间不产生 ALE 和 $\overline{PSEN}$ 信号，不会有任何取指令操作。单片机复位不影响内部 RAM 的状态，包括工作寄存器 R0～R7。特殊功能寄存器复位后状态见表 2-7，可知 P0～P3 口输出高电平，SP 指针重新赋值为 07H，程序计数器 PC 及其他被清零。

表 2-7　MCS-51 复位后内部特殊寄存器状态

特殊寄存器	初 始 状 态	特殊寄存器	初 始 状 态
ACC	00H	TMOD	00H
B	00H	TCON	00H
PSW	00H	TH0	00H
SP	07H	TL0	00H
DPL	00H	TH1	00H
DPH	00H	TL1	00H
P0～P3	0FFH	SCON	00H
IP	xxx00000B	SBUF	不定
IE	0xx00000B	PCON	0xxxxxxxB

常见的复位电路连接有以下几种：

（1）上电自动复位电路如图 2-15 所示。在通电瞬间，由于电容两端电压不能突变，故在 RST 端的电位与 V_{CC} 相同；随后 C 通过 R 充电，充电电流逐渐减少，RST 端的电位也逐渐下降，只要保证 RST 为高电平的时间大于两个机器周期，便能正常复位。

（2）按键自动/手动复位电路如图 2-16 所示。该电路除了具有上电复位功能外，若要手动复位只需按下按钮 S 即可。当晶体振荡频率 f_{osc}=12MHz 时，图 2-16 中取 C=10μF，R_2=8kΩ即可复位，R_1 取 300Ω。

图 2-15　上电自动复位电路　　　　图 2-16　按键自动/手动复位电路

2.4　CHMOS 型单片机的节电方式

MCS-51 系列的 CHMOS 型单片机运行时耗电省，而且还能提供两种节电工作方式，即空闲方式（或称待机方式）和掉电方式（或称停机方式）以进一步降低功耗，这往往应用于功耗要求很低的场合。CHMOS 型单片机的工作电源和后备电源加在同一个引脚 V_{CC}，正常工作时电流为 11～20mA，空闲状态时为 1.7～5mA，掉电状态时为 5～50μA。空闲方式和掉电方式所涉及的硬件电路如图 2-17 所示。在空闲方式中，振荡器保持工作，时钟脉冲继续供给中断、串行口、定时器等功能部件，使它们继续工作，但 CPU 的时钟信号被切断，因而 CPU 停止工作。在掉电方式中，振荡器被冻结，时钟信号停止，单片机内部所有的功能部件停止工作。

图 2-17　空闲方式和掉电方式所涉及的硬件电路

CHMOS 型单片机的节电工作方式是由特殊功能寄存器 PCON 控制，PCON 的格式如下：

PCON	D7	D6	D5	D4	D3	D2	D1	D0
	SMOD	—	—	—	GF1	GF0	PD	IDL

IDL：空闲方式控制位。置"1"后单片机进入空闲方式。

PD：掉电方式控制位。置"1"后单片机进入掉电方式。

GF0：通用标志位。

GF1：通用标志位。

SMOD：串行口波特率倍率控制位。

PCON.4～PCON.6：保留位，对于 HMOS 型单片机仅 SMOD 位有效。若 IDL 和 PD 同时置"1"时，则先激活掉电方式。

2.4.1　空闲方式

CPU 执行一条将 PCON.0 置"1"的指令，就使它进入空闲状态。这种方式供给 CPU 的内部时钟使信号被切断，但时钟信号仍提供给中断、串行口和定时器，使它们继续工作。CPU 当前的状态（堆栈指针 SP、程序计数器 PC、程序状态字 PSW、累加器 ACC）、内部 RAM 和其他特殊寄存器内容维持不变，引脚保持进入空闲方式时的状态，ALE 和 $\overline{PSEN}$ 保持逻辑高电平。CPU 有两种方法可退出空闲方式：

（1）被允许的中断源请求中断时，IDL（PCON.0）将被硬件清"0"，于是终止空闲方式，CPU 响应中断，执行中断服务程序。中断处理完以后，从使单片机进入空闲方式指令的下一条指令开始继续执行程序。

（2）硬件复位。由于在空闲方式下时钟振荡器一直在运行，故 RST 引脚上的高电平信号只需保持两个机器周期就能使 IDL 置"0"，使单片机退出空闲状态，从它停止运行的地方恢复程序的执行，即从空闲方式的启动指令之后继续执行。注意，空闲方式的下一条指令不应是对口的操作指令和对外部 RAM 的写指令，以防硬件复位过程中对外部 RAM 的误操作。

PCON 中的 GF0 和 GF1 可以用做一般的软件标志位，如可用来指示某中断是发生在正常操作周期还是在空闲方式，用于确定服务性质。

2.4.2 掉电方式

当系统检测到电源电压下降到一定值，就认为出现了电源故障，此时可通过 $\overline{INT0}$ 或 $\overline{INT1}$ 产生中断。在中断服务程序中应包含以下两个基本任务：

（1）把有关的数据传送到内部 RAM，并执行一条将 PCON.1 置"1"的指令，使它进入掉电方式，该指令是 CPU 执行的最后一条指令，执行完该指令以后，便进入掉电方式。

（2）在电源电压下降到允许限度之前，把备用电源加到 RST/V_{PD} 引脚上。在掉电方式，由于时钟被冻结，一切功能都停止，只有内部 RAM 和寄存器内容维持不变，I/O 引脚状态和相关的特殊功能寄存器的内容保持不变，ALE 和 $\overline{PSEN}$ 为逻辑低电平，外围器件、设备处于禁止状态。应注意断开外围电路电源，以便使整个应用系统的功耗降到最小。

退出掉电方式的唯一方法是硬件复位。复位以后特殊功能寄存器的内容被初始化，但 RAM 单元的内容仍保持不变。

必须注意，在进入掉电方式以前，V_{CC} 不能先降下来；在掉电方式终止前，V_{CC} 应先恢复到正常操作水平。

2.5 AT89 系列单片机的结构

2.5.1 AT89 系列单片机简介

AT89 系列单片机是 Atmel 公司的推出的可重复擦写出 1000 次以上、低功耗、8 位 Flash 单片机系统，它和 8051 系列单片机是兼容的，其采用 Flash 存储器作为 ROM，在系统的开发过程中可以十分容易地进行程序的修改，大大地缩短了系统的开发周期，得到了国内用户的广泛使用。AT89 系列单片机的主要特性见表 2-8。

表 2-8 AT89 系列单片机的主要特性

型　号	存　储　器			I/O 口		中断源	定时器/计数器
	Flash	片内 RAM	E^2PROM	并行	串行	（个）	（个×位）
AT89C51	4KB	128B	无	4×8（位）	UART	6	2×16
AT89C52	8KB	256B	无	4×8（位）	UART	8	3×16
AT89C2051	2KB	128B	无	15（位）	UART	6	2×16
AT89C51RC	32KB	512B	无	4×8（位）	UART	8	3×16

AT89C51、AT89C52 与 8051、8052 系列基本相同；AT89C2051 只有 20 个引脚，指令系统与 8051 兼容，其结构如图 2-18 所示，引脚图如图 2-19 所示。

图 2-18 AT89C2051 单片机的结构框图

P1 口是一个 8 位双向 I/O 口，可驱动 20mA 灌电流的负载，直接驱动 LED 显示器。引脚 P1.2～P1.7 内部均有上拉电阻，但 P1.0～P1.1 要求外接上拉电阻，它们还可分别作为片内精密模拟比较器的同相输入（AIN0）和反相输入（AIN1）。P3 口的 P3.0～P3.5、P3.7 是带有内部上拉电阻的 7 个双向 I/O 端子，也可驱动 20mA 灌电流的负载。P3.0～P3.5 的引脚功能与 51 系列完全一致，具有第二功能，但 P3.6 用于固定输入片内比较器的输出信号，不可当做通用 I/O 口访问。AT89C2051 没有片外数据存储器，因此在应用程序中不能包括 MOVX 类指令；受程序存储空间的限制，条件、无条件转移地址必须在 000H～7FFH 之间。

图 2-19 AT89C2051 引脚图

2.5.2 AT89 系列 Flash 的编程和校验

AT89 单片机与 MCS-51 完全兼容，其内部含有 1～32KB 的 Flash 存储器。下面以 AT89C2051 为例，说明 Flash 的编程和校验。

AT89C2051 内部含有 2KB 的 Flash。出厂时，片内代码阵列的内容均为 0FF，处于擦除态，用户以字节为单位可直接编程。其内部含有用于编程和校验的程序地址计数器。RST 引脚上的脉冲上升沿将计数器清零，在 XTAL1 端每输入一个正脉冲，计数器自动加 1，指向下一个单元。存储器编程结束，要想重新编程任何一个非空（非 FFH）的字节，必须擦除全部程序存储器单元。片擦除用负脉冲的宽度为 10ms。

AT89C2051 内部还含有两个锁定位，其状态可为非编程态（U）、编程态（P），从而具有不同的保护特性，见表 2-9。Flash 的工作模式见表 2-10。

表 2-9 锁定位保护模式

模式	锁 定 位		保 护 模 式
	LB1	LB2	
1	U	U	没有程序锁定位功能
2	P	U	禁止 Flash 继续编程
3	P	P	同模式 2，同时禁止该试验

表 2-10 Flash 的工作模式

模式		RST/V$_{PP}$	P3.2/$\overline{PROG}$	P3.3	P3.4	P3.5	P3.7
编程		12V	负脉冲	L	H	H	H
校验		H	H	L	L	H	H
写锁定位	LB1	12V	负脉冲	H	H	H	H
	LB2	12V	负脉冲	H	H	L	L
片擦除		12V	负脉冲	H	L	L	L
读标志字节		H	H	L	L	L	L

AT89C2051 编程和校验的步骤如下：

① 在 V$_{CC}$ 和 GND 之间施加电源，将 RST 和 XTAL1 接"L"电平；

② 引脚 RST、P3.2 接"H"，按表 2-10 的编程模式配置 P3.3、P3.4、P3.5、P3.7；

③ 在数据线 P1.0～P1.7 上施加 000H 单元的代码字节；

④ 将 RST 引脚电压上升到 12V；

⑤ 在 P3.2 引脚上施加编程 1 个字节或 1 个程序锁定位的负脉冲，典型值为 1.2ms；

⑥ 为校验编程数据，将 RST 由 12V 降到"H"电平，按表 2-10 的校验模式配置 P3.3、P3.4、P3.5、P3.7，则编程数据可以从 P1 口读出；

⑦ 在 XTAL1 引脚上加一个正脉冲，地址计数器加 1，同时将新的代码数据送到 P1 口，编程下一个单元。重复步骤④～⑦，直到编程目标文件完；

⑧ 断电顺序为使 XTAL1、RST 为"L"电平，使 V$_{CC}$ 断电。

AT89C2051 编程和校验的接口电路如图 2-20 所示。

字节编程也可以由 P3.1 的 READY/$\overline{BUSY}$ 信号来控制。当 P3.2/$\overline{PROG}$ 上的负脉冲由低变高时，字节编程开始，此时，引脚 P3.1 变为低电平，用来表示"忙"。当编程完成时，P3.1 变为高电平，用来表示"准备就绪"，可以开始下一个周期。

片擦除时，按照表 2-10 配置 P3.3、P3.4、P3.5、P3.7 上的控制信号，并在 P3.2/$\overline{PROG}$ 引脚上施加 10ms 宽的负脉冲，便可完成 Flash 所有存储单元和两个锁定位的电擦除，使单元内容为 FFH，锁定位为 U 态。任何非空字节的再编程，必须先要执行片擦除操作。

读标志字节的过程与校验读出过程相同。标志单元的地址为 000H、001H，P3.5 和 P3.7 必须为低电平，读出的标志字节如下：

(000H)=1EH，表示 Atmel 公司制造；

(001H)=21H，表示 89C2051。

图 2-20　AT89C2051 编程和校验的接口电路

2.5.3　AT89C51RC 单片机

　　AT89C51RC 是 AT 系列的高档单片机。所谓高档型，是在标准型结构的基础上，再添加新的功能部件，如存储器容量的扩大，增加串行外围接口、看门狗等功能。与 AT89C52 相比，AT89C51RC 具有如下特点：

　　① 程序存储器由 8KB 增加到 32KB；

　　② 片内数据存储器由 256B 增加到 512B；

　　③ 数据指针由 1 个增加到两个，为 DPTR0、DPTR1；

　　④ 增加了看门狗定时器 WDT；

　　⑤ 退出掉电方式由单纯硬件复位方式增加到硬件复位和中断两种方式；

　　⑥ 新增加了断电标志 POF；

　　⑦ 最高工作频率为 33MHz。

　　AT89C51RC 有 3 种封装形式：PDIP、PLCC 和 TQFP，各引脚的含义和使用方法与 MCS-52 完全相同，在此不再赘述。AT89C51RC 片内含有 512B RAM，可分为 4 个地址空间：片内 RAM 的低 128B 区、片内 RAM 的高 128B 区、128B 的特殊功能寄存器区和 256B 的扩展片内 RAM 区（ERAM）。数据存储器在访问这些地址空间时，使用不同的寻址方式：

　　① 访问片内 RAM 低 128B（00H～7FH）单元，可用直接寻址和间接寻址两种方式；

　　② 访问片内 RAM 高 128B（80H～FFH）单元，只能使用间接寻址方式；

　　③ 访问特殊功能寄存器（80H～FFH）单元，只能使用直接寻址方式；

　　④ 对于 256B 的片内扩展 RAM（ERAM），地址为 00H～FFH，访问这些单元时，必须在 EXTRAM=0 的条件下，应用 MOVX 指令（R0、R1 和 DPTR 间接寻址方式），以区别访问片内 RAM 和 SFR 的 MOV 类指令和片外 RAM 的 MOVX 指令。此时执行 MOVX 将不影响 P0、P2，也不产生控制信号 $\overline{RD}$、$\overline{WR}$。

　　AT89C51RC 共有 32 个特殊寄存器，下面介绍几个特殊功能寄存器的用法。

　　（1）辅助寄存器 AUXR

　　辅助寄存器 AUXR 地址为 8EH，不可位寻址，复位值为"xxx00x00"，其格式如下。

AUXR	D7	D6	D5	D4	D3	D2	D1	D0
	—	—	—	WDIDLE	DISRTO	—	EXTRAM	DISALE

DISALE：ALE 允许位。DISALE=0，ALE 为固定频率出现的脉冲（$f_{ALE}=f_{osc}/6$）；DISALE=1，ALE 仅在执行 MOVX 或 MOVC 指令时有效。

EXTRAM：片内扩展 RAM 访问控制位。当 EXTRAM=0 时，执行指令 MOVX 访问片内 ERAM；当 EXTRAM=1 时，执行指令 MOVX 访问片外 RAM。

DISRTO：WDT 复位允许位。当 DISRTO=0 时，若看门狗 WDT 溢出，则单片机复位，同时 RST 引脚输出高电平；当 DISRTO=1 时，RST 复位脚只是输入脚。

WDIDLE：空闲模式下 WDT 控制位。WDIDLE=0 时，WDT 在空闲模式下仍然计数；WDIDLE=1 时，WDT 在空闲模式下暂停计数。

（2）辅助寄存器 AUXR1

辅助寄存器 AUXR1 地址为 A2H，不可位寻址，复位值为"xxxxxxx0"，其格式如下。

AUXR1	D7	D6	D5	D4	D3	D2	D1	D0
	—	—	—	—	—	—	—	DPS

DPS：数据指针选择位。当 DPS=0 时，选择数据指针 DPTR0（DP0L 和 DP0H）；当 DPS=1 时，选择数据指针 DPTR1（DP1L 和 DP1H）。

（3）双数据指针

为了便于访问片内 ERAM 和片外 RAM，AT89C51RC 设置了双数据指针：DPTR0（82H、83H）和 DPTR1（84H、85H）。用户在使用 MOVX 指令前，首先要初始化 DPS，使间址寄存器 DPTR 对应于指定的寄存器（DPTR0 或 DPTR1）。

（4）看门狗定时器 WDT 复位寄存器 WDTRST

看门狗定时器 WDT 复位寄存器 WDTRST 地址为 A6H，不可位寻址，复位值为"xxxxxxxx"。

CPU 在执行程序过程中，由于瞬时的干扰使程序进入死循环状态，WDT（Watchdog Timer）是使 CPU 摆脱这种困境而自动恢复的一种方法。

WDT 由一个 14 位计数器和复位寄存器 WDTRST 组成。WDT 在硬件复位或计数器溢出后，一直处于关闭状态。WDT 的启动用软件实现，通过对 WDTRST 按次序写入 01EH 和 0E1H，便可将 WDT 复位，并开始从 0 计数。WDT 每经过 1 个机器周期，计数器自动加 1，在 WDT 的计数过程中，若又向 WDTRST 写入数据 1EH 和 0E1H，则 WDT 计数器复位，又从 0 开始计数。WDTRST 寄存器为只写寄存器，不可读出。

WDT 计数器从 0 开始计数，经过 2^{14} 个机器周期，便发生溢出，溢出将在复位引脚 RST 输出一个高电平，其脉宽为 98 个时钟周期，使单片机复位，从 0000H 单元开始执行程序。此后 WDT 一直处于关闭状态，直到重新启动。

在应用 WDT 时，为了保证系统正常运行，用户软件每隔不到 2^{14} 个机器周期就要对 WDT 复位一次，而 WDT 一旦启动，除硬件复位和 WDT 溢出外，不可以用任何方法停止 WDT 计数。

习题 2

1. MCS-51 单片机主要由哪些部件组成？主要有哪些功能？

2. MCS-51 系列中无 ROM/EPROM 型单片机，在应用中，P0 口和 P2 口能否直接作为 I/O 口连接开关、指示灯之类的外设？为什么？

3. 综述 P0 口、P1 口、P2 口、P3 口各有哪几种功能？

4. MCS-51 单片机的控制线有几根？各有什么作用？

5. 程序计数器的作用是什么？MCS-51 单片机的程序计数器有几位？

6. 简述程序状态寄存器 PSW 各位的含义？如何确定和改变当前的工作寄存器？

7. 什么是单片机的振荡周期、时钟周期、机器周期、指令周期？它们之间是什么关系？当单片机的晶振为 12MHz 时，它们的振荡周期、时钟周期、机器周期、指令周期为多少？

8. 内部 RAM 中字节地址 00H～7FH 与位地址 00H～7FH 完全重合，CPU 是如何区分二者的？

9. DPTR 是什么寄存器？它由哪几个寄存器组成？

10. 什么是堆栈？在堆栈中存取数据的原则是什么？数据是如何进、出堆栈的？

11. 在 MCS-51 型单片机的 ROM 空间中，0003H～002BH 有什么用途？用户应怎样合理安排？

12. 单片机的复位条件是什么？画出复位电路。

13. 在下列情况下，$\overline{EA}$ 引脚应接何种电平？

（1）只有片内 ROM，$\overline{EA}$ =_____；（2）只有片外 ROM，$\overline{EA}$ =_____；

（3）有片内、片外 ROM，$\overline{EA}$ =_____；（4）有片内 ROM 但不用，而用片外 ROM，$\overline{EA}$ =_____。

14. 51 系列单片机复位后，R4 所对应的存储单元的地址为_____，因上电复位时，PSW=_____，这时的工作寄存器是_____组工作寄存器区。

15. 内部 RAM 中，位地址为 30H 的位，所在的字节地址为_____。

16. 8052 内部 RAM 中字节地址 80H～FFH 与特殊功能寄存器的地址 80H～FFH 完全重合，CPU 是如何区分？

17. 51 系列单片机的存储器空间分为哪几个部分？它们的寻址范围是多少？

3. ...问题...内 EU、PSW、PC 且各自...作用...
4. MCS-51 单片机...寄存器...用...若干...
5. 简述...各点...MCS-51 单片机...存...且...
6. ...名称...是 PSW ...各位...是...
   ...什么是...进位标志...
   C...？...数据是 12AH，...？...
   ...？
8. 内部 RAM 中存放数据 00H～2FH 的地址是 00H ...地... CPU 怎样区分位...？
9. ...PC 与...？...
10. ...堆栈的...？
11. ...MCS-51 ...内部的... ROM ...
12. ...

第 3 章

指令与汇编语言程序设计

在掌握单片机系统结构的基础上，根据应用系统的具体要求，运用编程语言就可以编写单片机的应用程序。MCS-51 单片机的编程，常用的语言有 MCS-51 的汇编语言和 C51 语言。MCS-51 汇编语言与其他处理器的汇编语言一样，具有很好的实时性，但可读性、可维护性和移植性较差；C51 语言在功能、结构、可维护性、移植性上有明显优势。因此，学习汇编语言不是最终目的，学会、看懂汇编语言可以帮助读者设计出容量小、效率高的 C51 程序。例如，懂得汇编语言的读者，在 C51 编程中会使用片内 RAM（不使用片外 RAM）做变量，因为片外 RAM 要通过多条指令才能对累加器 A 和数据指针进行存取；另外，在使用浮点数和启用函数时，具有汇编语言编程经验的读者，能避免 C51 生成庞大、效率低的程序代码。因此，一位优秀的单片机编程者应该是由汇编语言转用 C51 语言，而不是只会使用 C语言。

本章着重介绍 MCS-51 的指令系统及汇编语言程序设计，为第 4 章 C51 程序设计打下基础。

3.1 指令系统概述

指令是指示计算机执行某种操作的命令。计算机所能执行的全部指令的集合称为指令系统。指令系统是供用户使用的软件资源，是在微型计算机设计时确定的，是用户必须遵循的标准。不同的计算机都有不同的指令系统，指令系统的强弱在很大程度上决定了这类计算机智能的高低。MCS-51 指令系统共有 33 种功能、42 种助记符、111 条指令。

由于计算机只能识别二进制数，所以指令也必须用二进制形式来表示。用二进制形式来表示的指令称为指令的机器码或机器指令，并由此组成机器语言。

例如，计算 3+2，则在 MCS-51 单片机中用机器码编程为：

    01110100   00000011   ;将 3 送累加器 A
    00100100   00000010   ;将累加器 A 的内容与 2 相加，结果存放在 A 中

为了便于书写和记忆，也可用十六进制代码表示指令，即表示为：

    74H   03H
    24H   02H

显然，用机器语言编写程序不易记忆，易出错。为克服上述缺点，可以将指令采用用助记符、符号和数字来表示，即采用汇编语言。汇编语言与机器语言指令是一一对应的，如上

例用 MCS-51 汇编语言写成：

```
MOV    A,#03H        ;将 3 送累加器 A
ADD    A,#02H        ;将累加器 A 的内容与 2 相加，结果存放在 A 中
```

3.1.1　MCS-51 汇编指令的格式

MCS-51 采用助记符表示的汇编指令格式如下：

[标号:] 操作码助记符　[操作数 1,操作数 2,操作数 3]　　[;注释]

1．标号

标号是程序员根据需要给指令设定的符号地址，可有可无。标号由 1～8 个字符组成，第一个字符必须是英文字母，不能是数字或其他字符，不分大小写，标号后必须跟冒号。

2．操作码助记符

操作码助记符表示指令的操作种类，即执行什么样的操作，必须有，不能省略，如 MOV 表示数据传送，RL 表示逻辑左移，CPL 表示取反等。

3．操作数

操作数表示参与运算的操作数。一般有以下几种形式：

（1）无操作数（隐含），如

RETI

（2）单操作数，如

INC   A

（3）双操作数，操作数 1 称为"目的操作数"，操作数 2 称为"源操作数"，两者之间用逗号分开，如

MOV   A, B

双操作数的指令格式可以用如下形式表示：

[标号:] 操作码助记符　目的操作数,源操作数　　[;注释]

（4）3 个操作数，操作数之间用逗号分开，如

CJNE   A,#01H,LOOP

4．注释

注释是对该指令的解释说明，可提高程序的可读性，是指令的非执行部分，可省略。注释前必须加分号。

3.1.2　指令中的符号标识及注释符

（1）在用符号书写的 MCS-51 指令中，要用到不少约定符号。这些符号的标记与含义如下：

Rn：当前选定工作寄存器组的工作寄存器 R0～R7（$n=0～7$）；

Ri：作为间接寻址的地址指针 R0、R1（$i=0, 1$）；

#data：8 位立即数，00H～FFH；

#data16：16 位立即数，0000H～FFFFH；

addr16：16 位地址，用于 64KB 程序空间或 64KB 数据空间寻址；

addr11：11 位地址，用于 2KB 程序空间内寻址；

rel：带符号的 8 位偏移地址，其范围是相对于下条指令第一个字节地址的-128～+127B；

bit：位地址，片内 RAM 中的可寻址位和特殊功能寄存器的可寻址位；

direct：8 位直接地址，可以是片内 RAM 单元或特殊功能寄存器的地址；

(X)：X 地址单元中的内容；

$：指本条指令起始地址。

（2）在以后所叙述的指令中，常常需要做一些注释，其注释符含义表示如下：

A←(Rn) 表示把 R0～R7 中的内容送到 A 中；

direct←((Ri))：表示把 R0 或 R1 中的内容作为地址，此地址中的内容送到某"直接地址" direct 中去；

DPTR←#data16：表示把一个 16 位的（立即数）常数或地址送到 DPTR 中；

A←#data：表示把一个 8 位的（立即数）常数送到 A 中；

direct←(A)：表示把 A 中的内容送到某"直接地址"中去；

(Ri)←(A)：表示把 A 中的内容送到以 R0 或 R1 中的内容作为地址的单元中；

Rn←(A)：表示把 A 中的内容送到 R0～R7 中。

3.2 寻址方式

在汇编语言程序设计时，要针对系统的硬件环境编程，数据的存放、传送、运算等都要通过指令来完成，编程者必须自始至终都十分清楚操作数的位置，以便对它们进行正确操作。所谓寻址方式，就是寻找操作数的地址或指令地址的方式。一条指令采用何种的寻址方式，将决定指令执行的速度和灵活性。寻址方式越多，指令功能就越强。

MCS-51 指令系统共使用了 7 种寻址方式，包括寄存器寻址、直接寻址、寄存器间接寻址、立即寻址、变址寻址、相对寻址和位寻址。

3.2.1 寄存器寻址

寄存器寻址是指操作数存放于寄存器中。在指令的助记符中直接以寄存器的名字来表示操作数的地址。寄存器包括工作组寄存器 R0～R7、累加器 A、通用寄存器 B 及地址寄存器 DPTR 等。对于 R0～R7，要根据 PSW 中 RS1 和 RS0 来确定是哪一组工作寄存器，再根据 Rn 找到操作数，如

图 3-1 寄存器寻址执行过程

MOV A,R1 ;A←(R1)

该指令是将 R1 寄存器中的内容送入累加器 A 中，源操作数存放在 R1 中，目的操作数存放在 A 中，均为寄存器寻址。

如果程序状态寄存器 PSW 的 RS1 RS0 为 00（即选择第 0 区工作寄存器，R1 对应的地址为 01H），设 01H 单元的内容为 50H，则执行指令后累加器 A 的内容为 50H，如图 3-1 所示。

要注意的是，在 MCS-51 指令中，源操作数和目的操作数都有寻址方式，应分开叙述。但是，一般在没有特别指明的情况下，寻址方式多指的是源操作数的寻址方式，如

MOV P0,A ;P0←(A)，寄存器寻址

　　　　ADD　　　A,R0　　　　　　;A←(R0)+(A)，寄存器寻址

3.2.2　直接寻址

　　直接寻址是指操作数的地址或位操作数的地址在指令中，如

　　　　MOV　A,70H　;A←(70H)

　　将内部 RAM 70H 单元的内容送给 A，设(70H)=30H，则(A)=30H，操作数的地址 70H 包含在机器码中，其执行过程如图 3-2 所示。

　　直接寻址方式可访问以下三种存储空间：

　　（1）片内数据存储器的低 128B（00H～7FH）；

　　（2）特殊功能寄存器 SFR（该区域只能用直接寻址方式访问），如

　　　　MOV　A,P1;特殊功能寄存器 P1 的地址为 90H

　　（3）位地址空间（00H～FFH），如

　　　　MOV　C,20H;位地址 20H 的内容送入布尔累加器 C 中

图 3-2　直接寻址执行过程

　　在直接寻址中，要注意字节地址与位地址的区别。比较"MOV A,20H"和"MOV C,20H"：在前一条指令中，20H 是字节地址，因为目的操作数在 A 中，是 1 个字节；后一条指令的 20H 是位地址（代表 24H 单元的 D0 位），因为目的操作数在布尔累加器 C 中，是 1 位二进制数据。由此可见，指令中给出的地址是位地址还是字节地址，要看指令是对位还是对字节操作。

3.2.3　寄存器间接寻址

　　寄存器间接寻址是指操作数的地址在寄存器中。在指令执行时，首先根据寄存器的内容获得操作数的地址，再由这个地址找到操作数。应该注意：指令中给出的寄存器前必须加上"@"，以区别寄存器寻址。在 MCS-51 指令系统中，可用于寄存器间接寻址的寄存器有选定工作寄存器组的 R0、R1 及 16 位的数据指针 DPTR，如

　　　　MOV　　A,@R1

　　　　MOVX　A,@R0

　　　　MOVX　A,@DPTR

　　假设，内部 RAM 30H 单元中的内容为 50H，R1 中的内容为 30H，执行指令"MOV A,@R1"后，累加器 A 中的内容为 50H，其执行过程如图 3-3 所示。顺便指出：

　　（1）执行 PUSH（压栈）和 POP（出栈）指令时，采用的是堆栈指针 SP 作为寄存器间接寻址，详见 3.3.1 节。

　　（2）52 系列内部 RAM 有 256B，片内 RAM 80H～FFH 只能采用间接寻址，而对分布在 80H～FFH 的 SFR，只能

图 3-3　寄存器间接寻址执行过程

采用直接寻址，如

　　　　MOV　　0A0H,#data　　　;立即数 data 写入 SFR 的 0A0H（即 P2 口）

　　　　MOV　　R0,#0A0H

　　　　MOV　　@R0,#data　　　　;立即数 data 写入片内 RAM 的 0A0H

　　（3）对于外部数据存储器（片外 RAM），只能采用寄存器间接寻址，如

```
MOV    DPTR,#1234H
MOVX   A,@DPTR        ;将片外 RAM 1234H 单元中的内容读入 A
```

（4）对 AT89C51RC，在 EXTRAM=0 时，使用 MOVX 指令访问 ERAM 的 256B（00H~FFH）；在 EXTRAM=1 时，使用 MOVX 指令访问片外 RAM。

```
MOV    A,8EH          ;取特殊功能寄存器中的辅助寄存器 AUXR 的内容送入 A
CLR    ACC.1          ;设置 EXTRAM=0（SETB   ACC.1，则将 EXTRAM=1）
MOV    8EH,A
MOV    R0,#0A0H
MOVX   @R0,#data      ;立即数写入 ERAM 的 A0H 单元（当 EXTRAM=1 时，写入片外 RAM 的
                       0A0H 单元）
```

3.2.4　立即寻址

立即寻址是指操作数直接以数的形式出现在指令中，该操作数也称为立即数。此时，立即数前面必须加"#"，以便将"数"和"地址"区别开来，如

MOV　A,#30H　　　　;A←30H

其功能是把常数 30H 传送到累加器 A 中，该指令的执行过程如图 3-4 所示。

在 MCS-51 系统中，只有一条 16 位立即数指令，即

MOV　DPTR,#1234H　;DPTR←1234H

其功能是将 16 位常数 1234H 送到数据指针寄存器 DPTR 中。

图 3-4　立即寻址执行过程

3.2.5　变址寻址

变址寻址是指操作数在程序存储器中，地址为基址寄存器与变址寄存器的内容相加。基址寄存器为 16 位的程序计数器 PC 或数据指针 DPTR，累加器 A 作为变址寄存器。这类寻址方式主要用于查表操作。例如，指令

```
MOVC   A,@A+DPTR
```

设(A)=05H，(DPTR)=0200H，ROM 单元 0205H 中的内容为 87H，执行指令时，首先将 DPTR 中的内容与 A 中的内容相加得到 0205H 为操作数的地址，从该地址中取出操作数 87H 送累加器 A，结果(A)=87H，其执行过程如图 3-5 所示。

图 3-5　变址寻址执行过程

3.2.6　相对寻址

相对寻址是指以程序计数器 PC 的当前值为基准，与指令中给出的相对偏移量 rel 相加，其结果作为跳转指令的转移地址。这类寻址方式主要用于跳转指令，一般将相对转移指令所在的地址称为源地址，转移后的地址称为目的地址，故有

　　　　当前 PC 值=源地址+转移指令字节数
　　　　目的地址=当前 PC 值+rel=源地址+转移指令字节数+rel

这里，rel 是一个带符号的 8 位二进制数，常以补码的形式出现。程序的转移范围为：以 PC 的当前值为起始地址，相对偏移量在-128B～+127B 单元之间。例如，执行指令

  SJMP 50H

  这条指令的操作码是 80H，加上偏移量 50H 共两个字节。设指令所在起始地址为 1000H，rel 的值为 50H，则转移地址为 1000H+02H+50H=1052H，故指令执行后，PC 的值变为 1052H。相对寻址执行过程如图 3-6 所示。

图 3-6 相对寻址执行过程

3.2.7 位寻址

  位寻址是指按位进行的寻址方式。其操作数是 8 位二进制数中的某一位。

  MCS-51 系统的内部 RAM 数据区有两个可以按位寻址的区域：

  （1）内部 RAM 的位寻址区域 20H～2FH 16 个单元中的每一位，共 128 位（对应的位地址是 00H～7FH）；

  （2）凡是单元地址能被 8 整除的那些特殊功能寄存器，都是可以进行位寻址的，位地址是 80H～FFH 中的一部分。

  例如，执行"SETB 20H"，结果是将内部 RAM 位寻址区域中的 20H 位置"1"。位地址 20H 是内部 RAM 24H 中的 D0 位，若(24H)=00H，则执行指令后，(24H)=01H。

  在 MCS-51 系统中，位寻址的表示可以采用以下几种方式：

  （1）直接地址表示法，直接使用 00H～FFH 范围内的某一位地址来表示，如

    MOV C,20H;

  （2）点操作符表示法，采用某单元第几位的表示方法，如

    MOV C,20H.4

其中 20H.4 表示 20H 单元的 D4 位。

  （3）位名称表示法，这种方法只适用于 SFR 寄存器，如

    SETB RS1

3.2.8 MCS-51 寻址方式小结

  MCS-51 单片机对不同存储空间采用的寻址方式有：

  （1）程序存储器（ROM）：一般采用变址寻址方式，如

    MOVC A,@A+DPTR

  （2）特殊功能寄存器（SFR）：只能采用直接寻址方式，如

    MOV TMOD,#01H

  （3）外部数据存储器（片外 RAM）：采用寄存器间接寻址，如

    MOVX A,@DPTR

  （4）内部数据存储器（片内 RAM）00H～7FH：常采用直接寻址、寄存器间接寻址，对其中的寄存器区还可采用寄存器寻址，对其中可位寻址区域 20H～2FH 还可采用位寻址，如

    MOV 20H,30H ;内部 RAM 30H 中的内容送给内部 RAM 20H

    MOV C,20H   ;位地址 20H 中的内容送给 C

  （5）内部数据存储器（片内 RAM）80H～FFH：只能采用寄存器间接寻址，仅限 MCS-52

系列单片机 8052、8752、8952 有此功能，如

  MOV R0,#89H

  MOV A,@R0 ;内部 RAM 89H 中的内容送给 A

3.3 MCS-51 指令说明

  MCS-51 汇编语言有 42 种助记符，描述了 33 种操作功能，与寻址方式组合，得到 111 条指令。如果按字节数分类，则有 49 条单字节指令、45 条双字节指令和 17 条三字节指令。若按指令执行时间分类，就有 64 条单周期指令、45 条双周期指令、2 条（乘、除）4 周期指令。可见，MCS-51 指令系统具有存储效率高、执行速度快的特点。一般在讲述指令时，可按其功能进行分类介绍。

  MCS-51 指令系统按所占字节数可分为：

    单字节指令：49 条

    双字节指令：45 条

    三字节指令：17 条

  MCS-51 指令系统按执行时间可分为：

    单周期指令：64 条

    双周期指令：45 条

    四周期指令：2 条

  MCS-51 指令系统按功能可分为：

    数据传送类指令：29 条

    算术运算指令：24 条

    逻辑运算指令：24 条

    控制转移指令：17 条

    位操作指令：17 条

3.3.1 数据传送指令

  数据传送指令是 MCS-51 指令系统中使用最频繁的指令，是指将源操作数传送到目的操作数，而源操作数内容不变。MCS-51 的数据传送操作可以在内部数据存储器、外部数据存储器和程序存储器之间进行。

1．内部数据传送指令

  内部数据传送指令主要用于内部 RAM 之间及内部 RAM 与寄存器之间的数据传送。其基本格式为

    MOV 目的操作数，源操作数

  （1）以累加器 A 为目的操作数的指令

    MOV A,Rn   ;A←(Rn)

    MOV A,direct   ;A←(direct)

    MOV A,@Ri   ;A←((Ri))

    MOV A,#data ;A←#data

这组指令的功能是将累加器 A 作为目的地，源操作数有寄存器寻址、直接寻址、寄存器

间接寻址及立即寻址等寻址方式。以累加器 A 为目的操作数的数据传送类指令，其结果均影响程序状态寄存器 PSW 中的 P 标志位，可查阅附录 MCS-51 指令表。

【例 3-1】已知累加器 (A)=30H，寄存器 (R0)=30H，内部 RAM(20H)=87H，内部 RAM(30H)=65H，请指出执行以下每条指令后，累加器 A 内容的变化。

```
MOV    A,#20H          ;立即寻址，执行指令后，(A)=20H
MOV    A,20H           ;直接寻址，执行指令后，(A)=87H
MOV    A,R0            ;寄存器寻址，执行指令后，(A)=30H
MOV    A,@R0           ;寄存器间接寻址，执行指令后，(A)=65H
```

（2）以 Rn 为目的操作数的指令

```
MOV    Rn,A            ;Rn←(A)
MOV    Rn,direct       ;Rn←(direct)
MOV    Rn,#data        ;Rn←#data
```

这组指令的功能是将当前工作寄存器区的某一个寄存器 R0～R7 作为目的地，源操作数有 A 寄存器寻址、直接寻址和立即寻址等，这组指令结果不影响程序状态寄存器 PSW。

【例 3-2】已知 (A)=30H，(30H)=40H，判断执行下列指令后，R2 寄存器中的内容。

```
MOV    R2,A            ;寄存器寻址，执行完指令后(R2)=30H
MOV    R2,30H          ;直接寻址，执行完指令后(R2)=40H
MOV    R2,#50H         ;立即寻址，执行完指令后(R2)=50H
```

（3）以直接地址为目的操作数的指令

```
MOV    direct,A        ;direct←(A)
MOV    direct,Rn       ;direct←(Rn)
MOV    direct,direct   ;direct←(direct)
MOV    direct,@Ri      ;direct←((Ri))
MOV    direct,# data   ;direct←data
```

这组指令的功能是将源操作数送入由直接地址指出的存储单元。源操作数有寄存器寻址、直接寻址、寄存器间接寻址和立即寻址等寻址方式。这组指令结果不影响程序状态寄存器 PSW。

【例 3-3】设 (A)=30H，(R2)=40H，(R0)=70H，(70H)=78H，(78H)=50H，判断执行下列各指令后的结果。

```
MOV    P1,A            ;寄存器寻址，执行完指令后(P1)=30H
MOV    70H,R2          ;寄存器寻址，执行完指令后(70H)=40H
MOV    20H,78H         ;直接寻址，执行完指令后(20H)=50H
MOV    40H,@R0         ;寄存器间接寻址，执行完指令后(40H)=78H
MOV    01H,#80H        ;立即寻址，执行完指令后(01H)=80H
```

（4）以寄存器间接寻址的单元为目的操作数的指令

```
MOV    @Ri,A           ;(Ri)←(A)
MOV    @Ri,direct      ;(Ri)←(direct)
MOV    @Ri,#data       ;(Ri)←data
```

这组指令的功能是把源操作数内容送入 R0 或 R1 指出的内部 RAM 存储单元中，源操作数有 A 寄存器寻址、直接寻址和立即寻址等。该组指令结果不影响程序状态寄存器 PSW。

【**例 3-4**】设(A)=50H，(40H)=32H，(R0)=20H，判断执行下列指令后的结果。

  MOV @R0,A   ;寄存器寻址，R0=20H，(20H)=50H

  MOV @R0,40H   ;直接寻址，R0=20H，(20H)=32H

  MOV @R0,#33H   ;立即寻址，R0=20H，(20H)=33H

（5）16 位数据传送指令

  MOV DPTR,#data16   ;DPTR←data16

这条指令的功能是把 16 位常数送入 DPTR。16 位的数据指针 DPTR 既可以当做一个 16 位的寄存器使用，也可以分成两个 8 位寄存器 DPH 和 DPL 使用。DPH 中存放 DPTR 中的高 8 位，DPL 中存放 DPTR 中的低 8 位。该指令结果不影响程序状态寄存器 PSW。例如：

  MOV DPTR，#0605H

则执行指令后(DPTR)=0605H，即(DPH)=06H，(DPL)=05H。

（6）栈操作指令

在 MCS-51 内部，RAM 区可设定一个先进后出（FILO）的堆栈。在特殊功能寄存器中，有一个堆栈指针 SP，可指出栈顶的位置。随着数据的进出，SP 指针随之移动。在指令系统中，有进栈和出栈两条用于堆栈的数据传输指令。

  PUSH direct   ;进栈指令，SP←(SP)+1，(SP)←(direct)

  POP direct   ;出栈指令，direct←((SP))，SP←(SP)−1

进栈指令的功能是首先将栈指针 SP 的内容加 1，然后把直接地址指出的内容传送到堆栈指针 SP 所指的内部 RAM 单元中。出栈指令的功能是首先将栈指针 SP 所指的内部 RAM 单元内容送入指令中给出的直接地址中，然后栈指针 SP 的内容减 1。

【**例 3-5**】设(SP)=50H，(A)=20H，(B)=60H，执行下述指令

  PUSH ACC   ;(SP)+1=51H→SP，51H←(ACC)

  PUSH B   ;(SP)+1=52H→SP，52H←(B)

结果：(51H)=20H，(52H)=60H，(SP)=52H。

【**例 3-6**】设(SP)=62H，(62H)=80H，(61H)=40H，执行下述指令

  POP DPH   ;DPH←((SP))，SP←(SP)−1

  POP DPL   ;DPL←((SP))，SP←(SP)−1

结果：(DPH)=80H，(DPL)=40H，即(DPTR)=8040H，(SP)=60H。

在使用堆栈时必须注意如下几点：

① 堆栈是用户在内部 RAM 中设置的一块存储区域，单片机复位后，SP=07H，占用了寄存器区，使用时要先设置 SP 的初值，以免与寄存器区冲突；

② 累加器 A 的内容入栈和出栈时，要注意将 A 写成 ACC，因为堆栈操作只能使用直接寻址方式，即写成"PUSH ACC"和"POP ACC"，而不能表示成"PUSH A"和"POP A"；

③ 堆栈按先进后出的方式保存数据，在临时存储数据时，要注意进栈和出栈的顺序；

④ 堆栈操作用来保护数据和子程序调用时的断点；

⑤ 除"POP ACC"指令结果影响程序状态寄存器 PSW 中的 P 标志位外，其余指令均不影响 PSW 中的标志位。

（7）字节交换指令

  XCH A,Rn   ;(A)←→(Rn)

  XCH A,direct   ;(A)←→(direct)

  XCH A,@Ri   ;(A)←→((Ri))

这组指令的功能是将累加器 A 的内容和源操作数的内容相互交换。源操作数有寄存器寻址、直接寻址和寄存器间接寻址等寻址方式。该组指令结果影响程序状态寄存器 PSW 的 P 标志位。

例如，设(A)=56H，(R7)=78H，执行指令

  XCH A,R7

结果：(A)=78H，(R7)=56H。

（8）半字节交换指令

  XCHD A,@Ri   ;$(A)_{3\sim0} \longleftrightarrow ((Ri))_{3\sim0}$

这条指令将累加器 A 的低 4 位和 Ri 间接寻址的 RAM 单元低 4 位相互交换，各自的高 4 位不变。

例如，设(A)=26H，(R0)=40H，(40H)=45H，执行指令

  XCHD A,@R0

结果：(A)=25H，(40H)=46H，其执行过程如图 3-7 所示。

图 3-7　半字节交换指令执行过程

【例 3-7】将内部 RAM 中 20H 单元和 30H 单元的内容互换。

 解：方法一：

  MOV A,20H

  MOV 20H,30H

  MOV 30H,A

方法二：

  MOV A,20H

  XCH A,30H

  MOV 20H,A

方法三：

  PUSH 20H

  PUSH 30H

  POP 20H

  POP 30H

其执行过程请读者自行分析。

（9）累加器 A 中高 4 位和低 4 位交换

  SWAP A   ;$A_{3\sim0} \longleftrightarrow A_{7\sim4}$

该指令是将累加器 A 中的高 4 位和低 4 位互换。其执行结果不影响程序状态寄存器 PSW 的标志位，如设(A)=36H，执行"SWAP　A"后，累加器(A)=63H。

2．累加器 A 与外部数据存储器传送指令

  MOVX A,@DPTR ;A←((DPTR))

  MOVX A,@Ri   ;A←((Ri))

上述指令可将外部 RAM 或 I/O 口的内容传送到累加器 A 中，指令在执行时使 $\overline{\text{RD}}$（读）信号有效。该组指令结果影响程序状态寄存器 PSW 中的 P 标志位。

  MOVX @DPTR,A ;(DPTR)←(A)

MOVX @Ri,A   ;(Ri)←(A)

上述指令将累加器 A 中的内容传送到外部 RAM 或 I/O 口，指令在执行时使 $\overline{WR}$ （写）信号有效。该组指令结果不影响程序状态寄存器 PSW 中的 P 标志位。

外部 RAM 单元或 I/O 口只能通过寄存器间接寻址的方式与累加器 A 传送数据。当外部 RAM 或 I/O 口地址是 8 位时选用 Ri 寄存器间接寻址，而当外部 RAM 或 I/O 口的地址是 16 位时必须选用 DPTR 寄存器间接寻址。外部 RAM 和 I/O 口是统一编址的，最大寻址空间达 64KB。

【例 3-8】将内部 RAM 30H 单元的内容送到外部 RAM 60H 单元，将外部 RAM 4312H 单元的内容送到内部 RAM 31H 单元，程序为：

```
MOV   A,30H          ;A←(30H)
MOV   R0,#60H        ;R0←60H
MOVX  @R0,A          ;(R0)←(A)
MOV   DPTR,#4312H    ;DPTR←4312H
MOVX  A,@DPTR        ;A←((DPTR))
MOV   31H,A          ;31H←(A)
```

3. 查表指令

（1）近程查表指令

MOVC A,@A+PC   ;A←((A)+(PC))

这条指令将基址寄存器 A 的内容（一个无符号数）和程序计数器 PC 的内容（下一条指令的起始地址）相加后得到一个 16 位的地址，将该地址指出的程序存储器单元的内容送到累加器 A。查找范围在本指令以下 0～256B 之间，故又称近程查表指令。由于 A 的内容为无符号数，所以所查表格永远在该指令之下。

【例 3-9】执行下列程序，R0 中的内容为何值？

```
...
1000H:MOV    A,#0DH      ;2 字节指令, (A)=0DH
1002H:MOVC   A,@A+PC     ;1 字节指令, 下一条指令的起始地址(PC) =1003H
1003H:MOV    R0,A
...
ORG   1010H
1010H:DB   02H,03H,04H
```

执行上面的查表指令后，(PC)=1003H，故指令将 1003H+0DH=1010H 所对应的程序存储器中的常数 02H 送 A，执行上述指令后，(R0)=02H。ORG、DB 为伪指令，详见 3.4 节。

（2）远程查表指令

MOVC A,@A+DPTR   ;A←((A)+(DPTR))

这条指令以 DPTR 作为基址寄存器，A 的内容（一个无符号数）和 DPTR 的内容相加得到一个 16 位的地址，将该地址指出的程序存储器单元的内容送到累加器 A。查找范围在 64KB 之内，故又称远程查表指令。

这条查表指令的执行结果只和指针 DPTR 及累加器 A 的内容有关，与该指令存放的地址无关，因此表格大小和位置可在 64KB 程序存储器中任意安排，一个表格可被各个程序块公用。

【例 3-10】 执行下列程序，A 中的内容为何值？

```
        ...
1000H：MOV   A,#01H
1002H：MOV   DPTR,#7000H
1005H：MOVC  A,@A+DPTR
        ...
        ORG   7000H
7000H：DB    02H,03H,04H
```

执行完查表指令后，(A)=03H。

注：以上两条查表指令结果均影响程序状态寄存器 PSW 的 P 标志位。

3.3.2　算术操作指令

MCS-51 的算术操作类指令包括加、减、乘、除基本四则运算，以及增量、减量运算。通常将累加器 A 作为第一操作数，并将运算后的结果存放在 A 中。第二操作数寻址方式可以是立即寻址、寄存器寻址、寄存器间接寻址和直接寻址。算术运算的结果影响程序状态寄存器 PSW 的进位标志位 CY、半进位标志位 AC、溢出标志位 OV 及奇偶位 P；加 1、减 1 指令除 INC　A 和 DEC　A 影响 P 标志位外，其余不影响这些标志位。

1．加法指令

（1）不带进位的加法（半加）指令

```
ADD  A,Rn              ;A←(A)+(Rn)
ADD  A,direct          ;A←(A) + (direct)
ADD  A,@Ri             ;A←(A) + ((Ri))
ADD  A,#data           ;A←(A) +data
```

这组加法指令的功能是把指令中给出的第二操作数与累加器 A 的内容相加，其结果放在累加器 A 中。

（2）带进位加法（全加）指令

```
ADDC  A,Rn             ;A←(A)+(Rn)+(CY)
ADDC  A,direct         ;A←(A)+(direct)+(CY)
ADDC  A, @Ri           ;A←(A)+((Ri))+(CY)
ADDC  A,#data          ;A←(A)+data+(CY)
```

这组带进位加法指令的功能是把指令中给出的第二操作数、进位标志位 CY 与累加器 A 中的内容同时相加，结果留在累加器 A 中。注意，这里所指的 CY 是指令开始执行时的进位标志值，而不是相加进程中产生的进位标志值。

上述两类指令的结果对程序状态寄存器 PSW 标志位的影响如下：

① 当运算结果的 D7 位向前有进位时，进位标志位(CY)=1，否则(CY)=0；

② 将运算结果的 D7 位上的进位记做 C7，将运算结果的 D6 位上的进位记做 C6，则溢出标志位(OV)=C7 ⊕ C6；

③ 当运算结果的 D3 位产生进位时(AC)=1，否则(AC)=0；

④ 当相加后，累加器 A 中 "1" 的个数为奇数时(P)=1，为偶数时(P)=0。

例如，设 A=85H，执行指令 "ADD　A,#0AFH" 后，(A)=34H，(CY)=1，(AC)=1，

(OV)=1，(P)=1，执行过程请读者自行分析。

【例 3-11】 设(A)=85H，(30H)=0FFH，(CY)=1，执行指令

ADDC   A,30H   ;   10000101

                                 11111111

                          +   1

                          110000101

结果：(A)=85H，(CY)=1，(AC)=1，(OV)=0，(P)=1。

【例 3-12】 编写计算 35A8H+0EB5H 的程序，将结果存放在内部 RAM 31H（高 8 位）和 30H（低 8 位）中。

解： 由于 MCS-51 单片机只有 8 位加法指令，故对于 16 位的加法，可分成两个 8 位数分别相加，两个低 8 位的数采用不带进位的加法，两个高 8 位的数采用带进位的加法。

```
MOV   A,#0A8H
ADD   A,#0B5H              ;两个低 8 位数相加
MOV   30H,A               ;结果存入 30H 单元
MOV   A,#35H
ADDC  A,#0EH              ;两个高 8 位数相加，并加上低 8 位的进位 CY
MOV   31H,A               ;结果存入 31H 单元
```

（3）增量指令（加 1 指令）

```
INC   A                   ;A←(A)+1
INC   Rn                  ;Rn←(Rn)+1
INC   direct              ;direct←(direct)+1
INC   @Ri                 ;(Ri)←((Ri))+1
INC   DPTR                ;DPTR←(DPTR)+1
```

这组增量指令的功能是把所给出的操作数加 1，再送回原单元。若原来为 0FFH，则溢出为 00H。增量指令（加 1 指令）不影响程序状态字 PSW 的状态。操作数有寄存器寻址、直接寻址和寄存器间接寻址方式。注意：当用本指令修改并行 I/O P0～P3 口时，原来口数据的值将从口锁存器读入，而不是从引脚读入。

【例 3-13】 设(A)=0CH，(R2)=0FFH，(60H)=0F0H，(R1)=40H，(40H)=09H，执行指令

```
INC   A                   ;A←(A)+1
INC   R2                  ;R2←(R2)+1
INC   60H                 ;60H←(60H)+1
INC   @R1                 ;(R0)←((R1))+1
```

结果：(A)=0DH，(R2)=00H，(60H)=0F1H，(40H)=0AH，PSW 状态不改变。

（4）十进制调整指令

```
DA    A                   ;BCD 码加法调整
```

两个压缩型 BCD 码按"二进制"相加之后，必须经本指令调整才能得到压缩型 BCD 码的和数。本指令的操作过程为：若累加器 A 的低 4 位数值大于 9 或 AC=1，则需将 A 的低 4 位内容加 6 进行调整，以产生正确的低 4 位 BCD 码值；若累加器 A 的高 4 位值大于 9 或 CY=1，则高 4 位需加 6 调整，以产生正确的高 4 位 BCD 码值。由此可见，本指令是根据累加器 A 的原始数值和 PSW 的状态，对累加器 A 进行加 06H、60H 或 66H 操作的。

该指令必须紧跟在 ADD 或 ADDC 的加法指令之后，不适用于减法指令。该指令的结果

影响程序状态寄存器 PSW 的 CY、AC、OV 和 P 标志位。

【例 3-14】编写计算 BCD 码加法 5+8=？的程序。

```
        MOV   A,#05H
        ADD   A,#08H                ;(A)=0DH
        DA    A                     ;(A)+06H=13H
```

计算结果(A)=13H。

【例 3-15】假设从 30H 和 40H 开始分别存放两个 2 字节压缩型 BCD 码（低位在前，高位在后），编程求它们的和，并存放在 50H 开始的单元中，程序如下：

```
        MOV   A,30H
        ADD   A,40H                 ;A←(30H)+(40H)
        DA    A                     ;对 A 十进制调整
        MOV   50H,A                 ;50H←(A)
        MOV   A,31H
        ADDC  A,41H                 ;A←(31H)+(41H)+(CY)
        DA    A                     ;对 A 十进制调整
        MOV   51H,A                 ;51H←(A)
```

2．减法指令

（1）带借位减法指令

```
        SUBB  A,Rn                  ;A←(A)−(Rn)−(CY)
        SUBB  A,direct              ;A←(A)−(direct)−(CY)
        SUBB  A,@Ri                 ;A←(A)−((Ri))−(CY)
        SUBB  A,#data               ;A←(A)−data−(CY)
```

这组带借位减法指令是从累加器中减去指定的内容和借位标志，结果存放在累加器 A 中。在 MCS-51 指令系统中，只有带借位的减法指令，而没有不带借位的减法指令。所以在需要不带借位的减法时，必须先将 CY 清"0"，否则将影响结果。

减法指令结果对标志位的影响如下：

① 当最高位 D7 有借位时，进位标志位(CY)=1，否则(CY)=0。

② 当 D3 位有借位时，半进位标志位(AC)=1，否则(AC)=0。

③ 当 C6 ⊕ C7=1 时，(OV)=1，否则(OV)=0（C6 指 D6 位的借位标志，C7 指 D7 位的借位标志）。

④ 运算结束后，在累加器 A 中，"1"的个数为奇数个，则(P)=1，否则(P)=0。

【例 3-16】设(A)=0C9H，(R2)=54H，(CY)=1，执行指令

```
        SUBB  A,R2                  1 1 0 0 1 0 0 1
                                    0 1 0 1 0 1 0 0
                                −)              1
                                ─────────────────
                                    0 1 1 1 0 1 0 0
```

结果：(A)=74H，(CY)=0，(AC)=0，(OV)=1，(P)=0。

【例 3-17】编写计算 35A8H～0EB5H 的程序，将结果存放在内部 RAM 31H（高 8 位）和 30H（低 8 位）中。

解：因为指令系统中只有带进位的减法指令，所以在进行低 8 位运算时要注意先将进位

（借位）标志位 CY 清"0"，以免计算结果产生错误。

```
CLR   C                    ;清除进位标志位，(CY)=0
MOV   A,#0A8H
SUBB  A,#0B5H              ;两个低 8 位数相减
MOV   30H,A                ;结果存入 30H 单元
MOV   A,#35H
SUBB  A,#0EH              ;两个高 8 位数相减，并减去低 8 位的进位（即借位）CY
MOV   31H,A                ;结果存入 31H 单元
```

（2）减 1 指令

```
DEC   A                    ;A←(A)−1
DEC   Rn                   ;Rn←(Rn)−1
DEC   direct               ;direct←(direct)−1
DEC   @Ri                  ;(Ri)←((Ri))−1
```

这组指令的功能是将指定的单元内容减 1，再送回到原单元。若原来为 00H，减 1 后下溢为 0FFH。减 1 指令不影响标志位。

【例 3-18】设(A)=0EH，(R7)=10H，(40H)=00H，(R1)=30H，(30H)=0FFH，执行指令

```
DEC   A                    ;A←(A)−1
DEC   R7                   ;R7←(R7)−1
DEC   40H                  ;40H←(40H)−1
DEC   @R1                  ;(R1)←((R1))−1
```

结果：(A)=0DH，(R7)=0FH，(40H)=0FFH，(30H)=0FEH。

3．乘法指令

```
MUL   AB
```

该指令的功能是把累加器 A 和寄存器 B 中的无符号 8 位数相乘，其 16 位积的低 8 位存在 A 中，高 8 位存在 B 中。乘法指令结果影响程序状态寄存器 PSW 的标志位，如果积大于 255（0FFH），则置位溢出标志(OV)=1，否则清"0"。进位标志 CY 总是清"0"，奇偶标志位 P 随 A 中的内容而定。

【例 3-19】设(A)=25H，(B)=3FH，执行指令

```
MUL   AB
```

结果：(B)=09H，(A)=1BH，即积为 091BH。

由于乘积大于 0FFH，故溢出标志位(OV)=1，进位标志位(CY)=0，奇偶标志位(P)=0。

4．除法指令

```
DIV   AB
```

该指令的功能是把累加器 A 中的 8 位无符号整数除以寄存器 B 中的 8 位无符号整数，所得商的整数部分存放在累加器中，余数存放在寄存器 B 中。

注意：除法指令结果影响程序状态寄存器 PSW 的标志位。进位标志位 CY 总是清"0"。当除数为"0"（即 B 中内容为"0"）时，溢出标志位(OV)=1，否则(OV)=0。奇偶标志位 P 随累加器 A 中的结果而定。

【例 3-20】设(A)=0FBH，(B)=12H，执行指令

```
DIV   AB
```

结果：(A)=0DH（商），(B)=11H（余数），(OV)=0，(CY)=0，(P)=1。

值得一提的是，乘法、除法指令是无符号数的乘法和除法。

5. 空操作指令

```
NOP                              ;消耗 1 个机器周期的时间
```

该指令只是消耗 CPU 的时间，而不影响程序状态寄存器 PSW 的任何标志。

3.3.3 逻辑操作及移位类指令

逻辑操作是按位进行运算的，包括与、或、异或三类逻辑运算，每类有 6 条指令。此外，将对累加器 A 清 "0"、求反和移位操作的共 7 条指令也归在此类内。

1. 两个操作数的逻辑操作指令

（1）逻辑与指令

```
ANL   A,Rn                      ;A←(A)∧(Rn)
ANL   A,direct                  ;A←(A)∧(direct)
ANL   A,@Ri                     ;A←(A)∧((Ri))
ANL   A,#data                   ;A←(A)∧data
ANL   direct,A                  ;direct ←(direct)∧(A)
ANL   direct,#data              ;direct←(direct)∧data
```

这组指令的功能是将指令中给出的两操作数执行按位的逻辑与操作，结果存放在目的操作数中。操作数有寄存器寻址、直接寻址、寄存器间接寻址和立即寻址等寻址方式。当这条指令用于修改一个输出 P0～P3 口时，作为原始口数据的值将从输出口数据锁存器（P0～P3）读入，而不是读引脚状态。该组指令前 4 条以累加器 A 为目的操作数的指令结果影响程序状态寄存器 PSW 的 P 标志位，后两条不影响 PSW。

【例 3-21】 设(A)=0A7H，(R0)=0FH，执行指令

```
      ANL A,R0              1 0 1 0 0 1 1 1
                          ∧)0 0 0 0 1 1 1 1
                            0 0 0 0 0 1 1 1
```

结果：(A)=07H，该类指令常用于将指定内容中的某些 "位" 清零。

（2）逻辑或指令

```
ORL   A,Rn                      ;A←(A)∨(Rn)
ORL   A,direct                  ;A←(A)∨(direct)
ORL   A,@Ri                     ;A←(A)∨((Ri))
ORL   A, #data                  ;A←(A)∨data
ORL   direct,A                  ;direct←(direct)∨(A)
ORL   direct,#data              ;direct←(direct)∨data
```

这组指令的功能是在所给出的两操作数之间执行按位的逻辑或操作，结果存放到目的操作数中。操作数有寄存器寻址、直接寻址、寄存器间接寻址和立即寻址等寻址方式。同逻辑与指令类似，用于修改输出 P0～P3 口数据时，原始数据值为口锁存器内容。该组指令前 4 条以累加器 A 为目的操作数的指令结果影响程序状态寄存器 PSW 的 P 标志位，后两条不影响 PSW。

【例 3-22】设(A)=0A7H，(R0)=0FH，执行指令

ORL   A,R0

$$\begin{array}{r}10100111\\ \vee)\ \underline{00001111}\\ 10101111\end{array}$$

结果：(A)=0AFH，该类指令常用于将指定内容中的某些"位"置"1"。

（3）逻辑异或指令

XRL A,Rn	;A←(A)⊕(Rn)
XRL A,direct	;A←(A)⊕(direct)
XRL A,@Ri	;A←(A)⊕((Ri))
XRL A,#data	;A←(A)⊕data
XRL direct,A	;direct←(direct)⊕(A)
XRL direct,#data	;direct←(direct)⊕data

这组指令的功能是在所给出的两操作数之间执行按位的逻辑异或操作，结果存放到目的操作数中。操作数有寄存器寻址、直接寻址、寄存器间接寻址和立即寻址等寻址方式，对输出 P0～P3 口和逻辑与指令一样对口锁存器内容读出修改。

【例 3-23】设(A)=0A7H，(R0)=0FH，执行指令

XRL   A,R0

$$\begin{array}{r}10100111\\ \oplus)\ \underline{00001111}\\ 10101000\end{array}$$

结果：(A)=0A8H，该类指令常用于将指定内容中的某些"位"取反。

【例 3-24】编写程序，将内部 RAM 20H 中的两位压缩 BCD 码，转换为单字节 BCD 码，并存入 21H 和 22H 中。

解：程序如下

MOV R0,#20H	
MOV A,@R0	;取出 20H 单元的内容放入 A 中
SWAP A	
ANL A,#0FH	;取出 20H 单元 BCD 码的高位
MOV 21H,A	;高位单字节 BCD 码存入 21H 单元
MOV A,@R0	;取出 20H 单元的内容放入 A 中
ANL A,#0FH	;取出 20H 单元 BCD 码的低位
MOV 22H,A	;低位单字节 BCD 码存入 22H 单元

2．累加器 A 的逻辑操作指令

（1）累加器 A 清"0"

CLR   A   ;A←00H

这条指令的功能是将累加器 A 清"0"，指令结果不影响 CY、AC 及 OV 等标志位，P 标志位为"0"。

（2）累加器 A 的内容取反

CPL   A   ;A←$\overline{A}$

这条指令的功能是将累加器 A 的内容按位逻辑取反，原来为"1"的位变为"0"，原来

为 "0" 的位变为 "1"，不影响标志位。

【例 3-25】设(A)=0AAH，执行指令

　　　CPL　A

结果：(A)=55H。

（3）循环左移指令

　　　RL　A

这条指令的功能是将累加器 A 的内容向左环移 1 位，最高位 D7 位循环移入最低位 D0 位，不影响标志位。

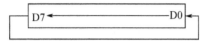

（4）带进位循环左移指令

　　　RLC　　A

这条指令的功能是将累加器 A 的内容和进位标志位一起循环向左环移 1 位，最高位 D7 移入进位标志位 CY，CY 移入最低位 D0。该指令结果影响程序状态寄存器 PSW 的 P 标志位和进位标志位 CY，不影响其他标志位。

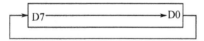

（5）循环右移指令

　　　RR　　A

这条指令的功能是将累加器 A 的内容向右循环移 1 位，最低位 D0 移入最高位 D7，不影响标志位。

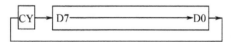

（6）带进位右环移指令

　　　RRC　　A

这条指令的功能是将累加器 A 的内容和进位标志位 CY 一起循环向右环移 1 位，最低位 D0 进入进位标志位 CY，CY 移入最高位 D7。该指令的结果影响程序状态寄存器 PSW 的 P 标志位和进位标志位 CY，不影响其他标志位。

3.3.4　控制转移指令

控制转移指令是改变程序计数器 PC 的内容，从而改变程序执行的方向，分为无条件转移指令、条件转移指令和调用/返回指令。

1. 无条件转移指令

（1）短跳转指令

　　　AJMP　　addr11　　　　　　　;PC$_{10-0}$←addr11

这是一条双字节绝对转移指令，该指令在执行时，先将跳转指令的 PC 的内容加 2（即下一条指令的起始地址值，称为 "当前 PC 值"，在以下的叙述中经常提到，请读者注意），然

后由"当前 PC 值"的高 5 位与指令中给出的 addr11 的 11 位地址拼装成 16 位绝对值地址 $(PC)_{15\sim11}addr11$，并将它存入 PC 中，程序便转入该地址处执行。11 位地址的范围为 2K，因此可转移的范围是"当前 PC 值"的一个 2K 的页面内，转移可以向前，也可以向后。该指令的结果不影响程序状态寄存器 PSW 的标志位。

【例 3-26】 分析指令"KWR:AJMP 0123H"的执行结果（设 KWR 标号地址=1000H）。

解：当前指令地址(PC)=(PC)+2＝1002H，则 PC 的高 5 位 $(PC)_{15\sim11}$＝00010

目的地 0123H 的低 11 位地址=00100100011B=$(PC)_{10\sim0}$

新的(PC)=0001000100100011B=1123H，则指令转入 1123H 地址处执行。

（2）相对转移指令

    SJMP   rel   ;PC←(PC)+rel

这是一条双字节相对转移指令，转移值="当前 PC 值"+rel，即(PC)=(PC)+2+ rel。rel 是一个 8 位带符号数（-128～+127），因此可向前或向后转移，即从当前指令为中心的前 128 或后 127。该指令的结果不影响程序状态寄存器 PSW 的标志位。

【例 3-27】 分析指令"KWR:SJMP 21H"的执行结果（设 KWR 标号地址=1000H）。

解：(PC)=(PC)+2+ rel=1002+21H=1023H

则该指令执行后转入 1023H 处执行。

（3）长跳转指令

    LJMP   addr16   ;PC←addr16

这是一条三字节绝对转移指令，把指令中给出的 16 位地址给 PC，无条件地转向指定地址。转移的目标地址可以在 64KB 程序存储器地址空间的任何地方。该指令结果不影响程序状态寄存器 PSW 的任何标志位。

【例 3-28】 分析指令"KWR:LJMP 0123H"的执行结果（设 KWR 标号地址=1000H）。

解：(PC)=0123H，则指令执行后程序转入 0123H 处执行。

在实际使用中，LJMP、AJMP 和 SJMP 后面的 addr16、addr11 和 rel 一般都是用"用户标号"来代替，不写出它们的具体地址，由编译系统自动计算给出。

【例 3-29】 程序跳到 XYM 处执行

    …

    AJMP   XYM

    …

    XYM：…

（4）间接转移指令（散转指令）

    JMP   @A+DPTR   ;PC←(A)+(DPTR)

转移的地址由 A 的内容和数据指针 DPTR 的内容之和来决定。转移的目标地址可以在 64KB 程序存储器地址空间的任何地方。这是一条极其有用的多分支选择指令：由 DPTR 决定多分支转移程序的首地址，由 A 的不同值实现多分支转移。该指令的结果不影响程序状态寄存器 PSW 的任何标志。

【例 3-30】 如果累加器 A 中存放待处理命令编号（0～7），程序存储器中存放着标号为 TAB 的转移表，则执行下面的程序，将根据 A 内命令编号转向相应的命令处理程序。

    PM：   MOV   R1,A

           RL   A   ;A←(A)×2

           MOV   DPTR,#TAB   ;转移表首地址→(DPTR)

```
            JMP      @A+DPTR
     TAB:   AJMP  M0                 ;转命令 0 处理入口
            AJMP  M1                 ;转命令 1 处理入口
            AJMP  M2                 ;转命令 2 处理入口
            AJMP  M3                 ;转命令 3 处理入口
            AJMP  M4                 ;转命令 4 处理入口
            AJMP  M5                 ;转命令 5 处理入口
            AJMP  M6                 ;转命令 6 处理入口
            AJMP  M7                 ;转命令 7 处理入口
```

在例 3-30 中，因为 AJMP 指令为 2 字节指令，所以通过"RL　A"指令将命令编号（0～7）乘 2。如果将程序中的转移指令 AJMP 改为 LJMP 或 SJMP，则程序是否需要修改？如何修改？请读者考虑。

2．条件转移指令

条件转移指令是依某种特定条件转移的指令。条件满足时，则转移（相当于执行一条相对转移指令）；条件不满足时，则顺序执行下面的指令。条件转移指令使用的都是相对转移指令，转移的范围为 256 个单元，即从当前指令为中心的−128～+127 单元以内。这在实际使用时要加以注意。

（1）累加器 A 判 0 转移指令

```
     JZ    rel       ;若(A)=0，则 PC←(PC)+rel，转移；若(A)≠0，则顺序执行
     JNZ   rel       ;若(A)≠0，则 PC←(PC) +rel，转移；若(A)=0，则顺序执行
```

（2）判进位标志位 CY 转移指令

```
     JC    rel       ;若(CY)=1，则 PC←(PC) +rel，转移；若(CY)=0，则顺序执行
     JNC   rel       ;若(CY)=0，则 PC←(PC) +rel，转移；若(CY)=1，则顺序执行
```

（3）判位转移指令

```
     JB    bit,rel   ;若(bit)=1，则 PC←(PC) +rel，转移；若(bit)=0，则顺序执行
     JNB   bit,rel   ;若(bit)=0，则 PC←(PC) +rel，转移；若(bit)=1，则顺序执行
     JBC   bit,rel   ;若(bit)=1，则 PC←(PC) +rel，同时 bit←0，转移；若(bit)=0，则顺序执行
```

【例 3-31】 如果(R0)=00H，则将内部 RAM 单元 50H 置 00H；如果(R0)≠00H，则置 50H 单元为 FFH。试编程实现该功能。

解：程序如下：

```
            MOV  A,R0
            JZ   NEXT
            MOV  50H,#0FFH
            SJMP ZEN
     NEXT:  MOV  50H,#00H
     ZEN:   SJMP $
```

【例 3-32】 两个无符号数比较。内部 RAM 的 20H 单元和 30H 单元各存放了一个 8 位无符号数，请比较这两个数的大小。若(20H)≥(30H)，则红灯亮；若(20H)<(30H)，则绿灯亮。试根据如图 3-8 所示的硬件连接图写出程序。

图 3-8　硬件连接图

解：程序如下

```
        MOV   A,20H
        CLR   C
        SUBB  A,30H
        JC    NEXT
        MOV   P1,#0FEH
        SJMP  LL
NEXT:   MOV   P1,#0FDH
LL:     SJMP  $
```

（4）比较转移指令

指令格式：CJNE   操作数 1，操作数 2，rel

```
        CJNE  A,direct,rel
        CJNE  A,#data,rel
        CJNE  Rn,#data,rel
        CJNE  @Ri,#data,rel
```

这组指令的功能是比较两个操作数大小。如果它们的值不相等，则转移。这组指令为三字节指令，转移值="当前 PC 值"+rel，即 (PC)= (PC) +3+rel。值得注意的是，比较指令影响 CY 标志位：若"操作数 1"大于或等于"操作数 2"，则(CY)=0；若"操作数 1"小于"操作数 2"，则将(CY)=1。因此，通过判断 CY，就可以实现大于、小于的分支转移。

【例 3-33】执行下面程序后，将根据 A 的内容大于 70H、等于 70H、小于 70H 三种情况做不同的处理。

```
        CJNE  A, #70H, NEQ        ;(A)≠70H 转移
EQ:     ...                      ;(A)=70H 处理程序
NEQ:JC  LOW                      ;(A)<70H 转移到 LOW
        ...                      ;(A)>70H 处理程序
LOW:    ...                      ;(A)<70H 处理程序
```

【例 3-34】设 P1 口 P1.7～P1.4 为准备就绪信号输入端，当该 4 位输入全"1"，说明各项工作已准备好，单片机可循序执行主程序，否则循环等待。

解：

```
LOOP:   MOV   P1,#0F0H           ;置 P1 口高 4 位为输入状态
        MOV   A,P1
        ANL   A,#0F0H            ;屏蔽低 4 位
        CJNE  A,#0F0H,LOOP       ;高 4 位不全"1"，到 LOOP
MAIN:   ...
```

（5）减 1 非零转移指令

```
        DJNZ  Rn,rel             ;Rn←(Rn)-1，若 Rn≠0 转移，否则顺序执行
        DJNZ  direct,rel         ;direct←(direct)-1，若(direct)≠0 转移，否则顺序执行
```

这组指令的操作是先将工作寄存器或直接地址单元的操作数减 1，并保存在原单元。若减 1 后操作数不为"0"，则转移到规定的地址单元；若操作数减 1 后为"0"，则继续向下执行。前一条指令为双字节指令，转移值="当前 PC 值"（本指令 PC 值加 2）+rel，即(PC)=(PC)+2+rel；后一条指令为三字节指令，"当前 PC 值"为本指令 PC 值加 3，请读者注意。

注意：该类指令的执行结果不影响程序状态寄存器 PSW 的标志位，这组指令常用于在循环程序中控制循环的次数。

【例 3-35】 设计一个延时 1ms 的程序，设单片机晶体振荡器的频率为 6MHz。

解：

```
DELAY:MOV    R2,#250
  DEL1:DJNZ   R2,DEL1
```

由于 f_{osc}=6MHz，则机器周期 $T_{机器}$=2μs，循环体内 DJNZ 指令为双周期指令，循环体执行时间为 $T_{循环}$=2×2μs = 4μs。延时时间 $T_{延时}$=$T_{循环}$×循环次数=4μs×250=1000μs=1ms。延时程序是单片机设计中经常用到的，要掌握其设计方法。

3. 子程序调用和返回指令

子程序是一个重要的程序结构，在程序中经常会遇到需要反复多次执行的程序段。如果在每次执行时都重复书写这些程序段，则整个程序会变得冗长，显得杂乱无章，程序结构不清晰，不容易阅读和修改。若将这些需要重复执行的程序段用子程序的形式表示，则书写时只写一次，需要执行时调用它。这样，程序结构变得简单清晰，阅读和修改程序都比较方便。

子程序的调用指令在主程序中使用，使 CPU 从主程序进入子程序；而返回指令用在子程序的最后一条指令，以保证 CPU 执行完子程序后能回到主程序（断点处）继续执行。子程序的调用和返回指令，就构成了子程序执行的完整过程，

（1）调用指令

子程序调用指令有两个功能：一是将断点地址压入堆栈保护，断点地址为下一条指令的首地址；二是将所调用的子程序的入口地址送到程序计数器 PC 中。子程序调用指令有两条。

① 短调用指令。

```
ACALL    addr11         ; SP←(SP)+1，(SP)←(PC)7~0
                          SP←(SP)+1，(SP)←(PC)15~8
                          PC←(PC)15~11addr11
```

这是一条双字节指令，此指令与 AJMP 一样都会使程序执行的顺序发生改变，PC 地址的形成同 AJMP 一样。与 AJMP 不同的是在转到 PC 处执行之前，需先将断点地址保存在堆栈中，以便子程序能正常返回到断点处。所调用的子程序起始地址必须与 ACALL 后面指令的第一字节，在同一个 2KB 区域的程序存储器中。该指令执行后不影响任何标志。

【例 3-36】 若(SP)=60H，标号 STRT 值为 1000H，子程序 XYM 位于 0123H，则执行指令

```
STRT: ACALL    XYM
```

结果：(SP)=62H，内部 RAM 中堆栈区内(61H)=02H，(62H)=10H，(PC)=0123H，断点地址为 1002H。

② 长调用指令。

```
LCALL    addr16     ; SP←(SP)+1，(SP)←(PC)7~0
                      SP←(SP)+1，(SP)←(PC)15~8
                      PC←addr16
```

这是一条三字节指令。LCALL 指令可以调用 64KB 范围内程序存储器中的任何一个子程序。该指令执行后不影响任何标志位。

【例 3-37】若(SP)=53H，标号 STRT 值为 2000H，子程序 KK 的首地址为 3000H，则执行指令

  STRT：LCALL KK

结果：(SP)=55H，(54H)=03H，(55H)=20H，(PC)=3000H，断点地址为 2003H。

（2）子程序返回指令

返回指令的功能是从堆栈中取出断点，送给程序计数器 PC，使程序从断点处继续执行。该指令执行结果不会影响程序状态寄存器 PSW 的标志位。

  RET   ;$PC_{15\sim8}\leftarrow((SP))$, $SP\leftarrow(SP)-1$

        $PC_{7\sim0}\leftarrow((SP))$, $SP\leftarrow(SP)-1$

【例 3-38】若(SP)=62H，(62H)=20H，(61H)=06H，则执行指令

  RET

结果：(SP)=60H，(PC)=2006H，CPU 从 2006H 开始执行程序。在子程序的结尾必须是返回指令，才能从子程序返回到主程序。

【例 3-39】在 P1.0 和 P1.1 分别接有红灯和绿灯（见图 3-8），编写红、绿灯定时切换程序。

```
M1:     MOV   P1,#0FEH        ;P1.0 输出"0"时，红灯亮
        ACALL TIME            ;调用延时子程序
        MOV   P1,#0FDH        ;P1.1 输出"0"时，绿灯亮
        ACALL TIME            ;调用延时子程序
        AJMP  M1
TIME:   MOV   R6,#0A3H        ;延时子程序
DL1:    MOV   R5,#0FFH
DL2:    DJNZ  R5,DL2
        DJNZ  R6,DL1
        RET                   ;返回主程序
```

在执行上面程序的过程中，执行到 ACALL TIME 指令时，程序转移到子程序 TIME 处执行，执行到子程序中的 RET 指令后又返回到主程序。这样，CPU 不断地在主程序和子程序之间转移，实现对红、绿灯的定时切换。

（3）中断返回指令

  RETI   ;$PC_{15\sim8}\leftarrow((SP))$, $SP\leftarrow(SP)-1$

     $PC_{7\sim0}\leftarrow((SP))$, $SP\leftarrow(SP)-1$

这条指令除了执行 RET 指令的功能以外，还可清除内部相应的中断状态寄存器（该触发器由 CPU 响应中断时置位，指示 CPU 当前是否在处理高级或低级中断）。因此，中断服务程序必须以 RETI 为结束指令。CPU 执行 RETI 指令后至少再执行一条指令，才能响应新的中断指令。该指令执行结果不会影响程序状态寄存器 PSW 的标志位。

3.3.5 位操作类指令

位操作是以位（bit）作为单位来进行运算和操作的。其值只能取 1 或 0，故又称为布尔操作。MCS-51 系统在硬件方面有一个布尔处理器。它实际上是一个 1 位微处理器。它以进

位标志位 CY 作为布尔累加器，以内部 RAM 中 20H～2FH 单元中位寻址区和 SFR 内位寻址区的位作为操作数。MCS-51 指令系统设有专门处理布尔量的指令子集，以完成对位的传送、运算、转移及控制等操作。

1. 位传送指令

```
MOV   C,bit                ;CY←(bit)
MOV   bit,C                ;bit←(CY)
```

这组指令的功能是由源操作数指出的位单元内容送到目的位单元中去。其中一个操作数必须为累加器 C，另一个可以是任何直接寻址的位。也就是说，位单元内容的传送必须经过 C 进行，不能直接传送。

【例 3-40】设内部 RAM(20H)=56H，执行下列指令：

```
MOV   C,05H         ;CY←(20H.5)
MOV   P1.0,C        ;P1.0←(CY)
```

(20H)=56H=01010110B，则 (20H.5)=0，结果：P1.0=0。

2. 位修改指令

```
CLR   C                    ;CY←0
CLR   bit                  ;bit←0
SETB  C                    ;CY←1
SETB  bit                  ;bit←1
CPL   C                    ;CY←(CȲ)
CPL   bit                  ;bit←(bit̄)
```

这组指令将指令中给出的位清"0"、置"1"、取反，且不影响其他标志位。

【例 3-41】编程将内部数据存储器 30H 单元的第 0 位和第 4 位置"1"，其余位取反。

解：程序如下

```
MOV   A,30H
CPL   A
SETB  ACC.0
SETB  ACC.4
MOV   30H,A
```

3. 位逻辑运算操作指令

（1）位与指令

```
ANL   C,bit                ;CY←(CY)∧(bit)
ANL   C,/bit               ;CY←(CY)∧(bit̄)
```

（2）位或指令

```
ORL   C,bit                   ;CY←(CY)∨(bit)
ORL   C,/bit                  ;CY←(CY)∨(bit̄)
```

注意：上述指令执行结果只影响程序状态寄存器 PSW 的进位标志位 CY，不影响其他的标志位。

【例 3-42】用位操作指令，实现下列逻辑方程：

P1.7=ACC.0×(B.0+P2.1)+($\overline{P3.2}$)

解：程序如下

```
MOV  C,B.0
ORL  C,P2.1
ANL  C,ACC.0
ORL  C,/P3.2
MOV  P1.7,C
```

3.3.6 访问 I/O 口指令的使用说明

MCS-51 单片机有 4 个 8 位的双向 I/O 口（P0～P3），供单片机对外输入和输出。这些口既可以按口寻址，进行字节的操作，也可以按口线寻址，进行位操作。将口作为输出时，用 MOV 指令把输出数据写入各口的锁存器，即可完成数据的输出。在读操作时，应注意区分"读引脚"和"读口锁存器"两种情况。

1．读引脚

2.1.4 节中已经介绍了 MCS-51 I/O 口的电路结构和工作原理，当 P0～P3 口电路中的锁存器输出为"1"时（Q=1），引脚上的数据能正确读入；否则，由于锁存器输出为"0"，MOS 处于导通状态，因此无法将引脚数据读入。所以，在将 P0～P3 口作为输入时必须先向相应的锁存器写"1"。

【例 3-43】输入 P1.1 和 P1.0 引脚信号的状态，并分别送入内部位地址 01H 和 00H 单元。其程序如下：

```
MOV  P1,#03H    ;将 P1.0 和 P1.1 锁存器写"1"，即置 P1.0 和 P1.1 为"1"，为输入做好准备
MOV  C,P1.0     ;读入 P1.0 引脚信号
MOV  00H,C
MOV  C,P1.1     ;读入 P1.1 引脚信号
MOV  01H,C
```

2．"读—修改—写"指令

P0～P3 用做输出信号时，有时需要改变一个口中的某些信号（非全部信号），这时先读 P0～P3 口锁存器中的输出数据，然后对读出的数据进行运算或修改，最后再把结果送回口锁存器。通常，这类指令被称为"读—修改—写"指令，如执行"ANL P1,#0FH"指令，先将 P1 口锁存器中的内容读入，再与 0FH 相"与"，结果送至 P1 口锁存器，从而实现将 P1.4～ P1.7 清"0"，而 P1.0～P1.3 不变。

3.4 MCS-51 伪指令

汇编语言程序中可以使用若干伪指令，用来对汇编过程进行某种控制，或者对符号、标号赋值。伪指令和机器指令是不同的，它不会产生目标代码。在各种汇编语言程序中，伪指令的符号和含义可能有所不同。当使用某一种汇编程序进行自动汇编时，应先参考其用户手册，下面介绍 MCS-51 常用的伪指令。

1. 起始伪指令　ORG

格式：

　　　ORG　m

m 是 16 位地址，它可用十进制数或十六进制数表示。

　　一般在一个汇编语言源程序或数据块的开始，都用一条 ORG 伪指令规定程序或数据块存放的起始位置。在一个源程序或数据块中，可以多次使用 ORG 指令，以规定不同的程序段或数据块的起始位置。规定的地址应该是从小到大，而且不允许有重复。必须注意，一个源程序若不用 ORG 指令，则目标程序默认从 0000H 开始存放。

　　【例 3-44】解释下面的程序。

　　　　　ORG　2500H
　　MAIN:　MOV A,#64H
　　　　　　　　. . .

上面的程序规定了标号 MAIN 所在的地址为 2500H。

2. 结束伪指令　END

格式：

　　　END

END 伪指令的功能是用来告诉汇编语言程序汇编到此结束。在 END 以后所写的指令，汇编语言程序都不予理会。一个源程序，可能同时包含有一个主程序和若干个子程序，但只能有一个 END 伪指令，并放到所有指令的最后，否则，就会有一部分指令不能被汇编。

3. 定义字节伪指令　DB

格式：

　　　[标号:]　DB　X1,X2,X3,......,Xn

DB 伪指令的功能是从程序存储器的某地址单元开始，存入一组规定好的 8 位二进制常数。Xi 为单字节数据（小于 256，8 位的二进制数），它可以是十进制数、十六进制数、表达式或由两个单引号" 所括起来的一个字符串（存放的是 ASCII 码）。这个伪指令在汇编以后，将影响程序存储器的内容。

　　【例 3-45】解释下面的程序。

　　　　　ORG 2000H
　　TAB:　DB　45H,49H,'6',10,2*4,'ABCD'

以上伪指令经汇编以后，将对 2000H 开始的若干存储单元赋值：(2000H)=45H，(2001H)=49H，(2002H)=36H，(2003H)=0AH，(2004H)=08H，(2005H)=41H，(2006H)=42H，(2007H)=43H，(2008H)=44H。其中，字符 6 的 ASCII 码为 36H，字符 A、B、C、D 的 ASCII 码分别为 41H、42H、43H、44H。

4. 定义字伪指令 DW

格式：

　　　[标号:]　DW　Y1,Y2,Y3,......,Yn

DW 伪指令的功能是从指定地址开始，定义若干个 16 位数据。该指令与 DB 指令类似，可用十进制数或十六进制数表示，也可以为一个表达式，但 Yi 为双字节数据（16 位）。每个

16 位数据要占两个 ROM 单元，在 MCS-51 系统中，16 位二进制数的高 8 位先存入低地址单元，低 8 位存入高地址单元。

【例 3-46】 解释下面的程序

```
          ORG   3000H
ABCD:  DW 5678H,0B802H
```

程序汇编以后，将对 3000H 开始的若干存储单元赋值：(3000H)=56H，(3001H)=78H，(3002H)=B8H，(3003H)=02H。

5. 赋值伪指令 EQU

格式：

```
字符串   EQU   常数或符号
```

EQU 伪指令的功能是将一个常数或特定的符号赋予规定的字符串，赋值以后的字符名称可以用做数据地址、代码地址或者直接当做一个立即数使用。这里使用的"字符串"不是标号，不用":"来做分隔符。若加上":"，则反而会被汇编程序认为错误。

【例 3-47】 解释下面的程序

```
XYM1   EQU   R6
XYM2   EQU 10H
XYM3   EQU   08ABH
MOV   A,XYM1
MOV   A,XYM2
LCALL   XYM3
```

这里将 XYM1 等值为汇编符号 R6。在指令中，XYM1 就可以取代 R6 来使用；XYM2 赋值以后当做直接地址 10H 使用，而 XYM3 被赋值为 16 位地址 08ABH，是一个子程序的入口。注意：使用 EQU 伪指令时必须先赋值后再使用。

6. 位地址定义命令 BIT

格式：

```
字符串   BIT   位地址
```

BIT 伪指令的功能是将位地址赋予所规定的字符名称。

【例 3-48】 解释下面的程序

```
A1   BIT   P1.0
A2   BIT   P1.1
```

这样就把两个位地址分别赋给两个位变量 A1 和 A2。在编程中，A1、A2 可当做位地址 P1.0、P1.1 来使用。

必须指出，并非所有汇编程序都有这条伪指令，若不具备 BIT 命令时，则可以用 EQU 命令来定义位地址变量，但这时所赋的值应该是具体的位地址值。

7. DATA 伪指令

格式：

```
名字   DATA   直接字节地址
```

DATA 伪指令给一个 8 位内部 RAM 单元起一个名字，名字必须是字母开头，且先前未定义过，同一个单元地址可以有多个名字。

【例 3-49】 解释下面的程序。

ERROR　DATA　80H

内部 RAM 地址 80H 的名字为 ERROR。

8．XDATA 伪指令

格式：

名字　XDATA　直接字节地址

XDATA 伪指令给一个 8 位外部 RAM 单元起一个名字，名字的规定同上。

【例 3-50】 解释下面的程序。

P8255A　XDATA　08000H

外部 RAM 地址 8000H 的名字为 P8255A。

9．预留存储器空间伪指令 DS

格式：

[标号:] DS　表达式

该指令从当前地址开始，预留若干个字节程序空间以备存放数据。保留的字节单元由表达式的值决定。

【例 3-51】 解释下面的程序

ORG　1000H

DS　20H

DB　30H,8FH

汇编后，从 1000H 开始，预留 20H（32）个内存单元，然后从 1020H 开始，按照 DB 指令赋值，即(1020H)=30H，(1021H)=8FH。

3.5　MCS-51 汇编语言程序设计

在程序设计中，将会遇到简单的和复杂的程序，但不论程序如何复杂，都可以看成是一个个基本程序结构的组合。这些基本结构包括顺序结构、分支结构、循环结构和子程序结构。在本节中，通过举例来说明汇编语言的程序设计方法，使读者进一步熟悉 MCS-51 的指令系统，掌握汇编语言的程序设计。

3.5.1　顺序结构程序设计

顺序结构程序是指一种无分支的直线程序，即程序的执行是按程序计数器 PC 自动加 1 的顺序执行。这类程序往往用来解决一些简单的算术及逻辑运算问题，主要用数据传送指令和数据运算类指令实现。

【例 3-52】 将内部 RAM 40H、41H、42H 三个单元中的无符号数相加，其和存入 R0（高位）及 R1（低位）。

分析：三个单字节数相加，其和可能超过 1 个字节，要按双字节处理。

（1）其流程图如图 3-9 所示。

图 3-9　单字节加法流程图

（2）根据流程图，编写源程序如下：

```
MOV     A,40H        ;取 40H 单元值
ADD     A,41H        ;A←(40H)+(41H)，并影响 CY
MOV     R1,A         ;暂存于 R1 中
CLR     A            ;A 清零
ADDC    A,#00H       ;CY 送入 R0
MOV     R0,A
MOV     A,42H        ;取 42H 单元值
ADD     A,R1         ;加上次和数低位，并影响 CY
MOV     R1,A         ;和存入 R1
CLR     A            ;A 清零
ADDC    A,R0         ;上次产生的高位加本次进位
MOV     R0,A         ;高位和数存入 R0
```

3.5.2 分支程序设计

分支程序是利用条件转移指令，使程序执行某一指令后，根据条件（即上面运算的情况）是否满足来改变程序执行的次序。在设计分支程序时，关键是如何判断分支的条件。在 MCS-51 指令系统中，可以直接用于判断分支条件的指令有累加器判零条件转移指令 JZ(JNZ)、比较条件转移指令 CJNZ 和位条件转移指令 JC(JNC)、JB(JNB)、JBC 等。通过这些指令，就可以完成各种各样的条件判断，如正负判断、溢出判断、大小判断等。注意，执行一条判断指令时，只能形成两路分支。若要形成多路分支，就要形成多次判断。

图 3-10 单分支程序流程图

【例 3-53】单分支程序：假设内部 RAM 40H 与 41H 单元中有两个无符号数，现要求找出其中的较大者，并将其存入 40H 单元中，较小者存入 41H 单元。

（1）单分支程序流程图如图 3-10 所示。

（2）源程序如下：

```
        MOV   A,40H
        CLR   C
        SUBB  A,41H
        JNC   EXIT
        MOV   A,40H
        XCH   A,41H
        MOV   40H,A
EXIT：  SJMP  EXIT
```

【例 3-54】三分支程序：设变量 X 存于内部 RAM 20H 单元，函数值 Y 存于 21H 单元，试按照下式要求对 Y 赋值。

$$Y = \begin{cases} x+3 & x>0 \\ 20 & x=0 \\ x & x<0 \end{cases}$$

（1）三分支程序流程图如图 3-11 所示。

（2）源程序如下：

```
        MOV    A,20H       ;取数
        JZ     ZERO        ;A 为 0，转 ZERO
        JB     ACC.7,STORE ;A 为负数，转 STORE
        ADD    A,#3        ;A 为正数，则加 3
        SJMP   STORE
ZERO:   MOV    A,#20
STORE:  MOV    21H,A
```

图 3-11　三分支程序流程图

3.5.3 循环程序设计

1. 单重循环程序结构

循环程序是常用的一种程序结构形式。在程序设计时，往往会遇到同样的一个程序段要重复多次，虽然可以重复使用同样的指令来完成，但若采用循环结构，则该程序结构只要使用一次，由计算机根据条件，控制重复执行该程序段的次数，这样便可以大大地简化程序结构，减少程序占用的存储单元数。

循环程序一般由如下四部分组成：

（1）初始化部分：用来设置循环初值，包括预置变量、计数器和数据指针初值，为实现循环做准备。

（2）循环处理部分：要求重复执行的程序段，是程序的主体，称为循环体。循环体既可以是单个指令，也可以是复杂的程序段，通过它可完成对数据进行实际处理的任务。

（3）循环控制部分：控制循环次数，为进行下一次循环而修改计数器和指针的值，并检查该循环是否已执行了足够的次数。也就是说，该部分用条件转移来控制循环次数和判断循环是否结束。

（4）循环结束部分：分析和存放结果。

计算机对第一部分和第四部分只执行一次，而对第二部分和第三部分则可执行多次，一般称之为循环体。典型的循环结构流程如图 3-12 所示，或将处理部分和控制部分的位置对调，如图 3-13 所示。前者所示处理部分至少要执行一次，而后者所示处理部分可以根本不执行。在进行循环程序设计时，应根据实际情况而采用适当的结构形式。

从以上 4 个部分来看，循环控制部分是循环程序设计的主体中关键的环节。常用的循环控制方法有计数器控制和条件标志控制两种。用计数器控制循环时，循环次数是已知的，可在循环初始部分将次数置入计数器中，每循环一次计数器减 1，当计数器的内容减到零时，循环结束，常用 DJNZ 指令实现；相反，有些循环程序中无法事先知道循环次数，而只知道循环有关的条件，这时只能根据给定的条件标志来判断循环是否继续，一般可参照分支程序设计方法中的条件来判别指令实现。

图 3-12 循环程序流程图形式一

图 3-13 循环程序流程图形式二

【例 3-55】用计数器控制的单重循环：从 22H 单元开始存放一数据块，其长度存放在 20H 单元，编写一个数据块求和程序，要求将和存入 21H 单元（假设和不超过 255）。

（1）用计数器控制的单重循环程序流程图如图 3-14 所示。

（2）源程序如下：

```
        CLR   A
        MOV   R7,20H
        MOV   R0,#22H
LOOP:   ADD   A,@R0
        INC   R0
        DJNZ  R7,LOOP
        MOV   21H,A
```

【例 3-56】条件控制的单重循环：设有一字符串存放在内部 RAM 21H 开始的单元中，并以"$"作为结束标志，现要求计算该字符串的长度，并将其长度存放在 20H 单元。

（1）条件控制的单重循环程序流程图如图 3-15 所示。

图 3-14 用计数器控制的单重循环程序流程图

图 3-15 条件控制的单重循环流程图

（2）源程序如下：

```
           MOV    A,#1
           MOV    R0,#21H          ;将地址指针 R0 指向 21H 单元
LOOP:      CJNZ   @R0,#24H,NEXT    ;与 "$" 比较（$的 ASCII 为 24H）
           SJMP   EXIT             ;找到 "$" 结束
NEXT:      INC    A                ;不为 "$"，则计数器加 1
           INC    R0               ;修改地址指针
           SJMP   LOOP
EXIT:      MOV    20H,A            ;存结果
```

2．多重循环程序结构

在如图 3-12 和图 3-13 所示的结构中，循环体中不再包含循环的程序称单重循环；若循环体中还包括有循环，则称为循环嵌套，或称多重循环。

在多重循环中，不允许循环体互相交叉，也不允许从外循环跳入内循环，否则将出错。

【例 3-57】试用软件设计一个延时程序，延时时间约为 50ms。设晶体振荡频率为 12MHz。

解：延时时间与指令执行时间有很大关系，在使用 12MHz 时，一个机器周期为 $1\mu s$，执行一条 DJNZ 指令的时间为 $2\mu s$，可用多重循环方法写出如下的延时程序：

```
DEL:     MOV    R7,#200      ;执行次数为 1，单周期指令
DEL1:    MOV    R6,#123      ;执行次数为 200，单周期指令
         NOP                 ;执行次数为 200，单周期指令
DEL2:    DJNZ   R6,DEL2      ;执行次数为 123×200，双周期指令
         DJNZ   R7,DEL1      ;执行次数为 200，双周期指令
```

实际延时时间 $t=1\times1+200\times1+200\times1+200\times123\times2+200\times2=50.001ms$。但要注意的是，采用软件延时程序时，不允许有中断，否则将严重影响其精确性。对于需要延时更长时间的场合，还可以采用三重循环。

3．在循环程序设计中需要注意的几个问题

在循环程序设计中需要注意的几个问题如下：

（1）循环程序是一个有始有终的整体，它的执行是有条件的，所以要避免从循环体外部直接转到循环体内部。因为这样做没有经过设置初值，会引起程序的混乱。

（2）多重循环程序是从外层向内层一层层进入的，但在结束循环时是由里到外一层层退出的。所以，在循环嵌套程序中，不要在外层循环中用转移指令直接转到内层循环体中。

（3）从循环体内可以直接转到循环体外或外层循环中，实现一个循环由多个条件控制结束的结构。

（4）在编写循环程序时，首先要确定程序的结构，把逻辑关系搞清楚。在一般情况下，一个循环体的设计可以从第一次执行情况着手，先画出复杂运算的程序框图，然后再加上修改判断和置初值部分，使其成为一个完整的循环程序。

3.5.4　子程序设计

循环程序设计可以减少编程工作量。但在实际问题中，可能会经常遇到初始数据、结果

单元并未按一定的规律排列，而运算过程却完全相同，如一些数学函数的计算、二-十进制的转换、十-二进制的转换等，在程序中可能多次遇到，编出来的程序段也完全相同。为了避免重复，节省内存空间，人们常常把这些程序作为一种独立的、标准化的通用程序段，放在程序存储器的特定区域，供需要时调用。这些独立的程序段称为"子程序"。在设计某些程序时可以根据需要由专门的指令来调用子程序，称为"子程序调用"；当子程序执行完后，再由专门指令返回到原来的程序，并把结果带回，称为"子程序返回"。

一般把调用子程序的程序称为主程序。在子程序执行过程中，还可以出现再次调用其他子程序的情况。这种现象称为"子程序嵌套"。图 3-16 为一个两层嵌套的子程序调用结构图，此时必须处理好子程序的调用与返回的关系，处理好有关信息的保护与恢复工作。

图 3-16 子程序嵌套

主程序可在不同的位置通过调用指令 ACALL 或 LCALL 多次调用子程序，通过子程序中最后一条指令 RET 返回到主程序中的断点地址，继续执行主程序。所谓断点地址是子程序调用指令的下一条指令的地址，设子程序调用指令的地址为 PC，则断点地址为 PC+2（对应的 ACALL 指令是双字节指令）或 PC+3（对应的 LCALL 指令是三字节指令），显然与调用指令的字节数有关。

1. 子程序调用过程中参数的传递

为了使子程序具有通用性，子程序处理过程中用到的数据都由主程序提供，子程序的某些执行结果也应送回到主程序。这就存在着主程序和子程序之间的参数传递问题。参数传递通常采用以下几种方法。

（1）寄存器或累加器传送：数据通过工作寄存器 R0～R7 或累加器 A 来传送。在调用子程序之前，数据先送入寄存器或累加器，子程序执行以后，结果仍由寄存器或累加器送回。这是一种最常使用的方法。其优点是程序简单、速度快。其缺点是传递的参数不能太多。

（2）指针寄存器传送：数据一般存放在数据存储器中，可用指针来指示数据的位置，这样可大大节省传送数据的工作量，并可实现变长度运算。若数据在内部 RAM 中，则可用 R0、R1 做指针；参数在外部 RAM 或程序存储器中，则可用 DPTR 做指针。参数传递时只通过 R0、R1、DPTR 传送数据所存放的地址，调用结束后，传送回来的也只是存放数据的指针寄存器所指的数据地址。

（3）堆栈传送：可以用堆栈来向子程序传递参数和从堆栈获取结果。调用子程序前，先把要传送的参数用 PUSH 压入堆栈。进入子程序后，可用堆栈指针间接访问堆栈中的参数，同时可把结果送回堆栈中。返回主程序后，可用 POP 指令得到这些结果。必须注意，在调用子程序时，断点也会压入堆栈，占用两个单元，在子程序中弹出参数时，不要把断点地址也弹出。此外，在返回主程序时，要把堆栈指针指向断点地址，以便能正确返回。

2. 调用子程序时的现场保护问题

在子程序执行时，可能要使用累加器 A 和某些工作寄存器 R0、R1、DPTR 等，而在调用子程序前，这些寄存器中可能存放有主程序的中间结果，它们在子程序返回后仍需使用。这样就需要在进入子程序时，将要使用的累加器和某些工作寄存器的内容转移到安全区域并保存起来，即"现场保护"。当子程序执行完即将返回主程序之前，再将这些内容弹出，送回到累加器和原来的工作寄存器中，即"恢复现场"。

保护现场和恢复现场通常使用堆栈操作，由于堆栈操作是 FILO "先进后出"，因此先进入堆栈的参数应该后弹出，才能保证恢复原来的状态。下面的一个例子即可说明这种子程序结构。

```
SUBR:   PUSH   06H              ;将 06H，即寄存器 R6 的内容入栈保护
        PUSH   ACC
        …
        …
        POP    ACC
        POP    06H              ;恢复 R6 寄存器的内容
        RET
```

至于具体的子程序是否要进行现场保护及对哪些对象保护应视具体情况而定。

【例 3-58】参数传递采用累加器 A：设有一个从 21H 开始存放的数据块，每个单元中均有一个十六进制数（0～F），数据块长度存放在 20H，编程将它们转化为相应的 ASCII 码值，并存放在 41H 开始的单元中。

解：根据 ASCII 码表，"0～9"的 ASCII 码为 30H～39H，即 0～9 只要加上 30H 就可得到相应的 ASCII 值，而"A～F"的 ASCII 码为 41H～46H，即 A～F 只要加上 37H 也可得到相应的 ASCII 码值。

（1）参数传递采用累加器的程序流程图如图 3-17 所示。

（2）源程序如下：

```
        ORG    0030H            ;主程序
MAIN:   MOV    SP,#60H          ;设定堆栈指针
        MOV    R1,#41H          ;置目标首地址
        MOV    R0,#21H          ;置源数据首地址
        MOV    R2,20H           ;置数据块长
LOOP:   MOV    A,@R0            ;取待转换数
        LCALL  ZHCX             ;调用转换子程序
        MOV    @R1,A            ;存结果
        INC    R0               ;修改源指针
        INC    R1               ;修改源目标指针
        DJNZ   R2, LOOP         ;(R2)-1≠0，则继续转换
        SJMP   $                ;踏步等待
        ORG    6000H            ;十六进制转 ASCII 码子程序
ZHCX:   CJNE   A,#0AH,NEXT      ;十六进制数与 10 比较
NEXT:   JC     ASC1             ;若(A)< 10，则转 ASC1
        ADD    A,#37H           ;若(A)≥10，则加 37H
        SJMP   ASC2
ASC1:   ADD    A,#30H           ;(A)+30H→A
ASC2:   RET                     ;返回主程序
```

图 3-17   参数传递采用累加器的程序流程图

子程序的作用是将二进制数转换为相应的 ASCII 码。主程序只有一个参数被送入子程序进行处理，即待转换十六进制数。此参数称为入口参数，同时也只有一个出口参数，即转换了的 ASCII 码，被送回主程序。入口参数和出口参数都是通过累加器 A 传送的。这个程序中，没有必要保护现场，但是每一次调用子程序返回后，就把返回的参数 A 存到目标单元中，以便累加器 A 参加下一次调用子程序操作。

【例 3-59】参数传递通过堆栈：在 20H 单元存有两个十六进制数，试将它们分别转换成 ASCII 码，存入 30H 和 31H 单元。

解：由于要进行两次转换，故可用子程序来完成，参数传递用堆栈来完成。

```
          ORG    0030H                ;主程序
MAIN:     MOV    SP,#60H              ;设定堆栈指针
          PUSH   20H                  ;将十六进制数压入堆栈
          LCALL  CASC                 ;调用转换子程序
          POP    30H                  ;返回参数送 30H 单元
          MOV    A,20H                ;20H 单元内容送 A
          SWAP   A                    ;高、低 4 位交换
          PUSH   ACC                  ;将第 2 个十六进制数压入堆栈
          ACALL  CASC                 ;再次调用
          POP    31H                  ;存第 2 个 ASCII 码
          SJMP   $                    ;踏步等待
          ORG    3000H                ;堆栈传送子程序
CASC:     DEC    SP                   ;修改 SP 到参数位置
          DEC    SP
          POP    ACC                  ;弹出参数到 A
          ANL    A,#0FH               ;屏蔽高 4 位
          CJNE   A,#0AH, NEXT         ;十六进制数转换为 ASCII 码
NEXT:     JC     XY10
          ADD    A,#37H
```

```
        SJMP    EXIT
XY10:   ADD     A,#30H
EXIT：  PUSH    ACC                ;参数入栈
        INC     SP                 ;修改 SP 到返回地址
        INC     SP
        RET                        ;返回主程序
```

主程序通过堆栈将要转换的十六进制数传送到子程序，并将子程序转换的结果再通过堆栈送回到主程序。用这种方式，只要在调用前将入口参数压入堆栈，在调用后把返回参数弹出堆栈即可。子程序开始的两条 DEC 指令和结束时的两条 INC 指令是为了将 SP 的位置调整到合适的位置，以免将返回地址作为参数弹出，否则会返回到错误的位置。

【例 3-60】 参数传递通过指针寄存器：计算两个多字节压缩 BCD 码减法。设被减数与减数分别存放在以 30H 和 20H 开始的单元中，字节数在 40H 单元（设字节数不大于 16），要求运算结果存放在以 20H 开始的单元中。

解：由于无十进制减法指令和十进制减法调整指令，故在进行十进制减法运算时，只能先求减数的十进制补码，将减法变为加法，再用十进制调整指令来调整运算结果，结果为十进制补码。如(CY)=1，表示够减无借位，值为正；如(CY)=0，表示不够减，值为负。

```
        ORG   0030H                ;主程序
MAIN:   MOV   SP,#60H
        MOV   R0,#20H              ;置减数地址指针
        MOV   R1,#30H              ;置被减数地址指针
        MOV   R7,40H               ;置字节数
        LCALL  BCDS                ;调用子程序
        SJMP  $
        ORG   6000H                ;多字节 BCD 码减法子程序
BCDS:   CLR   C
LOOP:   MOV   A,#9AH
        SUBB  A,@R0                ;取减数对 100 的补码
        ADD   A,@R1                ;被减数+减数的补码,用加法完成减法运算
        DA    A                    ;十进制调整
        MOV   @R0,A                ;保存结果
        INC   R0                   ;修改减数指针
        INC   R1                   ;修改被减数指针
        CPL   C                    ;进位与实际情况相反,进位标志要取反
        DJNZ  R7,LOOP
        RET
```

主程序中通过指针寄存器 R0、R1 将减数与被减数送入子程序中进行处理，结果在子程序中直接保存，所以没有必要再传回主程序。

习题 3

1. 简述 MCS-51 的寻址方式及各寻址方式所涉及的寻址空间。

2. 若要完成以下的数据传送，应如何用 MCS-51 的指令来实现？

（1）R2 的内容传送到 R0。

（2）将 R0 的内容传送到外部 RAM 30H 单元中。

（3）内部 RAM 30H 单元的内容传送到外部 RAM 20H 单元。

（4）外部 RAM 1000H 单元的内容传送到内部 RAM 20H 单元。

（5）ROM 3000H 单元的内容传送到 R1。

（6）ROM 2000H 单元的内容传送到内部 RAM 30H 单元。

（7）ROM 2000H 单元的内容传送到外部 RAM 20H 单元。

3. 指出下列指令的源操作数的寻址方式及连续执行后的结果。

已知：(R0)=20H，且(20H)=0AH，(A)=1AH，(CY)=1，(27H)=0FFH，求：

（1）DEC @R0；

（2）ADDC A,@R0；

（3）ANL A,27H；

（4）MOV A,#27H；

（5）CLR 27H.0。

4. 编写实现表达式 P1.0=P1.1×P1.2+ACC.7×C+$\overline{\text{PSW} \cdot 0}$ 的程序。

5. 设初始值为(A)=50H，(R1)=70H，(70H)=35H，(43H)=08H，在执行完下面的程序段后，A、R1、70H 单元、43H 单元的内容各为多少？

```
MOV   35H,A
MOV   A,@R1
MOV   @R1,43H
MOV   43H,35H
MOV   R1,#78H
```

6. 执行以下程序段后，A 和 B 的内容各为多少？

```
MOV   SP,#3AH
MOV   A,#20H
MOV   B,#30H
PUSH  ACC
PUSH  B
POP   ACC
POP   B
```

7. 内部存储单元 30H 中有一个 ASCII 码，试编程给该数的最高位加上奇偶校验。

8. 写出完成下列操作的指令：

（1）累加器 A 的高 4 位清 "0"，其余位不变；

（2）累加器 A 的低 4 位置 "1"，其余位不变；

（3）累加器 A 的高 4 位取反，其余位不变；

（4）累加器 A 的内容全部取反。

9. 用移位指令实现累加器 A 的内容乘以 10 的操作。

10. 将内部 RAM 单元 20H 开始的两个单元中存放的双字节十六进制数和内部 RAM 30H 单元开始的两个单元中存放的十六进制数相减，结果存放在 30H 开始的单元中。

11. 已知共阳极 8 段 LED 数码管的显示数字的字形码如下：

0	1	2	3	4	5	6	7	8	9
C0H	F9H	A4H	B0H	99H	92H	82H	F8H	80H	90H

若累加器 A 中的内容为 00H～09H 中的一个数，请用查表指令得到相应字形的字形码。

12．内部 RAM 的 30H 单元开始存放着一组无符号数，其个数存放在 21H 单元中。试编写一个从小到大的排序程序，排序后的数存放在以 30H 为起始地址的内部 RAM 中。

13．设计一个循环灯系统，单片机的 P1 口并行输出，驱动 8 个发光二极管。试编写程序，使这些发光二极管每次只点亮一个，循环左移，一个接一个地亮，循环不止。

14．某控制系统采样得到的 5 个值分别存放在 21H～25H 的单元中，求其平均值，并将其存入 20H 单元。

15．试编程求出片外 RAM 从 2000H 开始的连续 20 个单元的平均值，并将结果存入内部 RAM 20H 单元。

16．试编写延时 1min 的子程序，设晶振频率为 12MHz。

17．在内部 RAM 31H～40H 中存有 10 个压缩 BCD 码，编程将它们转化为 ASCII 码，存入 41H 开始的单元中。

18．设在 40H～43H 单元中有 4 个 BCD 码数，将它们转换为二进制数，结果存放在寄存器 R3R2。

19．已知两个 8 位无符号数 a、b，分别存放在 buf 和 buf+1 单元中，编程计算 5a+b，结果仍放入 buf 和 buf+1 单元。

20．编写一查表子程序。设 40H 单元中的内容为 00～09 间的整数，求其平均值（BCD 码），并将其存入 41H 单元中。

21．请采用逻辑运算指令用软件方法实现下列运算：

$$Y=X0+X0 \cdot X1+X0 \cdot X1 \cdot X2+X3 \cdot X4 \cdot X5+X6 \cdot X7$$

设 X 为内部 RAM 30H 单元内容，运算结果 Y 值保存在 CY 中。

22．某控制系统采样得到的 5 个值分别存放在 21H～25H 的单元中，求其平均值，并将其存入 20H 单元。

23．试编程求出外部 RAM 从 2000H 开始的连续 20 个单元的平均值，并将结果存入内部 RAM 20H 单元。

24．试编写延时 1min 的子程序，设晶振频率为 12MHz。

25．在内部 RAM 31H～40H 中存有 10 个压缩 BCD 码，编程将它们转化为 ASCII 码，存入 41H 开始的单元中。

26．设在 40H～43H 单元中有 4 个 BCD 码数，将它们转换为二进制数，结果存放在寄存器 R3R2。

27．已知两个 8 位无符号数 a、b，分别存放在 buf 和 buf+1 单元中，编程计算 5a+b，结果仍放入 buf 和 buf+1 单元。

28．编写一查表子程序。设 40H 单元中的内容为 00～09 间的整数，求其平均值（BCD 码），并将其存入 41H 单元中。

29．请采用逻辑运算指令用软件方法实现下列运算：

$$Y=X0+X0 \cdot X1+X0 \cdot X1 \cdot X2+X3 \cdot X4 \cdot X5+X6 \cdot X7$$

设 X 为内部 RAM 30H 单元内容，运算结果 Y 值保存在 CY 中。

第4章

C51 程序设计

4.1 Keil C51 编程语言

以前单片机应用系统的程序都是用汇编语言编写的。由于汇编语言程序的可读性和可移植性都较差，编写系统程序的周期长，而且调试和排错也比较困难，为了提高编程效率，改善程序的可读性和可移植性，最好采用高级语言编程。Keil C51 是美国 Keil Software 公司开发的 51 系列单片机 C 语言软件开发系统，C51 也是目前使用较广泛的单片机编程语言。应用 Keil C51 编程具有以下优点：

（1）由 Keil C51 管理内部寄存器和存储器的分配，编程时，无需考虑不同存储器的寻址和数据类型等细节问题；

（2）程序由若干个函数组成，在结构性、可读性、可维护性上具有明显的优势；

（3）Keil C51 软件提供丰富的库函数可直接引用，从而大大减少用户编程的工作量；具有功能强大的集成开发调试工具，全 Windows 界面，在开发大型软件时更能体现高级语言的优势；

（4）Keil C51 编译后生成目标代码的效率很高，生成的汇编代码很紧凑，容易理解。

4.1.1 Keil C51 的函数和程序结构

Keil C51 的程序结构和一般的 C 语言差不多，为一个个函数的集合，其中至少应包含一个主函数 main()。不管主函数 main()位于什么位置，单片机总是从 main()开始执行。函数之间可以互相调用，但 main()函数只能调用其他的功能函数，不能被其他函数调用。功能函数可以是 Keil C51 编译器提供的库函数，也可以是用户自定义的函数。

1. 函数的定义

不管是 main()主函数还是其他一般函数，都由"函数定义"和"函数体"两个部分构成。函数定义包括返回值类型、函数名（形式参数声明列表）等。函数体由一对大括号"{}"组成。函数体的内容由两类语句组成：一类为声明语句，用来对函数中将要用到的局部变量进行定义；另一类为执行语句，用来完成一系列功能或算法处理。所有函数在定义时都是相对独立的，一个函数中不能再定义其他函数。C 语言中的函数定义有三种形式：无参数函数、有参数函数、空函数，如下所示：

（1）无参数函数的定义形式为：

　　　　返回值类型　　函数名()

　　　　{函数体语句}

（2）有参数函数的定义形式为：

　　　　返回值类型　　函数名(类型　形式参数 1, 类型　形式参数 2……)

　　　　{函数体语句}

（3）空函数的定义形式为：

　　　　返回值类型　　函数名()

　　　　{}

函数的返回值是通过函数体内一条"return(变量名);"语句获得的，指令 return 使函数立即结束并返回原调用函数，同时又将括号内指定变量的值传回原函数。一个函数可以有一个以上的 return，但由于被调用函数一次只能返回一个变量值，因此多于一个的 return 语句必须用在选择结构（if 或 switch/case）中。

函数返回值的类型应与函数定义的返回值类型相一致。C 语言中规定：凡不加函数返回类型说明的函数，都按整型（int）来处理。如果函数返回值的类型说明和 return 语句中的变量类型不一致，则以函数返回类型为标准，强制类型转换。有时为了明确函数不带返回值，可以将函数定义为"void"（无类型），如"void　函数名()"等。

2．函数的调用

函数调用的一般形式为：

　　　　函数名(实参列表)

如果调用的是无参数函数，则"实参列表"可以没有，但括号不能省略。如果实参列表包含多个实参，则各参数之间用逗号隔开，实参与形参按顺序一一对应，类型一致。

按函数调用在程序中出现的位置，可以有以下两种函数调用方式。

（1）函数语句：函数调用作为一个语句出现，这时不要求函数返回值，只要求函数完成一定的操作，例如：

　　　　delay(1000);　//通过调用 delay(1000)函数来完成一定时间的延时

（2）函数表达式：函数调用出现在一个表达式中，这时要求函数返回一个确定的值，以参加表达式的运算，例如：

　　　　c=2*max(a,b);

3．对被调用函数的声明和函数原型

执行函数调用时，需具备以下条件：

（1）首先被调用的函数必须是已经存在的函数（库函数或用户自己定义的函数）。

（2）如果调用的是库函数，一般应在文件开头用#include 命令将调用有关库函数所用到的信息"包含"到本文件中来。

（3）如果调用的是自定义函数，而且该函数与调用它的函数在同一个文件中，一般还应该在主调用函数中对该函数作函数声明，即将有关信息通知编译系统。函数声明（也称函数原型）的形式如下：

　　　　返回值类型　　函数名(参数 1 类型,参数 2 类型……);

　　　　返回值类型　　函数名(类型　参数名 1,类型　参数名 2……);

当被调用函数的定义出现在主调用函数之前，或者在所有函数定义之前，在函数的外部已做了函数声明，则主调用函数可以不加函数声明。

因此，一个标准的 C51 的程序结构如下：

```
/* 程序的说明……………………*/
#include  <reg51.h>       // 包含 C51 编译器提供的有关寄存器名说明的头文件
#include  "Key.h"         //包含用户自定义的头文件，对外部函数和变量进行声明
```

```
#define  uint  unsigned  int  //宏定义命令定义常量
……
```

```
数据类型 1  全局变量名称 1;  // 全局变量声明
数据类型 2  全局变量名称 2;  // 全局变量声明
……
```

```
函数类型  函数名 1(类型  参数 1, 类型  参数 2……);  //功能函数 1 原型声明
……
函数类型  函数名 n(类型  参数 1, 类型  参数 2……);  //功能函数 n 原型声明
```

```
main()      /* 主函数名称 */
  {              /* 在{}内的是主函数体*/
数据类型 1  局部变量名称 1;  /* 局部变量声明 */
数据类型 2  局部变量名称 2;  /* 局部变量声明 */
    ……
    执行语句 1
    ……
    执行语句 n  }
```

```
返回值类型  函数名 1(类型  参数 1,类型  参数 2……)/* 功能函数 1 定义*/
{  函数体 }              /* 在{}内的是功能函数 1 的函数体*/
……
返回值类型  函数名 n(类型  参数 1,类型  参数 2……)/* 功能函数 n 定义 */
{  函数体 }              /* 在{}内的是功能函数 n 的函数体*/
```

C 语言的语句规则如下：

（1）每个变量必须先说明后引用，变量名的大小写是有差别的。

（2）C 语言程序一行可以书写多个语句，但每个语句必须以 ";" 结尾，一个语句也可以多行书写。

（3）C 语言的注释行可由 "//" 引起，注释段可由 "/*……*/" 括起。

（4）"{" 必须成对，位置任意，可紧接在函数名后，也可另起一行；多个花括号可同行书写，也可逐行书写，为了层次分明，增加可读性，同一层的 "{" 应对齐，并采用逐层缩进进行书写。

4.1.2　C51 和标准 C 的函数差别

C51 和标准 C 函数有以下差别：

（1）C51 是针对 51 系列单片机的硬件，对标准 C 的一种补充。扩展功能大致可分为 8 类：存储模式、存储器类型、位变量、特殊功能寄存器、C51 指针、中断函数的声明、寄存器组的定义、再入函数的声明等。C51 编译器扩展的关键字见表 4-1。

表 4-1　C51 编译器扩展的关键字

关键字	用　　途	说　　明
bit	位变量声明	声明一个位变量或位类型函数
sbit	位变量声明	声明一个可位寻址的位变量
sfr	特殊功能寄存器声明	声明一个特殊功能寄存器（8 位）
sfr16	特殊功能寄存器声明	声明一个特殊功能寄存器（16 位）
data	存储器类型声明	直接寻址内部的数据存储器
bdata	存储器类型声明	可位寻址的内部数据存储器
idata	存储器类型声明	间接寻址内部的数据存储器，使用@R0、R1 寻址
pdata	存储器类型声明	间接寻址外部 256B 的数据存储器，同上
xdata	存储器类型声明	间接寻址外部 64KB 的数据存储器，使用@DPTR 寻址
code	存储器类型声明	程序存储器，使用 MOVC 指令及相应的寻址方式
small	存储模式声明	变量定义在 data 区，速度最快，可存变量少。
compact	存储模式声明	变量定义在 pdata 区，性能介于 small 与 large 之间。
large	存储模式声明	变量定义在 xdata 区，可存变量多，速度较慢
interrupt	中断函数声明	定义一个中断函数
using	寄存器组定义	定义工作寄存器组
reentrant	再入函数声明	定义一个再入函数

（2）一般在一个函数几次不同的调用过程中，标准 C 会把函数的参数和所使用的局部变量入栈保护。为了节省堆栈空间，C51 的每一个函数被给定一个空间用于存放局部变量，函数内的局部变量都存放在这个空间的固定位置。当递归调用该函数时，系统只会把 PC、PSW 等重要内容压入堆栈，但是函数内的局部变量是不会压入堆栈的，从而导致局部变量被覆盖。可以用以下两种方法解决函数重入：

① 在函数前使用编译控制命令#pragma disable 声明，在函数执行时禁止所有中断；

② 将该函数说明为可重入的。说明如下：

　　　　void　函数名(形式参数表) reentrant

C51 编译器为再入函数生成一个模拟栈，通过模拟栈来完成参数传递和存放局部变量。因此再入函数可被递归调用，无论何时，包括中断函数在内的任何函数都可调用再入函数。但是，对于再入函数有如下规定：

① 再入函数不能传送 bit 类型的参数，也不能定义一个局部位标量，不能包括位操作以及 51 系列单片机的位寻址区。

② 在同一个程序中可以定义和使用不同存储器模式的再入函数，任意模式的再入函数不能调用不同模式的再入函数，但可任意调用非再入函数。

③ 在参数的传递上，实际参数可以传递给间接调用的再入函数。无再入属性的间接调用函数不能包含调用参数，但是可以使用定义的全局变量来进行参数传递。

（3）在 C51 中，一个函数中的部分形参，有时还有部分局部变量会被分配到工作寄存器组当中。这就带来两个问题。首先，这就要求被调用函数以及主调用函数使用的必须是同一个寄存器组。其次，当中断发生时，C51 会把当前工作寄存器组入栈。如果中断服务函数和当前函数使用的不是同一个寄存器组，那么就可以省略这一步，以节省时间，实际上 C51 是可以这么做的。用 using 关键字指定一个函数使用的寄存器组定义如下：

```
返回值类型    函数名(形参列表)using   n
{
函数体
}
```

其中，n 可以是 0~3，系统默认使用寄存器组 0，关键字 using 不允许用于外部函数。

4.1.3　C51 中断函数的声明

中断函数的声明通过使用 interrupt 关键字和中断号 n（n=0~31）来实现。如下所示：

void　　函数名() interrupt　n　[using m]

中断号 n 和中断向量取决于单片机的型号，编译器从 8n+3 处产生中断向量。51 系列单片机常用中断源的中断号和中断向量见表 4-2。using m 是一个可选项，用于指定中断函数所使用的寄存器组。如果不用该选项，则由编译器为中断函数选择一个寄存器组做绝对寄存器组访问。指定工作寄存器组的优点是：中断响应时，默认的工作寄存器组就不会被推入堆栈，这将节省很多时间，因为入栈和出栈都需要两个机器周期。缺点是：所有被中断调用的函数都必须使用同一个寄存器组，否则参数传递会发生错误。

表 4-2　51 系列单片机常用中断源的中断号和中断向量

中断源	中断号 n	中断向量 8n+3
外部中断 0	0	0003H
定时器 0 溢出	1	000BH
外部中断 1	2	0013H
定时器 1 溢出	3	001BH
串行口中断	4	0023H
定时器 2 溢出	5	002BH

关键字 interrupt 不允许用于外部函数，它对中断函数的目标代码有如下影响：

（1）进入中断函数时，特殊功能寄存器 ACC、B、DPH、DPL、PSW 将被入栈保护；

（2）如果不使用寄存器组切换，则将中断函数中所用到的全部工作寄存器入栈保护；

（3）函数返回之前，所有的寄存器内容出栈；

（4）中断函数由 8051 单片机指令 RETI 结束。

在编写 C51 中断函数时应遵循以下规则：

（1）中断函数不能进行参数传递。如果中断函数中包含任何参数声明都将导致编译出错。

（2）中断函数没有返回值。因此应将中断函数定义为 void 型，以明确说明没有返回值。

（3）在任何情况下，都不能调用中断函数，否则会产生编译错误。因为中断函数的返回是由单片机指令 RETI 完成的，RETI 指令会影响 8051 单片机的硬件中断系统。如果在没有实际中断请求的情况下直接调用中断函数，RETI 指令的操作结果会产生一个致命的错误。

（4）如果中断函数中用到浮点运算，必须保存浮点寄存器的状态，当没有其他程序执行浮点运算时可以不保存。C51 编译器的数学函数库 math.h 中，提供了保存浮点寄存器状态的库函数 pfsave 和恢复浮点寄存器状态的库函数 fprestore。

（5）由于中断产生的随机性，中断函数对其他函数的调用可能形成违规调用，需要时可将被中断函数所调用的其他函数定义为再入函数。

【例 4-1】利用定时器 T0，每隔 50ms 产生一次中断，显示中断发生次数的程序如下：

```
#include   <reg51.h>
#include   <stdio.h>
#define   RELOADVALH   0x3C
#define   RELOADVALL   0xB0
 extern   unsigned   int   tick_count;
void   main()                    //主函数
{
   SCON=0x52;       //设定串口工作于方式 1
   TMOD=0x21;       //设定 T1、T0 工作方式 2、1，T1 为串口的波特率发生器，T0 产生 50ms 中断
   TH1=0xf3，TL1=0xf3;        //设定 T1 时间常数
   TR1=1;           //启动 T1，T1 为 printf 函数所必需的串口产生波特率
   TH0=RELOADVALH;       // 设定 T0 时间常数，50ms 后溢出
   TL0=RELOADVALL;
   TR0=1;         //启动 T0
   IE=0x82;       //开放 CPU、T0 中断
}
void   timer0(void) interrupt   1   using   1    //定时器 T0 中断服务程序
{   TR0=0;                      //停止 T0
    TH0=RELOADVALH;       // 重置 T0 时间常数
    TL0=RELOADVALL;
    TR0=1;               // 启动 T0
    tick_count++;        // 时间计数器加 1
    printf("tick_count=%05u \n", tick_count);
}
```

Keil C51 提供的输入/输出库函数是通过 8051 的串行口来实现输入/输出的，因此在调用库函数 scanf 与 printf 之前，必须先对 8051 的串行口进行初始化。但是对于单片机应用系统来说，由于具体要求不同，应用系统的输入/输出方式多种多样，不可能一律采用串行口作输入/输出。因此应根据实际需要，由研制人员自己来编写满足特定需要的输入/输出函数，这一点是十分重要的。具体地参见 4.6 节中的 STDIO.H 输入/输出库函数。

4.2　C51 的数据类型、运算符、表达式

C51 的数据类型可分为基本数据类型和复杂数据类型。表 4-3 中列出了 C51 编译器所支持的基本数据类型。复杂数据类型由基本数据类型构造而成，有数组、结构、联合、枚举等，与 ANSIC C 相同。

表 4-3　Keil C51 编译器所支持的数据类型

数据类型	长　度	值　　　域
unsigned char	单字节	0～255
char	单字节	−128～+127
unsigned int	双字节	0～65535
int	双字节	−32768～+32767
unsigned long	四字节	0～4294967295
long	四字节	−2147483648～+2147483647
float	四字节	±1.175494E-38～±3.402823E+38
一般指针	3 字节	对象的地址为 0～65535
bit	1 位	0 或 1
sfr	单字节	0～255
sfr16	双字节	0～65535
sbit	1 位	0 或 1

4.2.1　C51 的基本数据类型

C51 基本数据类型中的 char、short、int、long、float 等与 ANSI C 相同。当占据的字节数大于 1 个字节时，数据的高位占据低地址，低位占据高地址，即从高到低依次存放，这里就不列出说明。而 bit、sbit、sfr 和 sfr16 是 C51 扩展的数据类型，说明如下：

（1）bit 型

bit 用于定义位标量，只有 1 位长度，不是 0 就是 1，不能定义位指针，也不能定义位数组。bit 型对象始终位于单片机内部可位寻址的存储空间（20H～2FH）。例如：

```
    static   bit   dir_bit;          //定义一个静态位标量 dir_bit
    extern   bit   lock_bit;         //定义一个外部位标量 lock_bit
    bit   bfunc(bit   b0,bit b1);     //声明一个具有两个位型参数，返回值为位型的函数
```

如果在函数中禁止使用中断（#pragma disable）或者函数中包含有明确的寄存器组切换（using n），则该函数不能返回位型值，否则在编译时会产生编译错误。

（2）sfr 和 sfr16 特殊功能寄存器型

sfr、sfr16 分别用于定义单片机内部 8 位、16 位的特殊功能寄存器。定义方法如下：

```
    sfr    特殊功能寄存器名=特殊功能寄存器地址常数;
    sfr16   特殊功能寄存器名=特殊功能寄存器地址常数;
```

例如：

```
    sfr    P1 = 0x90;       //定义 P1 口，其地址 90H
    sfr16   T2 = 0xCC;      //定义定时器 T2，T2L 的地址为 CCH，T2H 的地址为 CDH
```

sfr 关键字后面通常为特殊功能寄存器名，等号后面是该特殊功能寄存器所对应的地址，必须是位于 80H～FFH 的常数，不允许有带运算符的表达式，具体可查看表 2-4。sfr16 等号后面是 16 位特殊功能寄存器的低位地址，高位地址一定要位于物理低位地址之上。注意，sfr16 只能用于定义 51 系列中新增加的 16 位特殊功能寄存器，不能用于定时器 T0 的 TH0、TL0，T1 的 TH1、TL1 和数据指针 DPTR 的定义。

（3）sbit 可位寻址型

sbit 用于定义字节中的位变量，利用它可以访问片内 RAM 或特殊功能寄存器中可位寻址的位。访问特殊功能寄存器时，可以用以下的方法定义：

① sbit 位变量名=位地址，如

　　sbit P1_1 = 0x91;

把位的绝对地址赋给位变量。同 sfr 一样，sbit 的位地址必须位于 80H～FFH 之间。

② sbit 位变量名=特殊功能寄存器名^位位置，如

　　sfr P1 =0x90;　　//先定义一个特殊功能寄存器名，再定义位变量名的位置

　　sbit P1_1=P1^1;

③ sbit 位变量名=字节地址^位的位置，如

　　sbit P1_1 =0x90^1;

第③种方法与第②相类似，只是用地址来代替特殊功能寄存器名，这样在以后的程序语句中就可以用 P1_1 来对 P1.1 引脚进行读/写操作了。通常，特殊功能寄存器及其中的可寻址位命名已包含在 C51 系统提供的库文件 "reg51.h" 中，用 "#include <reg51.h>" 加载该库文件，就可直接引用；但是 P0、P1、P2、P3 口的可寻址位未定义，必须由用户用 sbit 来定义。此外，在直接引用时，特殊功能寄存器的名称或其中可寻址的位名称必须大写。当访问变量中的指定位时，可参阅 4.2.2 节中 bdata 段变量的定义。

4.2.2　C51 变量、常量、指针

1. 变量的定义

变量是一种在程序执行过程中不断变化的量，C51 定义一个变量的格式如下：

　　[存储种类]　数据类型　[存储器类型]　变量名表 [_at_　常量表达式]

在定义格式中除了数据类型和变量名表是必要的，其他都是可选项。存储种类有四种：自动（auto）、外部（extern）、静态（static）和寄存器（register），默认类型为自动（auto）。auto 型变量属于动态局部变量，函数调用结束就释放存储空间，每调用一次赋一次初值；而 static 变量属于静态局部变量，在整个程序运行期间不释放，多次调用也只需赋一次初值；寄存器变量存放于 CPU 内部的寄存器，使程序的运行速度加快；只有 auto 型变量和形式参数能定义为寄存器型变量。静态全局变量的作用域为从变量定义开始，到本程序文件的末尾，可在函数外部定义，也可通过 extern 来声明。对一个变量只能声明一个存储类别。

使用关键字 "_at_　常量表达式"，C51 可以为变量指定存储地址，否则按所选的存储器类型或编译的模式来分配地址。需要注意的是，关键字 "_at_" 只能修饰全局变量。

（1）存储器类型

C51 扩展的存储器类型可分为 data、bdata、idata、pdata、xdata、code 六个区域，见表 4-1。说明在 C51 中定义一个变量，虽然不需要指定它的位置，但是必须确定变量在哪个寻址空间。这是因为当 C51 编译器把 "int i=1;" 编译成汇编语言时，不同的寻址空间，采用的指令与寻址方式不同，有 MOV、MOVX 指令，还有直接、间接等多种寻址方式。

① data 区：data 区的变量存放在内部 RAM，采用 MOV 指令和直接寻址来访问变量，故寻址是最快的，所以应该把使用频率高的变量定义在 data 区。例如：

　　unsigned　char　data　system_status=0;

因为 C51 使用默认的寄存器组来传递参数，而位于 80H～FFH 的高 128 个字节 RAM 区

则在 52 芯片中才可用，且只能用间接寻址，因此 51 系列内部的 data 区只有 120 个字节可用，而 data 区除了包含程序变量外，还包含了堆栈和寄存器组，当内部堆栈溢出时，程序会莫名其妙的复位，因此要预留足够大的堆栈空间，data 区只能存有限个变量。

② bdata 区：bdata 区的变量存放在单片机内部的可位寻址区，可用 sbit 声明字节中的位变量。这对状态变量来说是十分有用的，因为它需要单独地使用变量的某一位。下面定义了两个状态变量，分别位于 data 和 bdata 区，通过三种方式访问状态变量的特定位 D3（由于返回值的类型为 bit 型，汇编代码中最后返回的是标志位 CY 的值），注意它们的区别。

```
unsigned char data byte_status=0x43;        //定义一个位于 data 区状态变量
unsigned char bdata bit_status=0x43;        //定义一个位于 bdata 区状态变量
sbit    status_3=bit_status^3;              //定义了一个位变量，为 bit_status 的第 3 位
```

方法一：bit   use_bit_status(void) {return(bit)(status_3);}，目标代码如下：

```
0000 A200          MOV      C,status_3
0002 22            RET
```

方法二：bit   use_bitnum_status(void){return(bit)(bit_status^3);}，目标代码如下：

```
0000 E500          MOV      A,bit_status
0002 6403          XRL      A,#03H
0004 24FF          ADD      A,#0FFH
0006 22            RET
```

方法三：bit   use_byte_status(void){return   byte_status&0x08;}，目标代码如下：

```
0000    E500       MOV      A,byte_status
0002    A2E2       MOV      C,ACC.3
0004    22         RET
```

第一种方式和第二种方式将状态变量都定义在 bdata 区，但第一种通过定义位变量，第二种采用偏移量来寻址特定位，第三种方式将状态变量定义在 data 区。通过代码对比可知：对位变量进行寻址产生的汇编代码比检测定义在 data 段的状态字节位所产生的汇编代码要好，而采用偏移量寻址定义在 bdata 段中的状态字节的位，编译后的代码是错误的。因此在处理 bdata 区的特定位时，需定义位变量。

③ idata 区：idata 区的变量存放在内部 RAM，使用 R0、R1 间接寻址。和外部存储器寻址比较，它的指令执行周期和代码长度都比较短。例如：

```
unsigned  char  idata  system_status=0;
float  idata  outp_value;
```

④ pdata 和 xdata 区：pdata 和 xdata 区的变量存在外部的数据存储器，访问该区的变量需要两个机器周期。pdata 区只有 256B，使用"MOVX   @Ri"寻址；而 xdata 区可达 64KB，使用"MOVX   @DPTR"寻址，因此对 pdata 区的寻址比对 xdata 区快。

【例 4-2】采样 P1、P2 口的值存放在变量 inp_reg1 和 inp_reg2。

```
#include  <reg51.h>
unsigned  char  pdata  inp_reg1;
unsigned  char  xdata  inp_reg2;
void main(void)
{P1=0xff, P2=0xff;        //定义 P1、P2 为输入口
  inp_reg1=P1;
```

```
        inp_reg2=P3;
    }
```

在上例中，存放 P1 口的采样值速度较快，应尽量把外部数据存储在 pdata 段中。

外部数据存储器中除了包含存储器外，还包含 I/O 口。对外部 I/O 口或 RAM 固定地址的访问还可用以下两种绝对地址的访问方式。

【例 4-3】写数据 0xFF 到外部数据存储器 0x00F0 单元。

第一种：

```
#include    <absacc.h>    // 加载 C51 编译器提供的绝对地址访问宏定义 XBYTE 的头文件
XBYTE[0x00F0]=0xFF; //使用宏定义 XBYTE[固定地址]对 0x00F0 单元进行写操作
```

第二种：

```
char    xdata    porta    _at_    0x00F0; //将全局变量 potra 定义在外部 0x00F0 单元
porta=0xFF;
```

⑤ code 区：存放在 code 区中的数据在程序编译时初始化，因此，只能存放常量、数据表、跳转向量和状态表。

（2）编译模式

定义变量时，如果省略存储器类型，则系统按 C51 编译器的编译模式 Small、Compact 或 Large 来决定变量、函数参数等的存储区域。

① Small 小模式：在这种模式下，data 段是所有内部变量和全局变量的默认存储段，所有参数传递都发生在 data 段中。如果有函数被声明为再入函数，编译器会在内部 RAM 中为它们分配空间。这种模式的优势就是数据的存取速度很快，但只有 120 个字节的存储空间可供存放变量、堆栈使用（至少有 8 个字节被寄存器组使用）。

② Compact 压缩存储模式：在这种模式下，变量将被分配在外部 pdata 段中，寻址通过"MOVX @Ri"形式进行，由 P2 口输出高位地址，堆栈位于内部 RAM。

③ Large 大存储模式：在这种模式下，所有变量被分配在外部 xdata 段中，寻址通过"MOVX @DPTR"形式进行，访问速度最慢。Keil C51 尽量使用内部寄存器组进行参数传递，在寄存器组中可以传递参数的数量和压缩存储模式一样。再入函数的模拟栈将在 xdata 中。所以要仔细考虑变量应存储的位置，使数据的存储速度得到优化。

2．常量的定义

常量是在程序运行过程中不能改变值的量，如固定的数据表、字库等。C51 有以下几种定义方法：

（1）用宏定义语句定义常量，如

```
#define    False    0;        //定义 False 为 0，True 为 1
#define    True    1;
```

在程序中用到 False，编译时自动用 0 替换，同理 True 替换为 1。

（2）用 const 和 code 来定义常量。

```
unsigned    int    code    a=100;        //用存储类型 code 把 a 定义在程序存储器中并赋值
const    unsigned    int    c=100;        //用 const 定义 c 为无符号 int 常量并赋值
unsigned    char    code    x[]={0x00,0x01,0x02,0x03,0x04,0x05,0x06}
```

a、c、数组 x 的值都保存在程序存储器中，在运行中是不允许被修改的，如果对常量 a、c 赋值之后，再次应用类似"a=110;c++"这样的赋值语句，编译时将会出错。

3. 指针

指针是一个包含地址的变量，可对它所指向的变量进行寻址，就像在汇编中用@R0 和 @DPTR 进行寻址一样。使用指针可以很容易地从一个变量移到下一个变量，故特别适合对大量变量进行操作的场合。C51 指针变量的定义形式如下：

数据类型 [存储器类型] *标识符;

其中，"标识符"是所定义的指针变量名。"数据类型"说明指向何种类型的变量。"存储器类型"是 C51 编译器扩展的可选项。带有此项，指针被定义为基于存储器的具体指针；反之则被定义为通用指针。

当存储器类型为 data、idata、pdata，具体指针的长度为 1 个字节，使用 8 位的指针 R0 或 R1；当存储器类型为 code、xdata 时，具体指针的长度为两个字节，使用 16 位的指针 DPTR 或 PC；而通用指针在内存中占用 3 个字节，第 1 个字节存放该指针存储器类型的编码，如下所示：

存储器类型	idata	xdata	pdata	data	code
编码值	1	2	3	4	5

第二字节和第三字节分别存放该指针偏移量的高 8 位和低 8 位地址。例如，将 xdata 区的地址 0x1234 作为通用指针，将占据 3 个字节，如下所示：

地址	+0	+1	+2
内容	0x02	0x12	0x34

采用强制类型转换可以使指针变量获取绝对地址，如

```
char   xdata  *pa              //定义基于 xdata 的具体指针
int    *intpa                  //定义一般指针
pa=(char xdata *)0xB000        //pa 指向 xdata 区的地址为 B000H 的单元
intpa=(int *)0x21234L          //intpa 指向 xdata 区的地址为 1234H 的单元
```

在下面的例子中，使用通用指针的第一个循环需要 378 个处理周期，使用具体指针只需要 151 个处理周期，因此一般都不使用通用指针。

```
#include   <absacc.h>
char  * generic_ptr;           //定义通用指针
char   data * xd_ptr;          //定义基于 data 区的具体指针
char   mystring[]="Test output";
main()
    { generic_ptr=mystring;
      while(*generic_ptr) { XBYTE[0x0000]=*generic_ptr; generic_ptr++;}
      xd_ptr=mystring;
      while (*xd_ptr) { XBYTE[0x0000]=*xd_ptr;xd_ptr++;}
    }
```

4.2.3 C51 的复杂数据类型

1. 数组类型

数组是一组同类型的有序数据的集合，数组中的各个元素可以用数组名和下标来唯一确定。一维数组只有一个下标，多维数组有一两个以上的下标。在 C51 中，数组必须先定义，

然后才能使用。一维数组的定义形式如下：

> 数据类型　[存储器类型]　数组名[常量表达式]

其中，"数据类型"说明数组中各元素的类型，"数组名"整个数组的标识符，"常量表达式"说明了该数组所含元素的个数，必须用"[ ]"括起来，不能为变量。如下所示：

> unsigned　int　data　xx[15];

> unsigned　int　idata　yy[20];

定义多维数组时，只要在数组名后面增加相应维数的常量表达式即可。对于二维数组的定义形式如下：

> 数据类型　[存储器类型]　数组名[常量表达式 1] [常量表达式 2]

需要指出的是，因 C 语言中数组的下标是从 0 开始的，在引用数值数组时，只能逐个引用数组中的各个元素，而不能一次引用整个数组；但如果是字符数组则可以一次引用整个数组。

2．结构

结构是一种构造类型的数据，它将不同类型的数据变量有序地组合在一起，形成一种数据的集合体，整个集合体使用一个单独的结构变量名。使用结构在程序中有利于对一些复杂而又具有内在联系的数据进行有效的管理。集合体内的各个数据变量称为结构成员。由于结构可由不同类型的数据成员组成，故定义时需对各个成员进行类型说明，形成"结构元素表"。

（1）结构变量的定义

结构变量的定义有三种方法，如下所示：

① 先定义结构类型，再定义结构变量名，格式为：

> struct　结构名

> 　　{结构元素表};

> struct 结构名 结构变量名 1,结构变量名 2,……,结构变量名 n;

② 定义结构类型的同时定义结构变量名，格式为：

> struct　结构名

> {结构元素表}结构变量名 1,结构变量名 2,……,结构变量名 n;

③ 直接定义结构变量，格式为：

> struct {结构元素表}结构变量名 1,结构变量名 2,……,结构变量名 n;

（2）结构变量的引用

结构变量的引用是通过对结构成员的赋值、存取、运算来实现的。结构成员引用的一般格式为

> 结构变量名.结构成员

例如，描述一天的时间时，需要定义时、分、秒三个变量，还要定义一个天的变量。通过使用结构，可以把这四个变量定义在一起，给它们一个共同的名字。如下所示：

> struct time_str

> { unsigned char hour,min,sec;

> 　　unsigned int days;

> }time_of_day;　　　　　//定义一个类型名为 time_str 的结构和一个结构变量 time_of_day。

> Struct　time_str　oldtime,newtime;　　//定义了 oldtime、newtime 两个新的结构变量

表 4-4　time_str 结构类型的存储

偏移量	成员名	字节数
0	hour	1
1	min	1
2	sec	1
3	days	2

在 C51 中，结构被提供了连续的存储空间，成员名用来对结构内部进行寻址，因此结构 time_str 占据了连续 5 个字节的空间，见表 4-4，空间内变量的顺序和定义时一样。

结构成员的引用如下：

time_of_day.hour=XBYTE[HOURS];

time_of_day.days=XBYTE[DAYS];

结构变量可以很容易地复制：

oldtime=time_of_day;　//其等效于 oldtime.hour=newtime.hour;……oldtime.days=newtime.days;

3. 联合

联合和结构很相似，也是由一组相关的变量构成的构造类型的数据。但联合的成员只能有一个起作用，它们分时地使用同一个内存空间，大大地提高了内存的利用率。联合的成员可以是任何有效类型，包括 C 语言本身拥有的类型和用户定义的类型，如结构和联合。联合类型变量的定义格式为：

union 联合类型名

{成员表列}变量表列;

例如：

union time_type

{unsigned long secs_in_year;　//用一个长整形 secs_in_year 来存放从这年开始到现在的时间

struct time_str time;　//用 time_str 结构来存储从这年开始到现在的时间

}mytime;　　　　　　　//定义了一个 time_type 联合类型和 mytime 联合变量

不管联合包含什么，可在任何时候引用它的成员。其引用方法与结构相同，如

mytime.secs_in_year=JUNEIST;

mytime.time.hour=5;

联合的成员具有相同的首地址，因此，联合空间大小等于联合中最大的成员所需的空间，time_type 联合的结构见表 4-5，占据的空间为 5 个字节。

表 4-5　time_type 联合类型的存储

偏移量	成员名	字节数
0	secs_in_year	4
0	time	5

当联合的成员为 secs_in_year 时，第 5 个字节没有使用。联合经常被用来提供同一个数据的不同的表达方式。例如，假设有一个长整型变量用来存放 4 个寄存器的值，如果希望对这些数据有两种表达方法，可以在联合中定义一个长整型变量，同时再定义一个字节数组。如下所示：

union status_type{

unsigned char status[4];

unsigned long status_val;

}io_status;

io_status.status_val=0x12345678;

if(io_status.status[2]&0x10)

{… }

4．枚举类型

（1）枚举定义

枚举数据类型是变量可取的所有整型常量的集合。枚举定义时列出这些常量值，枚举类型的定义、变量说明语句的一般格式为：

>   enum 枚举名{枚举值列表} 变量列表；

也可以分成两句完成：

>   enum 枚举名{枚举值列表}；
>   enum 枚举名 变量列表；

（2）枚举取值

枚举列表中，每一个符号项代表一个整数值。在默认情况下，第一个符号项取值为 0，第二个符号项取值为 1，……，依次类推。此外，也可以通过初始化，指定某项的符号值。某项符号初始化后，该项后续各项符号值随之依次递增。例如：

>   enum direction{up, down, left=5, right}i; i=down;

该枚举类型可取的数据为 up、down、left、right，C 编译器将符号 up 赋值为 0，down 赋值为 1，left 赋值为 5，right 赋值为 6，i 赋值为 1。

4.2.4 C51 的运算符和表达式

C51 的运算符和表达式与 ANSI C 相同。

1．赋值运算符和赋值表达式

用赋值运算符"="将一个变量与一个表达式连接起来的式子为赋值表达式。在表达式后面加";"便构成了赋值语句，如下所示：

```
a=0xFF;              //将常数十六进制数 FF 赋予变量 a
b=c=33;              //赋值表达式的值为 33，变量 b、c 的值均为 33
d=(e=4)+(c=6);       //表达式的值为 10，e 为 4，c 为 6，d 为 10
f= a+b;              //将变量 a+b 的值赋予变量 f
```

由上面的例子可以知道：赋值运算符按照"从右到左"的结合原则，先计算出"="右边的表达式的值，然后将得到的值赋给左边的变量，同时该值也是此赋值表达式的值；而且右边的表达式中还可以包含赋值表达式。

2．算术运算符和算术表达式

C51 中的算术运算符有+（加或取正值）、−（减或取负值）、*（乘）、/（除）、%（取余），其中只有取正值和取负值运算符是单目运算符，其他都是双目运算符。用算术运算符和括号将运算对象连接起来、符合 C 语法规则的式子称为算术表达式。例如：

>   a+b*(10-a)，(x+9)/(y-a)

C 语言规定了运算符的优先级（即先乘除后加减）和结合性（在优先级相同时，结合方向为"自左至右"），同样可用括号"()"来改变优先级。当两侧数据类型不一致时，由 C 编译程序自动转化或由强制类型运算符强制转化为同一类型，然后再进行运算。自动转换按从低到高的规则进行，如图 4-1 所示。char 可向 int 或 unsigned int 转化，强制类型转化的格式为：

图 4-1 自动类型转换规则

(类型名)(表达式)

例如：

(double)a　　　　//将 a 强制转换成 double 型

(int)(x+y)　　　　//将 x+y 强制转换成 int

除法运算符和一般的算术运算规则有所不同：两浮点数相除，其结果为浮点数，如 10.0/20.0 所得值为 0.5；而两个整数相除时，所得值是整数，如 7/3 的值为 2。

另外，C 语言中还有以下自增、自减运算符：

++i、--i（在使用 i 之前，先使 i 的值加（减）1）

i++、i--（在使用 i 之后，使 i 的值加（减）1）

若 i=3，执行"j=i++;"和"k=++i;"两句语句的结果为 j=3、k=5。自增、自减运算符只能用于变量，不能用于常量或表达式，且结合方向为"自右至左"。执行"m=-i++;"，则 m=-3、i=4。

3．关系运算符和关系表达式

在 C 语言中有六种关系运算符：>（大于）、<（小于）、>=（大于等于）、<=（小于等于）、==（等于）、!=（不等于），前四个具有相同的优先级，后两个也具有相同的优先级，但是前四个的优先级比后两个高。关系运算符的优先级低于算术运算符，但高于赋值运算符。

用关系运算符将两个表达式连接起来的式子就是关系表达式。关系表达式通常是用来判别某个条件是否满足。关系运算的结果只有 0 和 1 两种，也就是逻辑的真与假。当指定的条件满足时结果为 1，不满足时结果为 0。如

I<J, I==J, J+I>J,(a=3)>(b=5)

4．逻辑运算符和逻辑表达式

关系运算符所能反映的是两个表达式之间的大小、等于关系，其结果只有 0 和 1 两种，也就是逻辑量。逻辑运算符则用于对逻辑量进行运算，用逻辑运算符将关系表达式或逻辑量连接起来就是逻辑表达式。

逻辑表达式的一般形式为：

① 逻辑与：条件式 1&&条件式 2

② 逻辑或：条件式 1 || 条件式 2

③ 逻辑非：!条件式

逻辑与，就是当条件式 1"与"条件式 2 都为真时，结果为真（非 0 值），否则为假（0 值）。逻辑或，当两个条件式中只要有一个为真时，结果就为真，只有当两个条件式都为假时，结果才为假。逻辑非则是把条件式取反，也就是说当条件式为真时，结果为假，条件式为假时，结果为真。

同样逻辑运算符也有优先级别，!（逻辑非）→&&（逻辑与）→||（逻辑或），逻辑非的优先级最高。

5．位运算符

MCS-51 的汇编语言具有较强的位处理能力，但是 C 语言也能对运算对象进行按位操作，从而使 C 语言也具有一定的对硬件直接进行操作的能力。位运算符的作用是按位对变量进行运算，但是并不改变参与运算的变量的值。如果需改变变量的值，则要利用相应的赋值运算。另外，不能对浮点型数据进行位运算。C 中共有 6 种位运算符：~（按位取反）、<<

（左移）、>>（右移）、&（按位与）、^（按位异或）、|（按位或）。

位运算符也有优先级，从高到低依次是~（按位取反）→<<（左移）→>>（右移）→&（按位与）→^（按位异或）→|（按位或）。表 4-6 是位逻辑运算符的真值表。

表 4-6　位逻辑运算符的真值表

X	Y	~X	~Y	X&Y（与）	X|Y（或）	X^Y（异或）
0	0	1	1	0	0	0
0	1	1	0	0	1	1
1	0	0	1	0	1	1
1	1	0	0	1	1	0

&：只有两个二进制位都为 1 时，结果为 1，否则为 0。

|：两个二进制位中只要有一个为 1 时，结果就为 1；都为 0 时，结果才为 0。

^：两个二进制位相同时，结果为 0，相异时，结果为 1。

~：用来对一个二进制位取反，即将 0 变为 1，1 变为 0。

<<：用来将一个数的各二进制位全部左移若干位，右面补 0，高位左移后溢出舍弃不起作用。如 a=a<<2，若 a=15（a 为 8 位，char 型），即 a=00001111B，左移 2 位后，a=00111100。左移 1 位相当于该数乘以 2（不包括溢出），左移 n 位相当于该数乘以 2^n。

>>：用来将一个数的各二进制位全部右移若干位，无符号数高位补 0，低位右移后溢出舍弃不起作用。如 a=a>>2，若 a=15（a 为 8 位，char 型），即 a=00001111B，右移两位后，a=00000011。

6．复合赋值运算符

复合赋值运算符就是在赋值运算符"="的前面加上其他运算符。以下是 C 语言中的复合赋值运算符：

+=（加法赋值）、>>=（右移位赋值）、-=（减法赋值）、&=（逻辑与赋值）、*=（乘法赋值）、|=（逻辑或赋值）、/=（除法赋值）、^=（逻辑异或赋值）、%=（取模赋值）、-=（逻辑非赋值）、<<=（左移位赋值）。

其含义就是变量与表达式先进行运算符所要求的运算，再把运算结果赋值给参与运算的变量。其实这是 C 语言中一种简化程序的一种方法，凡是双目运算都可以用复合赋值运算符去简化表达。例如：

a+=56 等价于 a=a+56

y/=x+9 等价于 y=y/(x+9)

明显采用复合赋值运算符会降低程序的可读性，但这样却可以使程序代码简单化，并能提高编译的效率。

7．逗号运算符

在 C 语言中逗号可以将两个或多个表达式连接起来，形成逗号表达式。如下所示：

表达式 1,表达式 2,表达式 3,……,表达式 n

在程序运行时，按从左到右的顺序计算出各个表达式的值，而整个逗号表达式的值等于最右边表达式的值，就是"表达式 n"的值。在实际的应用中，使用逗号表达式的目的只是为了分别得到各个表达式的值，而并不一定要得到和使用整个逗号表达式的值。另外，并不是在程序中出现的逗号，都是逗号运算符。例如，函数中的参数、同类型变量的定义中的逗号只是用做间隔符，而不是逗号运算符。

8．条件运算符

"?"条件运算符是一个三目运算符，把三个表达式连接构成一个条件表达式。条件表达式的一般形式如下：

逻辑表达式? 表达式 1:表达式 2

条件运算符就是根据逻辑表达式的值选择条件表达式的值。当逻辑表达式的值为真时（非 0 值）时，条件表达式的值为表达式 1 的值；当逻辑表达式的值为假（0）时，条件表达式的值为表达式 2 的值。要注意的是，在条件表达式中，逻辑表达式的类型可以与表达式 1 和表达式 2 的类型不一样，如

min = (a<b)?a:b   //当 a<b 时，min=a，否则 min=b。

9．指针和地址运算符

在 C 语言中提供了两个专门用于指针和地址的运算符：*（取内容）、&（取地址）。取内容和地址的一般形式分别为：

变量=*指针变量

指针变量=&目标变量

*运算是将指针变量所指向的目标变量的值赋给左边的变量，&运算是将目标变量的地址赋给左边的指针变量。要注意的是，指针变量中只能存放地址（也就是指针型数据），一般情况下不要将非指针类型的数据赋值给一个指针变量。

4.3　C51 的程序流控制语句

C51 的程序流程控制语句与 ANSIC C 相同，C 语言是一种结构化的程序设计语言，提供了相当丰富的程序控制语句，而表达式语句是最基本的一种语句。在 C 语言中，表达式后面加入分号 ";" 就构成了表达式语句。在 C 语言中还有一个特殊的表达式语句，称为空语句，它仅仅是由一个分号 ";" 组成。空语句的作用是使语法正确，没有实际的运行效果。空语句通常有以下两种用法：

（1）while、for 型循环语句后面加一个分号，形成一个不执行任何操作的空循环体，如

for (;a<50000;a++);

第一个分号也应该算是空语句，它会使 a 赋值为 0（但如在 for 循环前 a 已赋值，则 a 的初值为 a 的当前值），最后一个分号则形成了一个空循环体，类似于单片机中的 NOP 指令，循环执行 NOP 指令 50 000 次，用做延时用。

（2）在程序中为有关语句提供标号，使相关语句能跳转到所指定的位置。常常用在 goto 语句中，如

loop;

......

goto loop

C51 程序流控制语句包括 if 选择语句、switch-case 多分支选择语句及 while 循环语句等。

1．if 选择语句

if 选择语句有以下 4 种应用形式：

（1）形式一

  if(条件表达式)　　{语句行;}

如果条件表达式的值为真，则执行{}中的语句行，否则跳过{}而执行下面的其他语句。

（2）形式二

  if(条件表达式)　　{程序体 1;}

   else　　　　　　{程序体 2;}

如果条件表达式的值为真，则执行程序体 1 中的语句行，跳过 else 后面的程序体 2，否则跳过程序体 1 执行程序体 2 中的语句行。

（3）形式三

  if(表达式 1){语句 1}

  else　if(表达式 2){语句 2}

  else　if(表达式 3){语句 3}

  ……

  else　if(表达式 n){语句 n}

  else 语句 m

如果表达式 1 成立，则执行语句 1；表达式 1 不成立，但表达式 2 成立，则执行语句 2；表达式 1、2 不成立，但表达式 3 成立，则执行语句 3；……表达式 1~n 都不成立，则执行语句 m。

（4）if 语句的嵌套

在 if 语句中又包含一个或多个 if 语句，称为 if 语句的嵌套，如下所示：

  if　(表达式 1)

   if(表达式 2)　　{语句 1;}

   else　　{语句 2;}

  else

   if(表达式 3)　　{语句 1;}

   else　　{语句 2;}

此时应注意 if 与 else 的配对关系，从最内层开始，else 总是与它上面最近的（未曾配对的）if 配对。如果 if 与 else 的数目不一致，也可加花括号来确定配对关系，如

  if　(表达式 1)

   { if(表达式 2)　　语句 1;}

  else　　{语句 2;}

表达式 1、2 均成立时，则执行语句 1；表达式 1 不成立时，执行语句 2。

2．switch-case 选择语句

switch-case 选择语句的一般形式如下：

  switch(表达式)

  case　常量表达式 1:语句 1;[break;]

  case　常量表达式 2:语句 2;[break;]

  ⋮

```
        case    常量表达式 n:语句 n;[break;]
    default:语句 n+1;
```

当 switch 表达式中的值与某一个 case 后面的常量表达式的值相等时，就执行此 case 后面的语句；若与所有的 case 后面的常量表达式都不匹配时，就执行 default 后面的语句。执行完一个 case 后面的语句后，控制流程转移到下一个 case 后面的语句继续执行，不再判断。因此，若希望在执行完一个 case 分支后，使流程跳出 switch 结构，即终止 switch 语句的执行，可以在 case 分支的语句后加 break 语句来达到此目的。

3．while 循环语句

在 c 语言中用来实现循环的语句有以下两种：

形式一

```
    while (条件表达式)    {循环体}
```

当条件表达式为真时，执行循环体内的动作，结束再返回到条件表达式重新测试，直到条件表达式为假，跳出循环，执行下一句语句。

形式二

```
    do {循环体}
    while(条件表达式);
```

先执行循环体，再测试条件表达式，若为真，则继续执行循环体，直到条件表达式为假，跳出循环，执行下一句语句。

4．for 循环语句

```
    for (表达式 1;表达式 2;表达式 3){循环体}
```

先求解表达式 1，再判断表达式 2 的真假；若为真，则执行循环体内的动作，然后求解表达式 3，再返回重新判断表达式 2；若为假，则跳出循环，执行 for 语句后面的下一句语句。

4.4 编译预处理命令

4.4.1 宏定义

宏定义的一般格式是：

```
    #define    宏名    字符串
```

以一个宏名来代表一个字符串，这个字符串可以是常数、表达式或含有参数的表达式或空串。当在程序中任何地方使用宏名时，编译器都将以所代表的字符串来替换。当需要改变宏时，只要修改宏定义处。在程序中如果多次使用宏，会占用较多的内存，但执行速度较快。用宏来替代程序中经常使用的复杂语句，可缩短程序，且有更好的可读性和可维护性。例如：

```
    #define   led_on() {led_state=LED_ON;XBYTE[LED_CNTRL]=0x01;}
    #define   led_off() {led_state=LED_OFF;XBYTE[LED_CNTRL]=0x00;}
    #define   checkvalue(val) ((val < MINVAL || val > MAXVAL)? 0:1 )
```

4.4.2 条件编译

一般情况下对 C 语言程序进行编译时，所有的程序行都参加编译，但是有时希望对其中的一部分内容只在满足一定条件时才进行编译，这就是条件编译。条件编译可以根据实际情况，选择不同的编译范围，从而产生不同的代码。条件编译的格式为：

格式一

```
#if 表达式    语句行;      //如果表达式成立，则编译#if 后的语句行
#else    语句行;          //否则编译#else 后的语句行，至#endif
#endif                    //结束条件编译
```

格式二

```
#ifdef  宏名    //如果宏名已被定义过，则编译下面的语句行
语句行;
#endif
```

格式三

```
#ifndef  宏名    //如果宏名未被定义过，则编译下面的语句行
语句行;
#endif
```

例如：在调试程序时，常常希望输出一些所需的信息，而在调试完成后不再输出这些信息，可以在源程序中插入以下的条件编译段。

```
# ifdef   DEBUG
    printf("x=%d,y=%d,z=%d\n",x,y,z);
#endif
```

如果在它的前面有命令行 "#define   DEBUG"，则在程序运行时输出 x、y、z 的值，帮助调试分析。调试结束时只需将这个 define 命令行删去即可。

4.4.3 文件包含

文件包含命令的功能是用指定文件的全部内容替换该预处理行。其格式如下：

```
#include  <文件名>
```

或

```
#include"文件名"
```

格式中使用引号与尖括号的意思是不一样的。使用"文件名"时，首先搜索工程文件所在目录，然后再搜索编译器头文件所在目录。而使用<文件名>时，搜索顺序刚好相反。假设有两个文件名一样的头文件 hardware.h，但内容却是不一样的。文件 I 保存在编译器指定的头文件目录下，文件 II 保存在当前工程的目录下，如果使用 "#include <hardware.h>"，则引用到的是文件 I。如果使用 "#include "hardware.h""，则引用的是文件 II。

在进行较大规模程序设计时，可以将组成系统的各个功能函数分散到多个.c 的程序文件中，分别编写和调试，再建立公共引用头文件，将需要引用的库头文件、标准寄存器定义头文件、自定义的头文件、全局变量等均包含在内，供每个文件引用。同时每个.c 文件又对应一个.h 头文件，包含了函数声明、宏定义、结构体类型定义和全局变量定义；然后通过 "#include" 命令，将它们的头文件嵌入到一个需调用的程序文件中去。为了避免重复引用而

导致的编译错误，hardware.c 文件的头文件 hardware.h 如下所示：

```
#ifndef  _HARDWARE_H__   //
#define  _HARDWARE_H__
代码部分; //hardware.c 文件中的函数声明、变量声明、常数定义、宏定义等
#endif
```

这样写的意思就是，如果没有定义__HARDWARE_H__，则定义__HARDWARE_H__，并编译下面的代码部分，直到遇到#endif。这样，当重复引用时，由于__HARDWARE_H__已经被定义，则下面的代码部分就不会被编译了，这样就避免了重复定义。

在其他文件需调用 hardware.c 中的功能函数时，只需用#include "hardware.h"加载函数的头文件，就可避免先调用，后定义的错误。

4.4.4　数据类型的重新定义

在 C 语言中可以用类型定义来重新命名一个给定的数据类型。数据类型重新定义的格式如下：

```
typedef  已有的数据类型名   新的数据类型名;
```

例如：

```
typedef  struct   time_str
{unsigned char hour,min,sec;
unsigned int days;
}time_type    // 给结构 time_str 一个新的名字 time_type
time_type   time,*time_ptr,time_array[10]   // 以 time_type 作为变量的数据类型
typedef  unsigned char   ubyte  //用 ubyte 代替 unsigned   char 数据类型
```

使用类型定义可使代码的可读性加强，并缩短 C 程序变量定义中的类型说明。

4.5　C51 的编程技巧

通常，在 C51 编程中，应注意使用下述技巧：

（1）采用短变量。

对 8 位的单片机来说，变量使用 int 类型是一种极大的浪费。应该仔细考虑所声明的变量值可能的范围，然后选择合适的变量类型。很明显，经常使用的变量应该是 unsigned char，只占用 1 个字节。

（2）使用无符号类型 unsigned。

由于 8051 不支持符号运算，因此定义变量时，除了根据变量长度来选择变量类型外，还要考虑变量是否会用于负数的场合。如果不需要负数，应把变量都定义成无符号类型的。

（3）使用位变量。

对于某些标志位，应使用位变量而不是 unsigned char。这将节省内存空间，而且位变量在 RAM 中，访问它们只需要 1 个处理周期。

（4）为变量分配内部存储区。

按下面的顺序使用存储器：data、idata、pdata、xdata，从而将局部变量和全局变量定义在所要的存储区中，可缩短程序代码，同时使程序的速度得到提高。

（5）使用基于存储器的指针。

为使代码紧凑，在程序中使用指针时，除了指定指针的类型，还应确定它们指向哪个区域（如 xdata 区），就是使用基于存储器的指针。

（6）使用调令。

对于一些简单的操作，如变量循环位移，编译器提供了一些调令供用户使用。许多调令直接对应着汇编指令。

和单字节循环位移指令 RL A 和 RR A 相对应的调令是_crol_和_cror_，与 JBC 相对应的调令为_testbit_；如果测试位置 1 将返回 1，并将测试位清 0，否则将返回 0。这条调令在检查标志位时十分有用，同时使 C 的代码更具有可读性，如下所示：

```
#include   <reg51.h>
#include   <instrins.h>
sbit   P1_0=P1^0;
void serial_intr(void) interrupt   4
            {   if (_testbit_(TI))// 是发送中断
              { P1_0=1;      // 翻转 P0.0
                _nop_();         // 等待 1 个指令周期
                P1_0=0;
                ……
            }
         if (_testbit_(RI))//是接收中断
               {test=_cror_(SBUF, 1); // 将 SBUF 中的数据循环右移 1 位
               ……}
            }
```

（7）注意使用 C 语言所提供的四种编译预处理命令，可以给编程带来许多方便。

4.6　Keil C51 库函数原型列表

C51 编译器提供了丰富的库函数，使用库函数提高了编程的效率，用户可以根据需要随时调用。每个库函数在相应的头文件中都给出了函数的原型，使用时只需在源程序的开头用编译预处理命令"#include"将相关的头文件包含进来即可。下面就一些常用的 C51 库函数分类做一些介绍。

1．CTYPE.H 字符函数库

bit isalnum(char c)：检查字符是否为英文字母或数字，是则返回 1，否则返回 0。

bit isalpha(char c)：检查字符是否为英文字母，是则返回 1，否则返回 0。

bit iscntrl(char c)：检查字符是否为控制字符（ASCII 码的 00H～1FH、7FH），是则返回 1，否则返回 0。

bit isdigit(char c)：检查字符是否为数字，是则返回 1，否则返回 0。

bit isgraph(char c)：检查字符是否为可打印字符（21H～7EH），是则返回 1，否则返回 0。

bit isprint(char c)：与 isgraph 功能相近，只是还接受空格符。

bit islower(char c)：检查字符是否为小写英文字母，是则返回 1，否则返回 0。

bit isupper(char c)：检查字符是否大写英文字母，是则返回 1，否则返回 0。

bit ispunct(char c)：检查字符是否为标点、空格、或格式字符，是则返回 1，否则返回 0。

bit isspace(char c)：检查字符是否为下列之一：空格、制表符、回车、换行、垂直制表符和送纸。如果为真，则返回 1，否则返回 0。

bit isxdigit(char c)：检查字符是否为十六进制数字字符，是则返回 1，否则返回 0。

char toascii(char c)：将任何整型数缩小到有效的 ASCII 码范围内，即将变量与 7FH 相与，从而去掉第 7 位以上的所有数位。

char toint(char c)：将 ASCII 码字符的 0～9、A～F（大小写无关）转换成的十六进制数字。

char tolower(char c)：将大写字母转换成小写字母，如果字母不在 'A' ～ 'Z' 范围，则不做转换，直接返回该字符。

char toupper(char c)：将小写字母转换成大写字母，如果字母不在 'a' ～ 'z' 范围，则不做转换，直接返回该字符。

2. INTRINS.H 内部函数

unsigned char _crol_(unsigned char val, unsigned char n)、unsigned int _irol_(unsigned int val, unsigned char n)、unsigned long _lrol_(unsigned long val, unsigned char n)：将变量 val 循环左移 n 位，与 8051 单片机的 RL A 指令相关。上述函数的不同之处在于参数和返回值的类型不同。

unsigned char _cror_(unsigned char val, unsigned char n)、unsigned int _iror_(unsigned int val, unsigned char n)、unsigned long _lror_(unsigned long val, unsigned char n)：将变量 val 循环右移 n 位，与 8051 单片机的 "RR A" 指令相关。上述函数的不同之处在于参数和返回值的类型不同。

void _nop_(void)：产生一个 8051 单片机的 NOP 指令，延时 1 个机器周期。bit _testbit_ (bit b)：产生一个 8051 单片机的 JBC 指令，该函数对字节中的一位进行测试。如果该位置位，则函数返回 1，同时将该位复位为 0，否则返回 0。

3. STDIO.H 输入/输出流函数

通过 8051 的串口或用户定义的 I/O 口读写数据，默认为 8051 串口，如要修改，比如改为 LCD 显示，可修改 lib 目录中的 getkey.c 及 putchar.c 源文件，然后在库中替换它们即可。

char getkey(void)：从 8051 的串口读入一个字符，然后等待字符输入。这个函数是改变整个输入端口机制时应作修改的唯一函数。

char putchar(char c)：通过 8051 串行口输出字符。与函数 getkey 一样，这是改变整个输出机制所需修改的唯一函数。

char getchar(void)：使用 getkey 从串行口读入字符，并将读入的字符马上传给 putchar 函数输出，其他与 getkey 函数相同。

char *gets(char * string, int len)：通过 getchar 从串行口读入一个长度为 len 的字符串并存入由 'string' 指向的数组。输入一旦检测到换行符就结束字符输入，成功返回传入的参数指针，失败返回 NULL。

int puts(const char * string)：将字符串和换行符写入串行口，错误时返回 EOF，否则返回一个非负数。

int scanf(const char * fmtstr.[, argument]…)：在格式控制符的作用下，利用 getchar 函数从

串行口读入数据，每遇到一个格式控制符，就将它按顺序存入由参数指针指向的存储单元。

int printf(const char*,…)：该函数格式化字符串，并把它们输出到标准输出设备。对 PC 来说标准输出设备就是显示设备，对 8051 来说是串行口。printf 函数是通过不断的调用 putchar 函数来输出字符串的，若重新定义 putchar 函数就可以改变 printf 函数的输出功能。

int sprintf(char * s, const char *fmtstr[;argument])：与 printf 功能相似，但数据不是输出到串行口，而是通过一个指针 s，送入可寻址的内存缓冲区，并以 ASCII 码的形式存储。

int sscanf(char *s, const char * fmtstr[, argument])：与 scanf 的输入方式相似，但字符串的输入不是通过串行口，而是通过另一个以空结束的指针。

char ungetchar(char c)：将输入的字符送回输入缓冲区，下次使用 getchar 时可获得该字符，成功时返回'char'，失败时返回 EOF，不能用 ungetchar 处理多个字符。

4. STDLIB.H 标准函数库

float atof(void * string)：将字符串转换成浮点数值并返回它，字符串必须包含与浮点数规定相符的数。

int atoi(void * string)：将字符串转换成整型并返回它，字符串必须包含与整型规定相符的数。

long atoll(void * string)：将字符串转换成长整型并返回它，字符串必须包含与长整型规定相符的数。

void free(void xdata *p)：释放由 malloc 函数分配的存储空间。

void init_mempool(void xdata *p, unsigned int size)：清零由 malloc 函数分配的存储空间。

void *malloc(unsigned int size)：返回一个大小为 size 个字节的连续内存空间的指针。若返回值为 NULL，则无足够的内存空间可用。

5. STRING.H 字符串处理函数

字符串函数通常接收串指针作为输入值，一个字符串应包括两个或多个字符，字符串的结尾以空字符表示。

void *memccpy(void *s1,void *s2,char c,int len)：复制 s2 中的 len 个字符到 s1 中，复制完成，则返回值为 NULL；复制到字符 C 结束，则返回 s1 中下一个元素的指针。

void *memchr(void *buf,char c,int len)：在 buf 的头 len 个字符中查找字符 c，成功则返回指向字符 c 的指针，失败则返回 NULL。

char memcmp(void *buf1,void *buf2,int len)：逐个比较 buf1 和 buf2 中的字符，相等则返回 0，如果 buf1 大于或小于 buf2，则返回一个正数或负数。

void *memcpy(void *dest,void *src,int len)：复制 src 中的 len 个字符到 dest 中，返回指向 dest 中最后一个字符的指针。如果 src 与 dest 发生交叠，则结果不可预测。

void *memmove(void *dest, void *src, int len)：工作方式同 memcpy，但复制区域可以交叠。

6. 绝对地址访问 absacc.h

该文件中实际只定义了几个宏，以确定各存储空间的绝对地址。

（1）#define　CBYTE　((unsigned char *)0x50000L)
　　　#define　DBYTE　((unsigned char *)0x40000L)
　　　#define　PBYTE　((unsigned char *)0x30000L)

```
#define   XBYTE   ((unsigned char *)0x20000L)
```

上述宏定义用来对 MCS-51 系列单片机的存储空间 code 区、data 区、pbyte 区、xdata 区进行绝对地址的字节访问。例如，对外部存储器 0x1000 单元的访问如下：

```
x=XBYTE[0x1000];
XBYTE[0x1000]=20;
```

（2）

```
#define   CWORD   ((unsigned int *)0x50000L)
#define   DWORD   ((unsigned int *)0x40000L)
#define   PWORD   ((unsigned int *)0x30000L)
#define   XWORD   ((unsigned int *）0x20000L)
```

上述宏定义与前一个相类似，只是它们的访问类型为 unsigned int。

7. 专用寄存器 REGxxx.h 文件

专用寄存器 REGxxx.h 文件中包括了 51 系列所有的 SFR 及其中可寻址位（除 P0～P3 口外）的定义。例如，8051 对应文件为 REG51.h，一般系统若包含该头文件，就可省去对特殊功能寄存器的 P1、P2 和可寻址位 EA 等的定义。

4.7 C51 编程实例

4.7.1 基本的输入/输出

【例 4-4】MCS-51 单片机的 P0、P1、P2、P3 口具有输入缓冲/输出锁存功能，可直接与简单的输入/输出设备直接相接（如开关、LED 发光二极管）。在图 4-2 中，P3 口作为输入口，连接了 8 个开关，开关拨向左侧，为低电平，拨向右侧，为高电平；P1 口作为输出口，连接了 8 个发光二极管，输出低电平时，点亮发光管，输出高电平时，发光管不亮。连续运行下述程序，则发光二极管将显示开关状态。

图 4-2 简单的输入/输出接口电路图

```
#include   <reg51.h>
main()
```

```
{ P3=0xff;        //定义 P3 口为输入口
while（1）
P1=P3;}
```

当 P3.0 为低电平时，点亮 1 个 LED；当 P3.1 为低电平时，点亮两个 LED。其程序如下：

```
#include   <reg51.h>
sbit   P3_0=P3^0;
sbit   P3_1=P3^1;
main()
{   P3=0xff;                       //定义 P3 口为输入口
    while(1)
    { if (!P3_0)P1=0xfe;           //点亮一个 LED
      else   if(!P3_1)P1=0xfc;}    //点亮两个 LED
}
```

4.7.2　C51 软件延时

下面介绍三种 C51 中常用的软件延时方法。

1. 使用_NOP_()语句实现短暂软件延时

使用_NOP_()语句，可以定义一系列不同的延时函数，如 Delay10us()、Delay25us()、Delay40us()等存放在一个自定义的 C 文件中，需要时在主程序中直接调用。如延时 10μs 的延时函数可编写如下：

```
void   Delay10us()
{       _NOP_();
        _NOP_();
        _NOP_();
        _NOP_();
        _NOP_();
        _NOP_();
}
```

Delay10us()函数中共用了 6 个_NOP_()语句，若单片机主频为 12MHz，则每个语句执行时间为 1μs。主函数调用 Delay10us()时，先执行一个 LCALL 指令（2μs），然后执行 6 个_NOP_()语句（6μs），最后执行了一个 RET 指令（2μs），所以执行上述函数时共需要 10μs。

2. 用 for 循环语句实现软件延时

使用 "for (i=0;i<DlyT;i++);" 循环语句实现软件延时，其中 i 为 unsigned char 变量。在 Keil c 中选择 build target，然后单击 start/stop debug session 按钮进入程序调试窗口，最后打开 Disassembly window，找出与这部分循环结构相对应的汇编代码，如下所示：

```
C:0x000F   E4        CLR     A            //1T
C:0x0010   FE        MOV     R6,A         //1T
C:0x0011   EE        MOV     A,R6         //1T
C:0x0012   C3        CLR     C            //1T
```

```
C:0x0013  9F    SUBB  A,DlyT          //1T
C:0x0014  5003  JNC   C:0019          //2T，退出 for 循环
C:0x0016  0E    INC   R6              //1T
C:0x0017  80F8  SJMP  C:0011          //2T
```

可以看出，0x000F～0x0017 一共 8 条语句，并不是每条语句都执行 DlyT 次。核心循环只有 0x0011～0x0017 共 6 条语句，总共 8 个机器周期，第 1 次循环先执行 "CLR A" 和 "MOV R6,A" 两条语句，需要两个机器周期，每循环 1 次需要 8 个机器周期，但最后 1 次循环需要 5 个机器周期。故这种循环语句延时为：(2+DlyT×8+5) 个机器周期，当系统采用 12MHz 时，精度为 7μs。

3. 使用 while 语句实现软件延时

当采用 "while (DlyT--);" 循环语句实现软件延时，DlyT 的值存放在 R7 中，相对应的汇编代码如下：

```
C:0x000F  AE07  MOV   R6,R7           //1T
C:0x0011  1F    DEC   R7              //1T
C:0x0012  EE    MOV   A,R6            //1T
C:0x0013  70FA  JNZ   C:000F          //2T
```

这种循环语句的执行时间为 (DlyT+1)×5 个机器周期。

若采用改为 "while (--DlyT);" 循环语句实现软件延时，经过反汇编后得到如下代码：

```
C:0x0014  DFFE  DJNZ  R7,C:0014       //2T
```

可以看出，这时代码只有 1 句，共占用两个机器周期，循环体耗时 DlyT×2 个机器周期。但这时应该注意，DlyT 初始值不能为 0。

【例 4-5】下面的一段程序的功能是，利用延时程序实现每隔一段时间多点亮一个 LED，即先点亮一个，后点亮两个，再点亮三个，……，直到点亮八个后，又重新开始。

```
#include  <reg51.h>
main()
{   unsigned char  data x=0xfe;
    unsigned int i,j;
    while  (1)
    { P1=x;                          //点亮 P1 口所接的 LED
    for (i=0;i<10;i++)               //用双重循环实现延时
      for  (j=0;j<1000;j++);
    x=x<<1;
    if (x==0)x=0xfe;
    }
}
```

4.7.3 定时中断函数的编制

【例 4-6】利用单片机的定时中断，实现每隔 1s 点亮一个 LED，即先点亮第一个，后点亮第二个，再点亮第三个，……，直到点亮第八个后，又重新开始。

```
#include    <reg51.h>
#include    <intrins.h>
#define    RELOADVALH    0x3C
#define    RELOADVALL    0xB0
    unsigned   char   count,x=0xfe;
void   main()                          //主函数
   {   TMOD=0x01;
       TH0=RELOADVALH;          // 50ms 后溢出
       TL0=RELOADVALL;
       TR0=1;
       IE=0x82;
       while (1);               //等待中断
   }
 void   timer0()   interrupt   1    //定时器 0 中断函数
{
TR0=0; // 停止定时器 0
TH0=RELOADVALH;          // 重置时间常数
TL0=RELOADVALL;
TR0=1; // 启动 T0
count++; // 时间计数器加 1
if(count==20) { count=0;x=_crol_(x,1);P1=x;}
}
```

习题 4

1. 按下列给定的存储类型和数据类型，写出下列变量的定义形式：

（1）up、down，16 位无符号整数，使用内部数据存储器存储。

（2）flag1、flag2，8 位无符号整数，使用内部位寻址区存储。

（3）x、y、16 位无符号整数，使用外部数据存储器存储。

（4）10 个字符的字符串常量"abcdefghjk"。

2. 判断下列表达式或逻辑表达式的运算结果（1 或 0）。

（1）10==9+1

（2）0&&0

（3）10&&8

（4）8||0

（5）!（3+2）

（6）设 x=10，y=9，x>88&&y<=x

3. 对图 4-2 所示线路，利用定时器 T0 中断函数，实现每隔 1s 读取开关的状态，并将结果送到发光二极管显示出来。

4. 已知内部 RAM 中有以 array 为首地址的数据区，依次存放单字节数组长度及数组内容。编写程序实现求这组数据的和，并将和紧接数据区存放。

5. 有 5 个双字节数存放在外部 RAM 以 array 为首的单元中，求它们的平均值，并将结果存放在 average 单元中。

6. 使用 Disassembly window，i 为 unsigned int 变量时，推导"for (i=0;i<DlyT;i++);"循环语句实现软件延时的延时时间的计算公式。

第5章

MCS-51 中断系统

5.1 中断概述

5.1.1 中断的基本概念

所谓中断，是指在计算机执行程序的过程中，当出现某种情况，如发生紧急事件或其他情况时，由服务对象向 CPU 发出中断请求信号，要求 CPU 暂时中断当前程序的执行，而转去执行相应的处理程序，待处理程序执行完毕后，再返回来继续执行原来被中断的程序。在中断系统中，通常将 CPU 在正常情况下运行的程序称为"主程序"；把引起中断的设备或事件称为"中断源"；由中断源向 CPU 发出请求中断的信号称为"中断请求信号"；CPU 接受中断申请终止现行程序而转去为服务对象的服务称为"中断响应"；为对象服务的程序称为"中断服务程序"（也称中断处理程序）；现行程序中断的地方称为"断点"；为中断服务对象服务完毕后返回原来的程序称为"中断返回"；整个过程称为"中断"。

由于 CPU 执行完中断处理程序后仍要返回主程序，因此在执行中断处理程序之前，要将主程序中断处的地址（程序计数器 PC 的当前值，即如图 5-1 所示中的 $K+1$ 点）保存起来，称为"保护断点"。又由于 CPU 执行中断处理程序时可能要用到主程序中已使用过的一些资源（如累加器、寄存器），因此在 CPU 执行中断服务程序之前，必须要将有关寄存器的内容保存起来，称为"保护现场"。当 CPU 执行完中断服务程序后，还必须恢复原寄存器的内容及原程序中断处的地址，即要"恢复现场"和"恢复断点"，才能返回主程序。

图 5-1 中断过程示意图

在这里，"保护现场"和"恢复现场"是通过在中断服务程序中采用堆栈操作指令 PUSH 和 POP 指令来实现的，而"保护断点"、"恢复断点"是 CPU 在响应中断和中断返回时自动完成的。从 CPU 中止当前程序而转向另一程序这点看，中断过程很像子程序，区别在于：中断的触发信号来自中断请求信号，其发生的时间是随机的，而子程序调用是由指令 CALL 和 LCALL 引发的，无随机性。

5.1.2 中断的作用与功能

在控制系统中，常常需要 CPU 与 I/O 设备之间传送数据。由于二者速度不匹配，在单片机控制系统中，常采用查询和中断两种数据传送方式。用查询方式进行数据交换时，CPU 首先查询外设的状态，只有在外设处于准备就绪的状态时才传输数据，若未准备好，CPU 就处于等待，直到外设就绪。查询方式的优点是较好地协调了二者的速度差异，但 CPU 利用率较低，长期地处于等待，因此不适用于实时性较高的系统。中断方式的优点是 CPU 与外设并行工作，大大地提高了 CPU 的利用率和实时处理能力。

计算机系统中的中断系统常由硬件控制逻辑和中断服务程序构成。中断系统通常具有下述功能：

（1）能实现中断响应及中断的返回

当 CPU 收到中断申请后，能根据具体情况决定是否响应中断，如果没有更重要的中断请求，则在执行完当前指令后响应这一请求。响应过程包括保护现场、保护断点处地址及保护当前程序的运行状态（当前寄存器、标志位状态等），即"保护现场"；执行相应的中断服务程序；恢复现场信息。当中断服务程序执行完毕后，返回到原来被中断的程序继续执行。

（2）能实现中断优先级（权）排队

当有多个中断源同时发出中断申请时，能确定哪个中断更紧迫，以便首先响应。中断源同时提出中断申请时，优先级（权）高的中断能先被响应，只有优先级高的中断处理完毕后才能响应优先级低的中断。

（3）实现中断嵌套

当 CPU 正在处理某个中断时，若出现了更高级的新的中断请求，则 CPU 应能中断正在进行的中断处理，转去处理某个更高级的中断。这种挂起正在处理的中断，转去响应更高级别的中断的情况被称为中断嵌套。

（4）中断屏蔽

在某些情况下，CPU 可能不对中断请求信号做出响应或处理，这就是中断屏蔽。屏蔽情况由 CPU 中断屏蔽寄存器 IE 来确定。

5.1.3 常用的中断源

计算机的中断源通常有下列几种：

（1）外部中断源

当外部设备（如键盘、打印机）准备就绪时，向 CPU 发出中断请求。在 MCS-51 系列中的 $\overline{INT0}$、$\overline{INT1}$ 即为外部中断源。

（2）定时中断源

实时时钟或计数器信号，如定时器时间到或计数器溢出，则可向 CPU 发出中断请求。在 MCS-51 系列中的计数器溢出标志 TF0、TF1 即为中断源。

（3）串行中断源

串行中断源是为串行数据传送的需要而设置的。每当串行口接收或发送完一组串行数据时，就产生一个中断请求。在 MCS-51 系列中有一个全双工的串行口，发送标志为 TI、接收标志为 RI 的即为中断源。

（4）其他中断源

当采样或运算结果出现超出范围或系统停电时，可通过报警、掉电等信号向 CPU 发出中断请求；为调试程序而设置的中断源，如调试程序时，为了检查中间结果而在程序中设置的断点等。

5.2　MCS-51 中断系统

MCS-51 中断系统内部结构如图 5-2 所示。51 系列有 6 个中断源，可提供两级中断源优先级（高级中断、低级中断），实现两级中断嵌套。对每个中断源而言，根据实际需要，通过 IP 寄存器可程控为高级中断或低级中断，也可通过 IE 寄存器程控为中断开放或中断屏蔽。

图 5-2　MCS-51 中断系统内部结构

5.2.1　MCS-51 中断源

从图 5-2 中可看出，MCS-51 单片机有 6 个中断源：由 P3.2 和 P3.3 引脚输入的外部中断 0（$\overline{INT0}$）和外部中断 1（$\overline{INT1}$）；定时器 T0 和定时器 T1 溢出中断；串行口发送中断 TXD 和接收中断 RXD（通过 "或" 逻辑后看做 1 个中断源，合称串行口中断；也有的资料称 MCS-51 有 5 个中断源）。它们的中断标志 IE0、TF0、IE1、TF1、TI、RI 存放在 TCON、SCON 寄存器中。

1. 外部中断

外部中断有两个：$\overline{INT0}$ 和 $\overline{INT1}$，分电平触发和边沿触发两种形式，由特殊功能寄存器 TCON 中的 IT0、IT1 位控制。TCON 既与中断控制有关，又与定时器控制有关（请参阅第 6 章）。

特殊功能寄存器 TCON 的地址为 88H，可位寻址，每一位有相应的位地址，其格式如下：

TCON（88H）	D7	D6	D5	D4	D3	D2	D1	D0
位地址	8FH	8EH	8DH	8CH	8BH	8AH	89H	88H
功能	TF1	TR1	TF0	TR0	IE1	IT1	IE0	IT0

其中，IT0、IT1、IE0、IE1 为有关中断的控制位，其余为定时器控制位。

（1）当 IT0=0（IT1=0）时，$\overline{INT0}$（$\overline{INT1}$）为低电平触发方式。CPU 在每个机器周期的

S5P2 期间对 $\overline{INT0}$（$\overline{INT1}$）采样，一旦在 P3.2（P3.3）引脚上检测到低电平时，则认为有中断请求，使 IE0（IE1）置"1"，向 CPU 申请中断。

（2）当 IT0=1（IT1=1）时，$\overline{INT0}$（$\overline{INT1}$）为下降边沿触发方式，CPU 在每个机器周期的 S5P2 期间采样 $\overline{INT0}$（$\overline{INT1}$），当在前一周期检测到高电平，后一周期检测到低电平时，则认为有中断请求，使 IE0（IE1）置"1"，向 CPU 申请中断。在边沿触发方式中，为保证 CPU 在两个机器周期内检测到由高到低的负跳变，高电平与低电平的持续时间不得少于 1 个机器周期的时间。

（3）IE0（IE1）：$\overline{INT0}$（$\overline{INT1}$）的中断请求标志。CPU 响应中断后，由"硬件"自动将 IE0（IE1）标志清"0"。

2．定时器 T0、T1 和 T2 溢出中断

定时器 T0（T1）溢出中断标志 TF0（TF1）：当定时器 T0（T1）发生计数溢出时，由硬件将 TF0（TF1）置"1"，向 CPU 申请中断，CPU 响应中断后，由"硬件"自动清"0"。有关定时器 T0、T1 中断的具体内容，请参阅第 6 章。

定时器 T2 溢出中断标志 TF2，仅 MCS-52 具有，请读者见 6.3 节。

3．串行口中断

串行口的发送（TXD）和接收（RXD）中断标志 TI 和 RI，存放在特殊功能寄存器 SCON 中的 D1 和 D0 位，其他 6 位 D7～D2 与串行通信有关，将在第 7 章中详细分析。

特殊功能寄存器 SCON 的地址为 98H，可位寻址，每一位有相应的位地址，其格式如下：

SCON（98H）	D7	D6	D5	D4	D3	D2	D1	D0
位地址	9FH	9EH	9DH	9CH	9BH	9AH	99H	98H
功能	SM0	SM1	SM2	REN	TB8	RB8	TI	RI

RI 为接收中断标志位，TI 为发送中断标志位。其工作过程简述如下（读者在学习第 7 章内容以后，再来学习这段内容，更容易理解）：

（1）发送 TI 中断标志

当 CPU 将一个数据写入发送缓冲器 SBUF 时，就启动发送。每发送完 1 帧数据，由"硬件"自动将 TI 置"1"，向 CPU 申请中断，启动 CPU 再次输出数据。值得注意的是，CPU 响应 TI 中断请求后，不会自动将 TI 清"0"，必须由用户在中断服务程序中用指令"CLR TI"等清"0"。

（2）接收 RI 中断标志

在串行口允许接收时，即可串行接收数据。当 1 帧数据接收完成后，由"硬件"自动将 RI 置"1"，向 CPU 申请中断，从串口读入数据。同样，CPU 响应中断后，也要用指令"CLR RI"清"0"，以便接收新的数据。

串行中断请求由 TI 和 RI 的逻辑"或"后得到。也就是说，无论是发送中断标志还是接收中断标志，只要有一个为"1"，都会产生中断请求。所以把串行口的发送和接收中断统称为串行中断。有关串行中断的内容，将在第 7 章中详细描述。

5.2.2 中断控制

中断控制是指 MCS-51 提供给用户的中断控制手段，由中断允许控制寄存器 IE 和中断优

先级控制寄存器 IP 组成。它们均是特殊功能寄存器，均可位寻址。

1．中断允许控制 IE

在 MCS-51 系列单片机内部的 5 个中断源都可以屏蔽。用户可通过设置中断允许寄存器 IE 来控制中断的允许/屏蔽（见图 5-2）。IE 地址为 A8H，可位寻址，每一位有相应的位地址。复位时，IE 被清"0"。

特殊功能寄存器 IE 的格式如下：

IE（A8H）	D7	D6	D5	D4	D3	D2	D1	D0
位地址	AFH	AEH	ADH	ACH	ABH	AAH	A9H	A8H
功能	EA		*ET2	ES	ET1	EX1	ET0	EX0

EA：总中断允许控制。当 EA=1 时，开放所有中断，此时各中断源的允许和禁止可通过相应的中断允许位单独加以控制；当 EA=0 时，禁止所有中断。

ES：允许或禁止串行口中断控制位。ES=1，允许中断；ES=0，禁止中断。

ET1：允许或禁止定时器 T1 溢出中断控制位。ET1=1，允许中断；ET1=0，禁止中断。

EX1：允许或禁止 $\overline{INT1}$ 的中断控制位。EX1=1，允许中断；EX1=0，禁止中断。

ET0：允许或禁止定时器 T0 溢出中断控制位。ET0=1，允许中断；ET0=0，禁止中断。

EX0：允许或禁止 $\overline{INT0}$ 的中断控制位。EX0=1，允许中断；EX0=0，禁止中断。

*ET2：定时器 T2 溢出中断控制位。仅 MCS-52 有，ET2=1 允许中断；ET2=0，禁止中断。

2．中断优先级控制 IP

在 MCS-51 系列单片机中，中断源的优先级分为两级。对每个中断源而言，可设置为高优先级中断或低优先级中断，通过对中断优先级寄存器 IP 相应位置"1"或清"0"实现。中断优先级寄存器 IP 地址为 B8H，可位寻址，每一位有相应的位地址，格式如下：

IP（B8H）	D7	D6	D5	D4	D3	D2	D1	D0
位地址	BFH	BEH	BDH	BCH	BBH	BAH	B9H	B8H
功能			*PT2	PS	PT1	PX1	PT0	PX0

PT1：定时器 T1 中断优先级控制位。PT1=1 为高优先级；PT1=0 为低优先级。

PX1：外部中断 1（$\overline{INT1}$）中断优先级控制位。PX1=1 为高优先级；PX1=0 为低优先级。

PT0：定时器 T0 中断优先级控制位。PT0=1 为高优先级；PT0=0 为低优先级。

PX0：外部中断 0（$\overline{INT0}$）中断优先级控制位。PX0=1 为高优先级；X0=0 为低优先级。

PS：串行口中断优先级控制位。PS=1，为高优先级；PS=0 为低优先级。

*PT2：定时器 T2 中断优先级控制位。仅 MCS-52 有，PT2=1 为高优先级，PT2=0 为低优先级。

3．中断优先级及中断嵌套的执行

单片机系统有多个中断源，有时会出现多个中断源同时提出中断请求的情况。为使 CPU 能够根据中断源的重要程度，按照轻重缓急的次序响应中断，设计人员必须给每个中断源设置中断优先级别。通常把那些最紧急的事件或速度最高的设备排在最前面，然后依次降级排列。当多个中断源同时申请中断时，CPU 首先响应优先级最高的中断请求，在优先级最高的中断处理完成之后，再响应级别较低的中断。

当 CPU 执行中断服务程序时，又有优先级更高的中断申请服务，则 CPU 会中断当前的中断，进入高级的中断处理程序，待处理完毕后再恢复处理被中断的低级中断，实现中断嵌套。即高级中断能中断低级中断，如图 5-3 所示。如果新的中断请求是相同级别的或更低级别的，则 CPU 不予理睬，直至现行中断程序运行完毕后才去响应新的中断请求。

图 5-3 中断嵌套

MCS-51 系列单片机各中断源由 IP 寄存器编程设定为高优先级中断和低优先级中断，可实现两级中断嵌套。中断执行遵循的基本原则归纳如下：

（1）CPU 同时接收到几个不同优先级的中断请求时，首先响应高优先级中断，称为"高级优先"。

（2）CPU 正在执行低优先级中断时，又收到高优先级中断请求，CPU 会停止执行低优先级中断，转而去执行高优先级中断，实现二级嵌套，称为"停低转高"。

（3）CPU 正在执行高优先级中断时，又收到其他中断请求，CPU 继续执行高优先级中断，称为"高不睬低"。

（4）CPU 正在执行中断时，又收到其他同级中断请求，CPU 继续执行原来的中断。

（5）CPU 同时接收到几个相同优先级的中断请求时，首先响应同级内优先权最高的中断请求，称为"同级有安排"。

MCS-51 对同级中断源的优先权有规定，依次是外部中断 0、定时器 T0、外部中断 1、定时器 T1、串行口中断、定时器 T2，见表 5-1。

表 5-1 同级中断源的中断优先权结构

中 断 源	级内中断优先权
IE0（外部中断 0）	最高优先权
TF0（定时器 T0 溢出中断）	↓
IE1（外部中断 1）	↓
TF1（定时器 T1 溢出中断）	↓
RI+TI（串行口中断）	↓
*TF2+EXF2（定时器 T2 中断）	最低优先权

表中"*"处的 TF2+EXF2 表示仅 MCS-52 有，是定时器 T2 的溢出中断和边沿检测中断通过"或"逻辑后产生的定时器 T2 中断，内容详见 6.3 节。

5.2.3 中断响应与中断处理

1. 中断响应的条件

CPU 在每一机器周期的 S5P2 状态顺序查询每一个中断源，到机器周期的 S6 状态时，便将有效的中断请求按优先级（权）次序排好。当有下列三种情况之一发生时，不会响应中断请求，在下一机器周期重新开始查询；否则，CPU 响应中断。

（1）CPU 正在响应同级或更高优先级的中断。

（2）当前指令未执行完。

（3）正执行的指令是"RETI"中断返回指令或正在访问特殊功能寄存器 IE 或 IP 的指令（执行这些指令后至少再执行一条指令后才会响应中断）。

2．中断响应的过程

CPU 响应中断执行过程为：

（1）当前指令完毕后立即中止现行程序的运行，置位优先级状态寄存器，以阻止同级和低级中断。

（2）程序计数器 PC 将当前值压入堆栈，保存断点处的地址，以便从中断服务程序返回时能继续执行原来的程序。

（3）转至对应的中断源入口地址，执行中断服务程序，结束时由 RETI 弹出断点，返回主程序。

MCS-51 对各中断源的中断服务程序入口地址及有关的中断请求标志清除状态有规定，见表 5-2。

表 5-2　中断服务程序入口地址及中断响应后中断标志清除状态

中　断　源	中断请求标志	是否硬件自动消除	中断入口地址
外部中断 0	IE0	是（边沿触发）	0003H
		否（电平触发）	
定时器 T0	TF0	是	000BH
外部中断 1	IE1	是（边沿触发）	0013H
		否（电平触发）	
定时器 1	TF1	是	001BH
串行口	RI、TI	否	0023H
定时器 2	TF2、EXF2	否	002BH

3．中断处理

中断处理就是执行中断服务程序。中断服务程序是根据中断源的处理要求而设计的专门程序。每个中断源都有自己相应的中断服务程序。通常，在中断服务程序的开头，首先要保存有关的寄存器内容（保护现场），在完成中断源要求的处理工作后，还要恢复这些寄存器内容（恢复现场），并在中断服务程序的末尾，安排一条中断返回指令 RETI，执行该指令，便能够返回主程序。中断返回指令的功能，是把中断前主程序的地址，即断点地址送回程序计数器 PC，以便 CPU 可以继续执行被中断的主程序，处理流程图如图 5-4 所示。

图 5-4　中断处理流程图

4．外部中断响应时间

下面以边沿触发的外部中断为例，来说明 CPU 响应中断的时间。外部中断请求输入引脚 $\overline{INT0}$ 或 $\overline{INT1}$ 端的电平在每个机器周期的 S5P2 状态被采样。如果中断请求有效，则置 IE0 或 IE1 为"1"，然后在下一个机器周期再对这些值进行查询，请求中断信号的低电平至少应维持一个机器周期。如果发生了一个中断请求，并且符合响应中断的条件，则 CPU 响应中断，在下一个机器周期便执行一个硬件长调用指令，执行中断服务程序。该调用指令执行时间是两个机器周期。因此，从外部中断请求有效到开始到执行中断服务程序的第一条指令，这中间至少需要 3 个完整的机器周期。

如果中断请求由于不满足前面所述的 3 个条件而被阻止，则中断响应时间将延长。例如，已有一个相同优先级或更高优先级的中断正在处理之中，则附加的等待时间显然取决这个正在处理的中断服务程序的长度。

如果正在执行的指令是 RETI 指令或访问 IE 或 IP 指令，则必须在执行完下一指令后才能响应中断。此时，附加的等待时间最多不会超过 5 个机器周期（最多用一个机器周期完成当前执行的指令，再加上最多 4 个机器周期完成下一条指令，如乘法指令）。

由上可见，在一个单一中断系统中，MCS-51 CPU 响应外部中断时间需要 3～8 个机器周期。

5．中断请求的撤除

CPU 响应某一中断后，在中断返回前，该中断请求应该撤除；否则，会重复引起中断而发生错误。

对于定时器 T0 和 T1 的溢出中断及边沿触发方式的外部中断，CPU 响应中断后，便由中断系统的"硬件"自动清除相关的中断请求标志，即这些中断请求是自动撤除的，用户无需采取其他措施。

但对电平触发方式的外部中断，情况则不同。光靠清除中断标志，并不能彻底解决中断请求的撤除问题。因为尽管中断请求标志位撤除了，但是中断请求的有效低电平仍然存在，在下一个机器周期采样中断请求时，又会使 IE0 或 IE1 重新置"1"。为此，要想彻底解决中断请求的撤除，必须在中断响应后把外部输入端信号从低电平强制改为高电平，这一点请读者在应用时务必注意。

对于串行口中断，CPU 响应中断后，硬件不能清除它们的中断标志，必须在中断服务程序中用软件清除中断标志，如"CLR RI"、"CLR TI"。

MCS-52 的 T2 定时中断标志必须由软件清零，详见 6.3 节。

5.3　中断程序设计及举例

为实现中断而设计的有关程序称为中断程序。中断程序由中断初始化程序和中断服务程序两部分组成。中断初始化程序用于实现对中断的控制，中断服务程序用于完成中断源所要求的各种操作。从程序所处位置来看，中断初始化程序在主程序中，作为主程序的一部分并和主程序一起运行，中断服务程序则存放在主程序之外的其他存储区，只是在中断发生时，CPU 才执行，中断服务完毕之后，CPU 自动返回，继续执行主程序。

5.3.1　中断初始化程序

要使 CPU 在执行主程序的过程中能够响应中断，就必须先对中断系统进行初始化。MCS-51 单片机中断系统初始化程序包括：设置堆栈、选择中断触发方式（对外中断而言）、开中断及设置中断优先级等。

系统复位或上电后，堆栈指针 SP 总是默认为 07H，使堆栈区实际上是从 08H 单元开始的。但由于 08H～1FH 单元属于工作寄存器区 1～3，考虑到程序设计中经常要用到这些区，故常在中断初始化程序中将 SP 的值重新设定。通常将 SP 的值设定在 30H 以上。

另外，系统复位后，定时器控制寄存器 TCON、中断允许寄存器 IE 及中断优先级寄存器 IP 等均复位为 00H，也需要根据中断控制的要求，在中断初始化程序中对这些寄存器编程。

【**例 5-1**】假设系统的堆栈为 61H～7FH，允许外部 0 中断、定时器 T0 中断，并设定 INT0 为高级中断，采用边沿触发，其他中断为低级中断，则在主程序中的中断初始化程序如下：

```
MOV   SP,#60H        ;设定堆栈为 61H～7FH
SETB  PX0            ;设定 INT0 为高优先级
SETB  IT0            ;设定 INT0 为下降沿触发
SETB  ET0            ;开 T0 中断
SETB  EX0            ;开 INT0 中断
SETB  EA             ;开 CPU 中断
```

5.3.2　中断服务程序

中断服务程序的设计要考虑以下几个因素：

（1）中断程序入口及安排

由表 5-2 可见，两相邻中断服务程序的入口地址之间只相距 8 个字节，而一般服务程序长度都会超过 8 个字节，这样就必须在中断入口地址处安排一条跳转指令，将程序转移到别的存储空间，以避免和下一个中断地址相冲突。程序结构如下：

```
        ORG   0000H
        LJMP  MAIN
        ORG   0003H
        LJMP  INT0
        ORG   000BH
        LJMP  T0
         …
        ORG   0030H
MAIN:   …                    ;主程序
        …
INT0:   …                    ;外部中断 0 处理程序
        …
        RETI
T0:                          ;T0 中断处理程序
        …
        RETI
        …
```

（2）现场保护和工作寄存器分区

中断服务程序中要使用与主程序有关的寄存器，因此 CPU 在中断之前要保护这些寄存器的内容，即要"保护现场"，而在中断返回时又要使它们恢复原值，即"恢复现场"。同时为了避免中断程序与主程序中所用的工作寄存器 R0～R7 冲突，一般将主程序和不同的中断源之间使用不同的寄存器组，故常用的中断服务程序结构如下：

```
SERV:   PUSH  PSW         ;保护程序状态字和中断子程序前所选的寄存器组
        PUSH  ACC         ;保护累加器 A
        PUSH  B           ;保护寄存器 B
        PUSH  DPL         ;保护数据指针低字节
        PUSH  DPH         ;保护数据指针高字节
        SETB  RS0         ;选择寄存器组 1
        CLR   RS1
        …                 ;中断处理程序
        POP   DPH         ;恢复现场
        POP   DPL
        POP   B
        POP   ACC
        POP   PSW
        RETI              ;中断返回
```

在使用 PUSH 和 POP 指令保护现场时，一方面要注意堆栈操作的"先进后出"原则，另一方面要注意 PUSH 和 POP 指令必须成对使用。否则，可能会使保存在堆栈中的数据丢失，或使中断不能正确返回。此外，只有在中断程序中要使用的寄存器内容才需要加以保护。

（3）高优先级中断源的中断禁止（如有需要）

单片机具有两级中断优先级，可实现两级中断嵌套。高优先级的中断请求可以中断低优先级的中断处理。但是，对于某些不允许被中断的服务程序来说，也可以在 CPU 响应中断后用 CLR 指令（或其他指令）对 IE 寄存器某些位清"0"来禁止相应高优先级中断源的中断。

5.3.3 中断应用举例

【例 5-2】在图 5-5 中，正常情况下 P1 口所接的发光管依次循环点亮（每次只有一个亮）。当 S0 按下时，产生 $\overline{INT0}$ 中断，此时 8 只发光管"全亮—全暗"交替出现 8 次，然后恢复正常。

图 5-5　INT0 中断的应用电路

　　由于每次按键或放开可能会有弹跳现象（抖动），因而会引发多次中断，解决的方法有两种：一种是利用软件 delay 延时的方法去抖动；另一种是利用图 5-5 中所示的按键电路，采用 RC 电路硬件去抖动。

（1）汇编语言程序如下所示：

```
                ORG    0000H
                LJMP   MAIN
                ORG    0003H
                LJMP   INT0
                ORG    0030H
        MAIN:   MOV    SP,#60H          ;设定堆栈为 61H～7FH
                SETB   EA               ;开 CPU 中断
                CLR    IT0              ;设定 INT0 低电平触发
                SETB   EX0              ;开 INT0 中断
                MOV    A,#0FEH          ;点亮一个 LED
        AGAIN:  MOV P1,A
                ACALL  DELAY
                RL   A                  ;循环左移 1 位
                SJMP   AGAIN
        DELAY:  MOV    R3,#100          ;延时程序
                MOV    R4,#0
        DELAY1: DJNZ   R4,$
                DJNZ   R3,DELAY1
                RET
                ORG    0300H
        INT0:   PUSH   PSW              ;外部 0 中断处理程序，保护现场
                PUSH   ACC
                SETB   RS0              ;选择工作寄存器 1
                CLR    RS1
                MOV    R0,#08
        AGAIN1: MOV    P1,#0            ;点亮所有的 LED
                ACALL   DELAY
                MOV    P1,#0FFH         ;熄灭所有的 LED
                ACALL   DELAY
                DJNZ   R0,AGAIN1        ;没闪烁 8 次，则继续
                POP    ACC              ;恢复现场
                POP PSW
                RETI                    ;中断返回
```

（2）C51 程序如下所示：

```
        #include   <reg51.h>
        #include   <intrins.h>
        unsigned char x=0xfE;
```

```
void   delay() //延时函数
     { int i,j;
        for (i=0;i<1000;i++)
            for(j=0;j<100;j++);
     }
main()   //主程序
  { EX0=1; //开 INT0 中断
    EA=1; //开 CPU 中断
    IT0=0; //设定 INT0 低电平触发
    While(1)
    { P1=x;
       delay();
    x=_crol(x,1)_;
    }
}
void   int0() interrupt 0   using   1 //选择工作寄存器 1 的 INT0 中断函数
  { unsigned   char data   a;
   for (;a<8;a++)   //重复执行 8 次
     {P1 =0; //点亮所有的 LED
      delay();
      P1=0xff; //熄灭所有的 LED
      delay();}
     }
```

5.4 外部中断源的扩展

MCS-51 单片机系统仅提供了两个外中断输入端（$\overline{INT0}$、$\overline{INT1}$），而实际应用系统中往往会出现两个以上的外部中断输入，因此必须对外中断源进行扩展。其方法主要有四种：一是采用定时器 T0、T1 扩展；二是采用中断与查询相结合的方法扩展；三是采用串行口的中断扩展；四用优先权编码器扩展。由于篇幅有限，以下介绍两种常用的方法。

5.4.1 用定时器 T0、T1 作为外部中断扩展

MCS-51 单片机系统有两个定时器 T0、T1，如在某些应用中不被用做定时器使用，则它们的中断可作为外部中断请求使用。此时可把它们设定为计数方式，计数初值设定为满量程"FFH"。当它们的计数输入端 P3.4 或 P3.5 引脚输入脉冲发生负跳变时，T0 或 T1 计数器就加 1，产生溢出中断。利用此特性，就可以把 P3.4、P3.5 作为外部中断请求输入线，而计数器的溢出中断作为外部中断的请求标志（有关定时器的内容详见第 6 章）。

【例 5-3】采用定时器 T0 作为外中断。

初始化程序：

```
MOV   TMOD,#06H                    ;定义 T0 方式 2，即自动恢复初值，计数方式
```

```
MOV    TH0,#0FFH                    ;设置 TH0 计数初值为满量程
MOV    TL0,#0FFH                    ;设置 TH0 计数初值为满量程
SETB   TR0                          ;启动计数器
SETB   EA                           ;CPU 中断开放
SETB   ET0                          ;允许 T0 中断
...
```

这样，当连接在 P3.4 上的外部输入脉冲发生负跳变时，TL0 加 1 溢出，TF0 置"1"，向 CPU 发出中断申请。同时，TH0 的内容送 TL0，即恢复计数初值 0FFH。P3.4 引脚上的每次输入脉冲负跳变都将 TF0 置"1"，向 CPU 发出中断请求。CPU 响应中断请求时，转去执行外部中断服务程序，其入口地址为 000BH，此时 P3.4 相当于边沿触发的外中断源输入线。同样，利用定时器 T1，P3.5 也可作外中断源输入线。

5.4.2　用中断与查询相结合的方法扩展外部中断

利用两根外部中断输入线（$\overline{INT0}$、$\overline{INT1}$），每一中断输入线均可以通过"线与"的关系连接多个外部中断源，同时利用输入端口线作为各中断源的识别线，电路原理如图 5-6 所示。

图 5-6　外部中断源扩展

【例 5-4】图 5-6 中的 4 个外部扩展中断源通过"线与"的方法连至 $\overline{INT1}$ 的引脚 P3.3，无论哪个外设提出中断请求，都会使 $\overline{INT1}$ 引脚电平变低，从而通过 $\overline{INT1}$ 向 CPU 发出中断请求。CPU 执行中断服务程序时，先依次查询 P1 口的中断源的输入端状态，然后转入相应的中断服务程序执行。此 4 个扩展的中断源的优先级顺序由软件查询顺序决定，即最先查询的优先级最高，最后查询的优先级最低。

中断服务程序如下：

```
        ORG    0000H
        AJMP   MAIN
        ORG    0013H                ;转 INT1 中断服务程序入口
        AJMP   INT1
        ORG    0030H
MAIN:                               ;主程序
        ...
        ORG    1000H                ;中断服务程序
INT1:   PUSH   PSW                  ;保护现场
        PUSH   ACC
        JNB    P1.0，EXINT0         ;中断源查询，并转相应中断服务程序
        JNB    P1.1，EXINT1
        JNB    P1.2，EXINT2
        JNB    P1.3，EXINT3
INTR:   POP    ACC                  ;恢复现场
```

```
                POP   PSW
                RETI
EXINT0:         …                           ; EXINT0 中断服务程序
                AJMP  INTR
EXINT1:         …                           ; EXINT1 中断服务程序
                AJMP  INTR
EXINT2:         …                           ; EXINT2 中断服务程序
                AJMP  INTR
EXINT3:         …                           ; EXINT3 中断服务程序
                AJMP  INTR
```

 习题 5

1. 试述单片机的中断响应过程。

2. MCS-51 系列单片机有几个中断源？各中断标志是如何产生的？如何清除各中断标志？CPU 响应中断时，它们的中断矢量地址分别为多少？

3. MCS-51 系列单片机的中断系统分为几个优先级？如何设定各中断源的优先级？

4. MCS-51 中断响应时间是否固定？为什么？

5. MCS-51 中若要扩充 6 个外部中断源，则可采用哪些方法？如何确定它们的优先级？

6. 若在图 5-5 中，在 $\overline{\text{INT1}}$ 端加一个按钮开关 S1，将 $\overline{\text{INT1}}$ 设置为高优先级，$\overline{\text{INT0}}$ 为低优先级。S0 的功能同前，但按下 S1 时，一次点亮 4 个 LED（前 4 个），然后点亮另 4 个 LED（后 4 个），重复 8 次后返回主程序。主程序的功能是使 P1 口所接的发光二极管依次循环点亮，每次有两个亮（相邻两个 LED）、请编程实现上述功能。

第6章

MCS-51 定时器/计数器

在单片机应用技术中，往往需要定时检测某个参数，或按一定的时间间隔来进行某种控制。这种定时作用的获得，固然可以利用延时程序来实现，但这样做是以降低 CPU 的工作效率为代价的。如果能通过一个可编程的实时时钟来实现，就不会影响 CPU 的效率。另外，有些控制系统要求通过对某种事件的计数结果来进行控制。因此，在单片机系统中，常用到可编程硬件定时器/计数器。几乎所有单片机内部都有这样的定时器/计数器，这无疑简化了系统的设计。

MCS-51 系列单片机的典型产品 8031、8051 单片机有两个 16 位定时器/计数器，即 T0 和 T1；8032、8052 单片机有 3 个 16 位定时器/计数器，即 T0、T1 和 T2。通过本章的学习，了解和掌握定时器/计数器的组成结构、工作原理、工作方式设置及定时器/计数器的基本应用方法。

6.1 定时器的结构及工作原理

8051 单片机定时器内部结构框图如图 6-1 所示，内部有两个 16 位的定时器 T0 和 T1，可用于定时或延时控制、对外部事件检测、计数等。定时器和计数器实质上是一样的，"计数"就是对外部输入脉冲的计数；所谓"定时"是通过计数内部脉冲（MCS-51 内部产生的标准脉冲）完成的。所以，在以后的叙述中将"定时器/计数器"笼统称为"定时器"。

图 6-1　8051 单片机定时器内部结构框图

定时器 T0、T1 各由两个 8 位的特殊功能寄存器 TH0、TL0 和 TH1、TL1 构成。方式寄存器 TMOD 用于设置定时器的工作方式。控制状态寄存器 TCON 用于启动和停止定时器的计数，并检测定时器的状态。每一个定时器的内部结构实质上是一个可程控的加法计数器，通过内总线与 CPU 相连，由 CPU 编程设置定时器的初值、工作方式、启动、停止。当设置了定时器的工作方式、初值并启动定时器工作后，定时器就按被设定的工作方式独立工作，不再占有 CPU 时间，只有在定时器溢出时，才向 CPU 申请中断。由此可见，定时器是单片机中工作效率高且应用灵活的部件。

图 6-2 是定时器 Tx（x 为 0 或 1，表示 T0 或 T1）的原理框图，图中的"外部引脚 Tx"是外部输入引脚的标识符，通常将引脚 P3.4、P3.5 用 T0、T1 表示。

图 6-2 定时器/计数器原理框图

当控制信号 $C/\overline{T} = 0$ 时，定时器工作在定时方式。加 1 计数器对内部时钟 f 进行计数，直到计数器计满溢出。f 是振荡器时钟频率 f_0 的 12 分频，脉冲周期为一个机器周期，即计数器计数的是机器周期脉冲的个数，以此来实现定时。因此，定时器的定时时间不仅与加 1 计数器的初值（计数器中的起始值 THx、TLx）有关，而且还与系统振荡器时钟频率 f_0 有关。

当控制信号 $C/\overline{T} = 1$ 时，定时器工作在计数方式。加 1 计数器对来自"外部引脚 Tx"的外部信号脉冲计数（下降沿触发）。在每一个机器周期的 S5P2 期间（见第 2 章时序部分），采样引脚输入电平。若前一个机器周期采样值为"1"，后一个机器周期采样值为"0"，则计数器加 1。由于它需要两个机器周期（24 个时钟周期）来识别一个"1"到"0"的跳变信号，所以最高的计数频率为时钟频率的 1/24。对外部输入信号脉冲的占空比没有特别的限制，但必须保证输入信号电平在它发生跳变前至少被采样一次，因此输入信号的电平至少应在一个完整的机器周期中保持不变。

控制信号 K 的作用是控制"计数器"的启动和停止，如图 6-2 所示，K=TRx·($\overline{INTx}$ + $\overline{GATE}$)。当 GATE=0 时，K=TRx，K 不受 $\overline{INTx}$ 输入电平的影响：若 TRx=1，允许计数器加 1 计数；若 TRx=0 计数器停止计数。

当 GATE=1 时，K=TRx·$\overline{INTx}$，与门的输出由 $\overline{INTx}$ 输入电平和 TRx 位的状态来确定：仅当 TRx=1，且引脚 $\overline{INTx}$ =1 时，才允许计数；否则停止计数。

8051 单片机的定时器主要由几个特殊功能寄存器 TMOD、TCON、TH0、TL0、TH1、TL1 组成。所谓可编程定时器就是通过软件读/写这些特殊功能的寄存器，达到控制定时器目的。其中，THx 和 TLx 分别用来存放计数器初值的高 8 位和低 8 位，TMOD 用来控制定时器的工作方式，TCON 用来存放中断溢出标志并控制定时器的启、停。

6.1.1　工作方式寄存器 TMOD

TMOD 的地址为 89H，用于设定定时器 T0、T1 的工作方式。无位地址不能位寻址，只能通过字节指令进行设置。复位时，TMOD 所有位均为"0"。其格式如下：

TMOD（89H）	D7	D6	D5	D4	D3	D2	D1	D0
功能	GATE	C/$\overline{\text{T}}$	M1	M0	GATE	C/$\overline{\text{T}}$	M1	M0
	←────定　时　器 T1────→				←────定　时　器 T0────→			

TMOD 的低 4 位为 T0 的工作方式字段，高 4 位为 T1 的工作方式字段，它们的含义是完全相同的。

（1）M1 和 M0 方式选择位对应关系见表 6-1。

表 6-1　M1 和 M0 方式选择位对应关系

M1	M0	工作方式	功 能 说 明
0	0	方式 0	13 位计数器
0	1	方式 1	16 位计数器
1	0	方式 2	自动再装入计数初值，8 位计数器
1	1	方式 3	定时器 T0：分成两个 8 位计数器。定时器 T1：停止计数

（2）C/$\overline{\text{T}}$ 功能选择位。C/$\overline{\text{T}}$ =0 为选择定时方式，C/$\overline{\text{T}}$ =1 为外部事件计数方式。

（3）GATE 门控位。GATE=0，允许软件控制位 TR0 或 TR1（TR0、TR1 在 TCON 中）启动计数器 T0 或 T1；GATE=1，允许通过外部引脚 $\overline{\text{INT0}}$（P3.2）、TR0 或 $\overline{\text{INT1}}$（P3.3）、TR1 启动计数器，控制 T0 或 T1 的运行。

6.1.2　控制寄存器 TCON

TCON 的地址为 88H，具有位地址，可位寻址，用来存放定时器的溢出标志 TF0、TF1 和定时器的启、停控制位 TR0、TR1。复位时，TCON 的所有位均为"0"。其格式如下：

TCON（88H）	D7	D6	D5	D4	D3	D2	D1	D0
位地址	8FH	8EH	8DH	8CH	8BH	8AH	89H	88H
功能	TF1	TR1	TF0	TR0	IE1	IT1	IE0	IT0

TCON 的高 4 位存放定时器的运行控制位和溢出标志位。低 4 位存放外部中断的触发方式控制位和锁存外部中断请求源，与中断有关。

（1）TFx：定时器 Tx 溢出标志。定时器的核心为加法计数器，当定时器 Tx 发生计数溢出时，由硬件将此位置"1"。TFx 可以由程序查询，也是定时中断的请求源，当 CPU 响应中断、进入中断服务程序后，由单片机内部的"硬件"自动将 TFx 清"0"。

（2）TRx：定时器 Tx 运行控制位，通过软件（指令"SETB　TRx"或"CLR　TRx"）置"1"或清"0"。TRx 为"1"启动"计数器"计数，为"0"停止"计数器"计数。

6.1.3　定时器的工作方式

MCS-51 的定时器 T0 有 4 种工作方式，即方式 0、方式 1、方式 2 及方式 3。定时器 T1

只有 3 种工作方式，即方式 0、方式 1 及方式 2。本节对各种工作方式下的定时器结构及功能加以详细讨论，在讲解时以 T0 为例来进行描述。

1. 方式 0

当 M1、M0 两位为 00 时，定时器被选为工作方式 0，13 位计数器。其逻辑结构如图 6-3 所示。在这种方式下，16 位寄存器 TH0 和 TL0 只用 13 位，由 TH0 的 8 位和 TL0 的低 5 位构成。TL0 的高 3 位是不定的，可以不必理会，如图 6-4 所示。因此方式 0 是一个 13 位的定时计数器。当 TL0 的低 5 位计数溢出时即向 TH0 进位，而 TH0 计数溢出时向中断标志位 TF0 进位（称硬件置位 TF0），并请求中断。因此，可通过查询 TF0 是否置 "1" 或考察中断是否发生（通过 CPU 响应）来判断定时器 T0 是否溢出。

图 6-3　T0 方式 0 逻辑结构

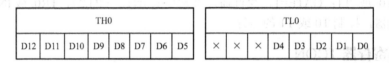

图 6-4　TH0、TL0 构成 13 位结构

当 $C/\overline{T}=0$ 时，为定时工作方式。开关接到振荡器的 12 分频器输出，计数器对机器周期脉冲计数。其定时时间为：

$$(2^{13}-初值)\times 时钟周期 \times 12$$

若晶振频率为 12MHz，则最长的定时时间为：

$$(2^{13}-0)\times(1/12)\times 12\mu s = 8.191ms$$

当 $C/\overline{T}=1$ 时，为计数方式。开关与外部引脚 T0（P3.4）接通，计数器对来自外部引脚 T0 的输入脉冲计数，当外部信号发生负跳变（下降边沿）时，计数器加 1。

定时器的运行控制信号 K 如前已述，这里不再赘述。以上分析同样适合于定时器 T1。

2. 方式 1

当 M1、M0 两位为 01 时，定时器被选为工作方式 1，方式 1 和方式 0 的差别仅在于计数器的位数不同。方式 1 为 16 位计数器，其逻辑结构如图 6-5 所示。

图 6-5 T0 方式 1 逻辑结构

作为定时方式使用时，其定时时间为

$$(2^{16}-初值)\times 时钟周期 \times 12$$

若晶振频率为 12MHz，则最长的定时时间为

$$(2^{16}-0)\times(1/12)\times 12\mu s = 65.536ms$$

3. 方式 2

当 M1、M0 两位为 10 时，定时器被选为工作方式 2，为 8 位计数器，其逻辑结构如图 6-6 所示。TL0 作为 8 位计数器，TH0 作为重置初值的缓冲器，在程序初始化时，由软件赋予同样的初值，一旦计数器溢出便置位 TF0，同时自动将 TH0 中的初值再装入 TL0，从而进入新一轮的计数，如此循环不止，而 TH0 中的初值始终不变。其一次定时时间为

$$(2^8-初值)\times 时钟周期 \times 12$$

图 6-6 T0 方式 2 逻辑结构

方式 0 和方式 1 用于循环重复定时或计数时，每次计数器溢出后，计数器为 0。若要进行新一轮计数，就得重新装入计数初值。这样一来不仅编程麻烦，而且影响定时时间的精确度。而方式 2 具有初值自动装入的功能，可以避免在程序中因重新装入初值而对定时精度的影响，适用于需要产生高精度的定时时间的应用场合，常用做串行口波特率发生器。

4. 方式 3

当 M1、M0 两位为 11 时，定时器 T0 被选为工作方式 3，这种工作方式只有定时器 T0 才有。此时 T0 被拆成两个独立的 8 位计数器 TL0 和 TH0。其逻辑结构如图 6-7 所示。

图 6-7 T0 方式 3 逻辑结构

在图 6-7 中，8 位计数器 TL0 使用原定时器 T0 的控制位 C/$\overline{\text{T}}$、GATE、TR0 和 $\overline{\text{INT0}}$。它既可以工作在定时方式，也可工作在计数方式，计数来自外部引脚 T0 的外部输入脉冲。

8 位计数器 TH0，占用了原定时器 T1 的控制位 TR1 和溢出标志位 TF1，同时也占用了 T1 中断源。它被固定为一个 8 位定时工作方式，其启动和停止仅受 TR1 控制。TR1=1 时，启动 TH0 计数；TR1=0 时，停止 TH0 计数。由此可见，在方式 3 下，TH0 只能用做定时工作方式，不能对外部脉冲进行计数，这一点请读者要注意。

必须指出，当定时器 T0 用做方式 3 时，定时器 T1 仍可设置为方式 0、方式 1 或方式 2。但由于 TR1、TF1 及 T1 的中断源已被定时器 T0 占用，此时定时器 T1 仅由控制位 C/$\overline{\text{T}}$ 选择计数的时钟源，当计数器计数满溢出时，产生的信号只能送往内部的串行口，作为串行通信的收发时钟，即用做串行口波特率发生器。

如果企图将定时器 T1 置为方式 3，则它将停止计数，其效果与置 TR1=0 相同，即关闭定时器。

6.2 定时器应用举例

在利用 MCS-51 内部的定时器进行定时或计数之前，首先要通过软件对它进行初始化。初始化包括下述几个步骤：

（1）确定工作方式字：对 TMOD 寄存器正确赋值。

（2）确定定时器初值：计算初值，并直接将初值写入寄存器 THx、TLx。

由于计数器采用加法计数，通过溢出产生中断标志，因此不能直接输入所需的"计数值"，而是要从计数器的最大值减去"计数值"才是应置入 THx、TLx 的初值。

设计数器的最大值为 M，在不同的工作方式中，M 可以为 2^{13}（方式 0）、2^{16}（方式 1）、2^8（方式 2、3），则置入的初值 N 可这样来计算，即

计数方式时，$N=M-$"计数值"

定时方式时，$N=M-$（"定时时间"$/T$）

其中，T 为机器周期，是单片机时钟脉冲周期的 12 倍，$T=12/f_0$。

（3）根据需要，开放定时器中断：对寄存器 IE 置初值。

（4）启动定时器：对寄存器 TCON 中的 TR1 或 TR0 置"1"。置"1"后，计数器即按规定的工作方式和初值开始计数。

6.2.1 定时控制、脉宽检测

【例 6-1】利用 T0 方式 0 产生 1ms 的定时，在 P1.0 引脚上输出周期为 2ms 的方波。设单片机晶振频率 f_{osc}=12MHz。

要在 P1.0 输出周期为 2ms 的方波，需要使 P1.0 每隔 1ms 取反一次输出即可。

（1）确定工作方式字

T0 为方式 0，定时工作状态，GATE=0，不受 $\overline{INT0}$ 控制，T1 不用全部取"0"值，故 TMOD=00H。

（2）计算 1ms 定时初值 N

方式 0 为 13 位计数方式，取 $M=2^{13}$。

机器周期 $T=(1/f_{osc})\times12=[1/(12\times10^6)]\times12=1\mu s$。

计算初值 $N=2^{13}-1\times10^3/T=2^{13}-1\times10^3/1=8192-1000=(7192)_{10}=(1110000011000)_2$

THO								TL0							
D12	D11	D10	D9	D8	D7	D6	D5	×	×	×	D4	D3	D2	D1	D0
1	1	1	0	0	0	0	0	×	×	×	1	1	0	0	0

TH0= E0H，TL0=18H，故 TH0 初值为 E0H，TL0 初值为 18H。

（3）采用查询 TF0 的状态来控制 P1.0 输出

其程序如下：

```
            MOV    TMOD,#00H        ;置 T0 为方式 0
            MOV    TL0,#18H         ;送计数初值
            MOV    TH0,#0E0H
            SETB   TR0              ;启动 T0
    LOOP:   JBC    TF0,NEXT         ;查询定时时间到，转 NEXT，同时清 TF0
            SJMP   LOOP
    NEXT:   MOV    TL0,#18H         ;重赋计数初值
            MOV    TH0,#0E0H
            CPL    P1.0             ;输出取反
            SJMP   LOOP             ;重复循环
            END
```

【例 6-2】将【例 6-1】中输出方波的周期改为 1s，设单片机晶振频率仍为 12MHz。

周期为 1s 的方波要求定时值为 500ms，在时钟为 12MHz 的情况下，即使采用定时器工作方式 1（16 位计数器，最大定时时间为 65.536ms），500ms 也超过了最大定时值 65.536ms。如果采用降低单片机时钟频率的办法来延长定时器的定时时间，则在一定的范围内当然可以，但这样做会降低 CPU 的运行速度，而且定时误差也会加大，故不是最好的方法。下面介绍一种利用定时器定时和软件计数来延长定时时间的方法。

要获得 500ms 的定时，可选用定时器 T0 方式 1，定时时间为 50ms。另设一个软件计数器，初始值为 10。每隔 50ms 定时时间到，产生溢出标志 TF0，在程序中使软件计数器减 1。这样，当软件计数器减到 0 时，就获得 500ms 的定时。

选用定时器 T0 方式 1，时钟频率 f=12MHz，50ms 定时所需的计数初值为

$$N=2^{16}-50\times10^3/1=65536-500000 = (15536)_{10}=3CB0H$$

用 C51 所设计的程序如下：

```
#include    <reg51.h>
#include    <intrins.h>
unsigned char count=0;
sbit P1_0=P1^0;
main()
   {TMOD=0x01; //设置 T0 工作于定时方式 1
   TL0=15536%256, TH0=15536/256; //设置 T0 的计数初值
   TR0=1; //开启 T0 计数器
   P1_0=1; //将 P1_0 置 "1"
   while (1)
     {
     while (! _testbit_(TF0));          //等待 T0 溢出
     TL0=15536%256,TH0=15536/256; //重置 T0 的计数初值
     count++;//统计中断次数
     if   (count ==10)     {count=0; P1_0=!P1_0;}//对 P1.0 取反
     }
   }
```

当定时器工作于方式 0 和方式 1 时，计数器溢出后程序都要进行重装计数器初值。这样，在定时器溢出到重装初值、开始计数，总有一定的时间间隔，造成定时时间多了若干微秒。为了减少这种定时误差，就要对重装的计数初值做适当的调整。如果采用定时器工作方式 2（自动重装初值），则可避免上述问题，使定时比较精确，但方式 2 的计数长度（只有 2^8=256）受到很大的限制。

【**例 6-3**】利用 T0 方式 2 产生 250μs 的定时，在 P1.0 引脚上输出周期为 500μs 的方波（要求保证定时精度）。设单片机晶振频率 f_{osc}=12MHz。

TMOD=02H，计算 250μs 定时初值 N：

方式 2 为 8 位计数方式，取 $M=2^8$，机器周期 $T= (1/f_{osc})\times12=[1/(12\times10^6)]\times12=1$μs。

计算初值 $N=2^8-250/T=2^8-250/1=256-250 = (6)_{10}=06H$，故 TH0 初值为 06H。

采用中断方式来控制 P1.0 输出，其 C51 语言程序如下所示：

```
#include    <reg51.h>
#include    <intrins.h>
sbit P1_0=P1^0;
main()
   {TMOD=0x02; //设置 T0 工作于定时方式 2
   TL0=6,TH0=6; //设置 T0 计数初值
   TR0=1;          //开启 T0 计数器
```

```
        EA=1,ET0=1; //开启 T0、CPU 中断
        while (1);      //等待中断
    }
void    time0() interrupt 1 //T0 中断函数
        { P1_0=!P1_0;
        }
```

在【例 6-1】、【例 6-2】中采用了查询方式，程序简单。在定时器整个计数过程中，CPU 要不断地查询溢出时标志 TF0 的状态，占用 CPU 的工作时间，以至 CPU 的效率不高。【例 6-3】采用了中断方式，提高了 CPU 的效率。

方式 3 只适用于定时器 T0，当 T0 工作于方式 3 时，TH0 和 TL0 相当于两个 8 位的定时器/计数器，如下例所示。

【例 6-4】设有一个频率小于 500Hz 的低频脉冲，要求用单片机定时器 T0 实现：该信号每发生一次负跳变，P1.1 引脚就输出一个 500μs 的同步负脉冲，同时 P1.2 引脚就输出一个 1ms 的正脉冲。设单片机晶振频率 f_{osc}=6MHz。

分析题意可知，T0、P1.1、P1.2 的引脚信号波形如图 6-8 所示。

图 6-8　T0、P1.1、P1.2 的引脚信号波形图

为此可将低频脉冲加到单片机的 T0 引脚，T0 工作于方式 3，TL0 工作于计数器方式，TMOD=07H。预置初值 TL0=0FFH，这样在 T0 端出现由"1"至"0"的负跳变时，TL0 将溢出。TH0 工作于定时器方式，产生 500μs 的定时，由于机器周期 T=（12/f_{osc}）=2μs，初值 $N=2^8-500/T=6$=TH0，当 500μs 到时，将 P1.1 置"1"；当第 2 次 500μs 到时，将 P1.2 清"0"。

```
        #include    <reg51.h>
        sbit    P1_1=P1^1;
        sbit    P1_2=P1^2;
        unsigned    data    char    x=2;
        main()
            {TMOD=0x07; //设置 T0 工作于定时方式 3
            TL0=0xFF; //设置 TL0 的计数初值
            P1_2=0;
            TR0=1; //开启 TL0 计数器
            EA=1,ET0=1,ET1=1; //开启 TL0、TH0、CPU 中断
            while(1); //等待 TL0 中断
            }
```

```
void   time0()   interrupt 1   //TL0 中断函数
       { P1_1=0;P1_2=1;
       TL0=0xFF;TH0=6;          //设置 TL0、TH0 的计数初值
       TR1=1;                   //开启 TH0 计数器
       }
void   time1()   interrupt 3   //TH0 中断函数
       { x--;
       TH0=06;                  //设置 TH0 的计数初值
       if(x==1) P1_1=1;         //500µs 到置 P1.1
       else   {P1_2=0;x=2;TR1=0}  //1ms 到清 P1.2，关 TH0
       }
```

【例 6-5】利用定时器 T0 门控位 GATE，测试 $\overline{INT0}$（P3.2）引脚上出现的正脉冲的宽度。

根据要求分析：将定时器 T0 设定为定时工作方式 1、GATE 为 1。当 TR0=1 时，一旦 $\overline{INT0}$（P3.2）引脚出现高电平即开始计数，直到出现低电平为止，然后读取 TL0、TH0 中的计数值。由于定时器工作在定时方式，所以计数器计数的是机器周期的脉冲数，在程序中必须进行转换才能变成脉冲的宽度。外部正脉冲测试过程如图 6-9 所示。

图 6-9　外部正脉冲测试过程

```
#include   <reg51.h>
sbit   P3_2=P3^2;
 char   pulsewide()
       { unsigned   int   data   x;
       TMOD=0x09;               //设置 T0 工作于定时器方式 1、GATE 置 1
       TL0=0,TH0=0;             //设置 T0 的计数初值为 0
       while （P3_2）;           //等待 INT0 变低
       TR0=1;                   //开启 T0 计数器
       while (!P3_2);           //等待 INT0 变高
       while (P3_2);            //等待 INT0 变低
       TR0=0;                   //关 T0 计数器
       x=TH0*256+TL0;           //计算脉冲数
       return (x)
       }
```

由于定时器方式 1 的 16 位计数长度有限，被测脉冲高电平宽度必须小于 65 536 个机器周期。

6.2.2　电压/频率转换

在工程实践中，常利用电压/频率（V/F）转换器，配合单片机定时器/计数器构成高分辨率、高精度、低成本的 A/D 转换器。其设计思想为：模拟量传感器输出的 mV 级的电压信号

经运算放大器放大后，用 V/F 转换器转换成频率随电压变化的脉冲信号，然后利用单片机内部的计数器/定时器进行计数，再通过软件进行处理获得相应模拟量的数字量。

若令定时器 T0 工作于定时方式，用于产生计数的门限时间 t；再用定时器 T1 对输入的被测脉冲进行计数，即工作于计数方式 1，初值为 0，最大计数值为 65 536。当 V/F 转换器选定之后，其最大的模拟量所对应的最大输出频率值 f_{max} 已确定，则最大计数值为 $f_{max} \times t$，被测信号的电压值：

$$V_x = V_{max} \times (N_x/N_{max}) = V_{max} \times [N_x/(f_{max} \times t)]$$

式中，N_x 为 t 时间段内的实际计数值；V_{max} 为 V/F 转换器的最大量程。

V/F 转换器具有良好的精度、线性和积分输入的特点，其转换速率不低于双积分型 A/D 器件，与单片机接口具有以下优点：

（1）接口电路简单：每一路模拟信号只占用 1 位 I/O 线。

（2）输入方式灵活：既可以作为 I/O 输入，也可以作为中断方式输入，还可以作为计数器信号输入，从而满足各种不同系统的要求。

（3）具有较强的抗干扰性：由于 V/F 转换的过程是对输入信号不断积分的过程，因而对噪声有一定的平滑作用，同时其输出为数字量，便于采用光电隔离技术。

（4）易于远距离传输：V/F 输出的是一个串行信号，易于远距离传输，若与光导纤维技术相结合，可构成一个不受电磁干扰的远距离传输系统。

【例 6-6】在图 6-10 所示的电路中，设 V/F 转换器 AD654 输入的模拟电压为 0～1V，输出引脚 1 可输出 0～500kHz 的脉冲，其与单片机的定时器 T1 的输入脚相连，以便进行计数。定时器 T0 控制 T1 计数的时间 t=100ms，则脉冲信号的最大计数值 N_{max}=50 000，所以 T1 应设定在方式 1（16 位）、计数模式。若主频为 6MHz，则定时时间 100ms 所对应的计数值为 50 000，T0 工作于定时方式 1，计数器初值 N=65 536−50 000=15 536，其 C51 程序如下：

```
#include   <reg51.h>
#include   <intrins.h>
unsigned   int   data   n,v;
main()
  { TMOD=0x51;                        //设置 T0 工作于定时方式 1，T1 工作于计数方式 1
    TL0=15536%256,TH0=15536/256;      //设置 T0、T1 的计数初值
    TH1=0,TL1=0;
    EA=1,ET0=1;                       //开启 T0、CPU 中断
    TR0=1,TR1=1;                      //开启 T0、T1 计数器
    while (1);                        //等待 100ms 到
  }
void   time0()   interrupt 1          //T0 中断函数
  { n=TH1*256+TL1;                    //读 T1 计数值
    v=1000*n/50000;                   //计算电压值，单位为 mV
    TL0=15536%256,TH0=15536/256;      //重置 T0、T1 计数初值
    TH1=0,TL1=0;
  }
```

图 6-10　V/F 转换器 AD654 与单片机的接口

　　在过程控制中，常需要将模拟量传送到远方。若采用模拟量直接传送，必然会带来很大的干扰，而采用 V/F 转换器，并与 F/V 转换器相结合，很易构成价格低廉、具有高抗干扰的远距离数据传输系统，如图 6-11 所示。

图 6-11　V/F、F/V 远传系统

　　在图 6-11 中，被测信号经放大后，生成 0～10V 直流电压送给 V/F 转换器，变成 0～100kHz 的脉冲信号，经线驱动器放大后，通过双绞电缆线传送到目的地，再经线驱动器接收后，由 F/V 转换器变成电压信号，送给模拟仪表显示。虽然没有采用计算机，然后由于采用了数字传输技术，提高了系统的抗干扰能力，实现了远距离传送。

　　由于 F/V 转换器的输出信号相当于 1 位数字量，因此加一个光电隔离器就构成全浮空的 A/D 转换电路。若将模拟地与信号地分开，并采用不同的电源供电，将大大地提高系统抗噪能力。如图 6-12 所示，即为用单片机构成的具有高抗干扰能力的数据采集与控制系统。若将上述的传输线路改使用光导纤维，则可构成具有极强抗干扰能力的遥测、遥控系统。

图 6-12　高抗干扰数据采集与控制系统

6.3　定时器/计数器 T2

　　在 MCS-51 的 52 子系列单片机中，增加了一个 16 位定时器/计数器 T2。定时器 T2 使 52 子系列的 P1.0、P1.1 具有了第二功能，分别是时钟信号输入脚 T2 和外部边沿信号输入脚 T2EX，同时也增加了一个中断源 T2 和中断入口地址 0002BH。

　　T2 的功能比 T0、T1 更强，在特殊功能寄存器中有 5 个与 T2 有关的寄存器，分别是 TH2、TL2、定时器 2 控制寄存器 T2CON、捕捉寄存器 RCAP2L、RCAP2H。T2 与 T0、T1 有类似的功能，也可作为定时器/计数器使用，此时由 T2CON 中的 C/$\overline{T2}$ 位来控制。除此之外，T2 还可具有 16 位捕捉方式、16 位常数自动重装入方式和波特率发生器方式。

6.3.1　T2 的状态控制寄存器 T2CON

T2CON 为状态控制寄存器，可位寻址，其位地址和格式如下所示：

T2CON（C8H）	D7	D6	D5	D4	D3	D2	D1	D0
位地址	CFH	CEH	CDH	CCH	CBH	CAH	C9H	C8H
功能	TF2	EXF2	RCLK	TCLK	EXEN2	TR2	C/$\overline{\text{T2}}$	CP/$\overline{\text{RL2}}$

其中，D7、D6 为状态位，其余为控制位，D0、D2、D4、D5 设定 T2 的三种工作方式，见表 6-2。

表 6-2　定时器 T2 方式选择

RCLK+TCLK	CP/$\overline{\text{RL2}}$	TR2	工　作　方　式
0	0	1	16 位常数自动再装入方式
0	1	1	16 位捕捉方式
1	x	1	串行口波特率发生器
x	x	0	停止计数

（1）溢出中断标志位 TF2：T2 计数器加法溢出时置"1"，TF2 需由软件清"0"，但当 RCLK=1 或 TCLK=1 时，T2 计数器加法溢出时，TF2 不会被置"1"。

（2）外部中断标志 EXF2：在捕捉方式和 16 位常数自动装入方式下，当 EXEN2=1 时，在 T2EX 引脚（P1.1）上发生的负跳变使 EXF2 置位。如果此时 T2 中断被允许，则 EXF2 将使 CPU 响应中断，但 EXF2 位也需由软件清"0"。

（3）串行口接收时钟选择位 RCLK：当 RCLK=1 时，T2 工作在波特率发生器方式，此时，T2 溢出脉冲作为串行口方式 1 和方式 3 的接收时钟，由 T2 来产生接收的波特率；当 RCLK=0 时，T1 的溢出脉冲作为串行口方式 1 和方式 3 的接收时钟。

（4）串行口发送时钟选择位 TCLK：当 TCLK=1 时，T2 工作在波特率发生器方式，此时，T2 溢出脉冲作为串行口方式 1 和方式 3 的发送时钟，由 T2 来产生发送的波特率；当 TCLK=0 时，T1 的溢出脉冲作为串行口方式 1 和方式 3 的发送时钟。

（5）外部允许标志位 EXEN2：当 T2 工作在捕捉方式和 16 位常数自动装入方式时，若 EXEN2=1，在 T2EX 引脚（P1.1）上发生的负跳变则会触发捕捉当前计数值且使 EXF2=1 或常数自动装入的动作；而当 EXEN2=0 时，T2EX 引脚上的电平变化不会对 T2 有任何影响。

（6）T2 的计数控制位 TR2：TR2=1 时，T2 开始计数；TR2=0 时，T2 禁止计数。

（7）定时器或计数器功能选择位 C/$\overline{\text{T2}}$：当 C/$\overline{\text{T2}}$=0 时，T2 为定时器（对时钟脉冲的 12 分频信号进行计数）；当 C/$\overline{\text{T2}}$=1 时，T2 为外部事件计数器，计数脉冲来自于 P1.0（下降沿触发）。

（8）捕捉或 16 位常数自动重装方式选择位 CP/$\overline{\text{RL2}}$：当 CP/$\overline{\text{RL2}}$=1 时，T2 工作于捕捉方式，即当 EXEN2=1 时，在 T2EX 引脚（P1.1）上发生的负跳变触发捕捉动作，将 T2 当前的计数值送捕捉寄存器，并使 EXF2=1；当 CP/$\overline{\text{RL2}}$=0 时，T2 工作于 16 位常数自动装入方式，即当 EXEN2=1 时，在 T2EX 引脚（P1.1）上发生的负跳变引发常数自动装入。但当 TCLK 或 RCLK 为 1 时，CP/$\overline{\text{RL2}}$ 位被忽略，T2 总是工作在 16 位常数自动装入方式。

6.3.2 T2 的工作方式

1．捕捉模式

当 CP/$\overline{RL2}$=1 时，T2 工作于捕捉方式，其结构原理如图 6-13 所示。此时，T2CON 中的 EXEN2 位控制 T2 捕捉动作的发生。

图 6-13　定时器 T2 捕捉模式结构图

当 EXEN2=0 时，不发生捕捉动作，T2 作为定时器/计数器使用。若 C/$\overline{T2}$=0 时，T2 为定时器；若 C/$\overline{T2}$=1 时，T2 为外部事件计数器（下降沿触发），当 T2 计数溢出时，将 TF2 标志置"1"，并发出中断请求。在这种情况下，TH2 和 TL2 的内容不会送入捕捉寄存器中。

若 EXEN2=1，T2 除实现上述定时器/计数器的功能外，还可实现捕捉功能，即当在 T2EX 引脚（P1.1）上发生的负跳变时，就会把 TH2 和 TL2 的内容锁入捕捉寄存器 （RCAP2H 和 RCAP2L）中，并将 T2CON 中的中断标志 EXF2 置"1"，向 CPU 发出中断请求。

T2 的 16 位捕捉方式主要用于测试外部事件的发生时间，如可用于测试输入脉冲的频率、周期等，此时 T2 的初值一般取 0，使 T2 循环地从 0 开始计数。

2．16 位常数自动装入模式

当 CP/$\overline{RL2}$=0 时，T2 工作于 16 位常数自动装入方式，其结构原理如图 6-14 所示。此时，T2CON 中的 EXEN2 位控制 T2 常数自动装入动作的发生。

当 EXEN2=0 时，T2 作为定时器/计数器使用，当 TR2=1 时，T2 从初值开始加 1 计数，溢出时将打开控制初值装入的三态门，将 RCAP2H 和 RCAP2L 中存放的计数初值重新装入 TH2 和 TL2 中，使 T2 从该值开始重新计数，同时将 TF2 标志置"1"，向 CPU 发出中断请求。RCAP2H 和 RCAP2L 中的初值在初始化时由软件编程置入。

若 EXEN2=1，T2 在 T2EX 引脚（P1.1）上发生的负跳变或计数器加法溢出时，都可以将 RCAP2H 和 RCAP2L 中存放的计数初值重新装入 TH2 和 TL2 中，使 T2 从该值开始重新计数。此时，当 T2EX 引脚（P1.1）上出现的负跳变时，将外中断标志 EXF2 置"1"或计数器加法溢出时，将 TF2 置"1"均向 CPU 发出中断请求。

T2 的 16 位常数自动装入方式的初值只需设定一次。在定时方式（C/$\overline{T2}$=0）时，若设定初值为 N，则定时时间精确地等于$(2^{16}-N)\times12/f_{osc}$。

图 6-14　定时器 T2 常数自动装入模式结构图

3.波特率发生器方式

当 T2CON 中的控制位 RCLK=1 或 TCLK=1 时，T2 作为串行口方式 1 和方式 3 的波特率发生器，这时的逻辑结构如图 6-15 所示。

图 6-15　定时器 T2 的波特率发生器的结构

T2 的波特率发生器方式和内部控制的 16 位常数自动装入方式相类似。不同的是当 $C/\overline{T2}$ =0 时，以振荡器的二分频信号作为 T2 的计数脉冲，当计数溢出时，将 RCAP2H 和 RCAP2L 中存放的计数初值重新装入 TH2 和 TL2 中，使 T2 从初值开始重新计数，但并不置 TF2 为"1"，也不向 CPU 发中断请求，因此可以不必禁止 T2 中断。

RCAP2H 和 RCAP2L 中的常数由软件设定为 N 后，T2 的溢出率是严格不变的，其值为

$$T2 \text{ 的溢出率}=(2^{16}-N)\times\text{振荡器频率}/2$$

因而使串行口的方式 1 和方式 3 的波特率非常稳定，其值为

$$\text{方式 1 和方式 3 的波特率}=(2^{16}-N)\times\text{振荡器频率}/32$$

若 EXEN2=1，当 T2EX 引脚（P1.1）上发生的负跳变时，也不会将 RCAP2H 和

RCAP2L 中存放的计数初值重新装入 TH2 和 TL2 中，而仅仅置位 EXF2，向 CPU 请求中断，因此 T2EX 可以作为一个外部中断源使用。

由于在计数过程中（TR2=1），不能对 TH2、TL2、RCAP2H 和 RCAP2L 进行写操作，因此初始化时，应对它们均设置初值后，才将 TR2 置"1"，启动计数。

习题 6

1. 综述 MCS-51 系列单片机定时器 T0、T1 的结构与工作原理。

2. 定时器 T0 已预置初值为 FFFFH，并选定用于方式 1、计数工作方式，问此时定时器 T0 的实际用途将可能是什么？

3. 定时器 T0 如用于下列定时，晶振频率为 12MHz，试为定时器 T0 编制初始化程序。

（1）50ms。

（2）25ms。

4. 定时器 T0 已预置初值 156，且选定用于方式 2、计数工作方式，现在 T0 引脚上输入周期固定为 1ms 的脉冲，问：

（1）分析此时定时器 T0 的实际用途可能是什么？

（2）在什么情况下，定时器 T0 溢出？

5. 设晶振频率为 12MHz，定时器 T0 的初始化程序如下：

```
MAIN:   MOV   TH0,#0DH
        MOV   TL0,#0D0H
        MOV   TMOD,#01H
        SETB  TR0
LOOP:   JNB   TF0,LOOP
        CLR   TF0
        CPL   P1.0
        SJMP  LOOP
```

问：（1）该定时器工作于什么方式？

（2）相应的定时时间或计数值是多少？

6. 综述定时器 T0、定时器 T1 各有哪几种工作方式？相应的方式特征与用法是什么？

7. 利用 T0 方式 0 产生 2ms 的定时，在 P1.0 引脚上输出周期为 4ms 的方波。设单片机晶振频率为 12MHz。

8. 利用 T0 方式 1 产生 50ms 的定时，在 P1.0 引脚上输出周期为 150ms 的波形。其中，高电平为 50ms，低电平为 100ms。设单片机晶振频率为 12MHz。

9. 利用定时器 T0 门控位 GATE，测试 $\overline{INT0}$（P3.2）引脚上出现的正脉冲的宽度，并将脉冲的宽度存放在 31H30H 中。设单片机晶振频率为 12MHz。

第7章

MCS-51 串行通信及其应用

7.1 概述

计算机与外界的信息交换称为通信，通常有并行和串行两种通信方法。并行通信，数据字节的各位同时发送，通过并行接口实现。MCS-51 的 P0 口、P1 口、P2 口、P3 口就是并行接口。例如，P1 口作为输出口时，CPU 将一个数据写入 P1 口以后，数据在 P1 口上并行地同时输出到外部设备；P1 口作为输入口时，对 P1 口执行一次读操作，在 P1 口引脚上输入的 8 位数据同时被读到 CPU。

串行通信，数据字节一位一位地串行顺序传输，通过串行接口实现。串行口进行数据传输的主要缺点是传输速率比并行口要慢，但它能节省传输线，特别是当数据位数很多和远距离传输时，这一优点更加突出。串行通信只用很少几根信号线完成信号的传输，但必须依靠一定的通信协议（包括设备的选通、传输的启动、格式、结束）。

串行通信有两种基本的通信方式，即异步通信 ASYNC（Asynchronous Data Communication）和同步通信 SYNC（Synchronous Data Communication）。

7.1.1 串行通信的字符格式

1. 异步通信的数据传输

异步数据传输的特点是每个字符可以随机出现在数据流中，同一字符内是同步的，而字符间是异步的。收、发双方取得同步的方法，是在字符格式中设置起始位（低电平）和停止位（高电平）。在数据还没有发送前，传输线处于高电平，接收器检测到起始位，便知道字符到达，开始接收字符；接收器检测到停止位，便认为字符已结束。在异步传输时，同步时钟脉冲并不传输到接收方，收发双方按事先约定的波特率各自产生自己的收、发时钟，以字符为单位进行数据通信，字符与字符可以有间隔。这种方式的优点是数据传输的可靠性较高，能及时发现错误；缺点是通信效率比较低。典型的异步通信数据格式如图 7-1 所示。

图 7-1　典型的异步通信数据格式

2. 同步通信的数据传输

异步数据传输每发送 1 个字符要加 1 位起始位和至少 1 位停止位,这就影响了传输速率,所以当需要进行高速数据传输时,通常采用同步数据传输。

同步传输是一种连续传输数据的方式,每个字符没有起始位和停止位,字符和字符之间没有间隙,仅在数据块开始时用同步字符通知接收器表示通信开始,在数据块的后面加上校验字符,用于校验通信中的错误。同步通信效率比较高,典型的数据格式如图 7-2 所示。

同步字符 1	同步字符 2	数据码流	校验字节 1	校验字节 2

图 7-2 典型的同步数据格式

同步数据传输时,发送端和接收端必须使用同一时钟源才能保证它们之间的准确同步,因此发送方除了传输数据外,还要同时传输时钟信号。同步数据传输的优点是数据传输速度高;缺点是要求发送端和接收端严格同步,对设备要求比较高。

7.1.2 串行通信的数据通路形式

根据数据终端的接收和发送是否同时工作,串行通信又可以分为单工、半双工、全双工三种传输方式。这三种方式的示意图如图 7-3 所示。

(1)单工(Simplex)

图 7-3 三种通信传输方式

单工传输方式仅能进行一个方向的传送,即发送方只能发送信息,接收方只能接收信息。如图 7-3(a)所示。

(2)半双工(Half-Duplex)

半双工传输方式能交替地进行双向数据传输,但两设备之间只有一根传输线,因此两个方向的数据传输不能同时进行,如图 7-3(b)所示。

(3)全双工(Full-Duplex)

全双工传输方式,它的各部件设备在发送的同时还可以接收对方送来的信息。设备之间有两条传输线,能在两个方向上同时进行数据传输,如图 7-3(c)所示。

7.1.3 串行通信的传输速率

传输速率用于说明数据传输的快慢。在串行通信中,数据是按位进行传输的,因此传输速率用每秒传输二进制数据的位数来表示,称为波特率(baud rate)。

假如数据传输速率是 120 字符/秒,在异步方式下,由于每一个字符格式规定 1 位起始位和 1 位终止位(见图 7-1),所以一个 8 位的字符实际包含 10 位,则波特率为

$$10 \times 120 = 1200 \text{ 位/秒(b/s)}$$

而每个数据位的传输时间 T_d 即为波特率的倒数,即

$$T_d = \frac{1}{1200} \approx 0.833 \text{ms}$$

国际上还规定了一个标准波特率系列,为 110b/s、300b/s、600b/s、1200b/s、1800b/s、2400b/s、4800b/s、9600b/s、19 200b/s,标准波特率也是最常用的波特率。异步通信的传输速

率一般在 110～19.2kb/s 之间，常用于计算机到终端、打印机、外部设备等之间的通信。而在同步方式下，只要有良好的电气接口，速率可达 500kb/s 以上，常用于实现高速通信。

波特率选定之后，对于设计者来说，要确定能满足波特率要求的发送时钟脉冲和接收时钟脉冲。在同步通信中，收/发时钟的频率=波特率；在异步通信中，收/发时钟的频率=波特率×波特率因子 n。波特率因子 n 表示一位数据对应的时钟脉冲采样次数（n 可为 1、16、32、64）。

图 7-4 表示 n=16 采样起始位 "0" 的示意图，在每一个时钟脉冲的上升沿采样接收数据线，当发现了第一个 "0"（即起始位的开始），再连续采样 8 个 "0"，则确定它为起始位（不是干扰信号），然后开始读出接收数据的位值。由于每个数据位时间 T_d 为外部时钟 T_c 的 16 倍，所以每 16 个外部时钟脉冲读一次数据位，如图 7-5 所示。从图中可以看出取样时间正好在数据位时间的中间时刻，这就避开了信号在上升或下降时可能产生的不稳定状态，保证了采样数值的正确。

图 7-4　外部时钟与接收数据的起始位同步

图 7-5　接收数据的读数时刻

串行通信接口发送的数据，实质上是由直流电平表示的信号。为了增加传输距离，通常需要加大电平的幅值，但电平幅值的增加会影响数据的传输速率。在电平幅值一定的情况下，数据传输的距离和数据传输的速率成反比。为了实现远距离传输数据，可以通过调制解调器（MODEM）把直流电平转换成交流信号，再通过通信线路进行传输。有兴趣的读者可以查阅有关调制解调器方面的资料。

7.2 MCS-51 的串行通信接口

7.2.1 通用的异步接收/发送器 UART

在串行通信中，数据是一位一位按顺序进行传送的，而计算机内部的数据是并行传输的。因此当计算机向外发送数据时，必须先将并行数据转换为串行数据，然后再发送；反之，当计算机接收数据时，又必须先将串行数据转换为并行数据，然后再输入计算机内部。上述并→串或串→并的转换既可用软件实现，也可用硬件实现。但由于用软件实现会增加 CPU 的负担，降低其工作效率，故目前往往用硬件的办法来完成这种转换。

MCS-51 单片机串口有一个核心部件——通用的异步接收/发送器，简称 UART（Universal Asynohronous Receiver/Transmitter），就是完成并→串或串→并变换的硬件电路，其结构如图 7-6 所示。

图 7-6 硬件 UART 结构图

接收数据时，串行数据由 RXD 端（Receive Data）经接收门进入移位寄存器，再经移位寄存器输出到接收缓冲器 SBUF，最后通过数据总线送到 CPU，是一个双缓冲结构，以避免接收过程中出现帧重叠错误；发送信息时，由于（CPU 主动）不会发生帧重叠错误，故 CPU 将数据送给发送缓冲器 SBUF 后，直接由控制器控制 SBUF 移位，经发送门输出至 TXD，为单缓冲结构。发送缓冲器与接收缓冲器在物理上是相互独立的，但在逻辑上只有一个，共用地址单元 99H。对发送缓冲器只存在写操作，对接收缓冲器只能读操作。

接收和发送数据的速度由控制器发出的移位脉冲所控制，其与串行通信的波特率相一致，可由主机频率经过分频获得，也可由内部定时器 T1、T2 的溢出率经过分频后获得。当接收缓冲器满或发送缓冲器空，将置位于 RI（接收中断）或 TI（发送中断）标志，若串行口中断允许（ES=1），则向 CPU 产生串口中断。

7.2.2 串行口的控制寄存器

MCS-51 的串行口有四种工作方式，用户可以通过对串行控制寄存器 SCON 编程来设定。此外，还有波特率控制寄存器 PCON，读者必须详细了解这些特殊功能寄存器，才能正确应用串行通信接口。

1. 串行口控制寄存器 SCON

特殊功能寄存器 SCON 的地址为 98H，具有位地址，可位寻址，复位时为 00H，其格式如下：

SCON（98H）	D7	D6	D5	D4	D3	D2	D1	D0
位地址	9FH	9EH	9DH	9CH	9BH	9AH	99H	98H
功能	SM0	SM1	SM2	REN	TB8	RB8	TI	RI

SM0、SM1：串行口的方式选择位，见表 7-1。

表 7-1 串行口的方式

SM0	SM1	工作方式	功 能 说 明
0	0	方式 0	移位寄存器方式（用于 I/O 扩展）
0	1	方式 1	8 位 UART，波特率可变（由定时器 T1 溢出率控制）
1	0	方式 2	9 位 UART，波特率为 $f_{osc}/64$ 或 $f_{osc}/32$
1	1	方式 3	9 位 UART，波特率可变（由定时器 T1 溢出率控制）

SM2：方式 2 和方式 3 的多机通信控制位；在方式 0 中，SM2 应置为"0"。

REN：允许串行接收位。由软件置"1"时，允许接收；由软件清"0"时，禁止接收。

TB8：在方式 2 和方式 3 中，发送的第 9 位数据，需要时由软件置位或复位。

RB8：在方式 2 和方式 3 中，接收到的第 9 位数据；在方式 1 时，RB8 是接收到的停止位；在方式 0，不使用 RB8。

TI：发送中断标志，由硬件置"1"。在方式 0 时，串行发送到第 8 位结束时置"1"；在其他方式时，串行口发送停止位时置"1"。TI 必须由软件清"0"。

RI：接收中断标志，由硬件置"1"。在方式 0 时（SM2 应置为"0"），接收到第 8 位结束时置"1"。当 SM2=0 的其他方式（方式 1、2、3）时，接收到停止位时置位"1"。当 SM2=1 时，若串行口工作在方式 2 和方式 3，则接收到的第 9 位数据（RB8）为"1"时，才激活 RI。在方式 1 时，只有收到有效的停止位时才会激活 RI。RI 必须由软件清"0"。

2. 特殊功能寄存器 PCON

特殊功能寄存器 PCON 的地址为 87H，没有位地址。其格式如下：

PCON（87H）	D7	D6	D5	D4	D3	D2	D1	D0
功能	SMOD							

PCON 的最高位是串行口波特率系数控制位 SMOD，当 SMOD 为"1"时使波特率加

倍。PCON 的其他位为掉电方式控制位，详见 2.4 节，这里不再叙述。

7.2.3 串行接口的工作方式

串行通信接口有 4 种工作方式，它们由 SCON 中的 SM0、SM1 定义。下面从应用的角度，重点讨论各种工作方式的功能特性和工作原理。

1. 方式 0——移位寄存器方式

方式 0 通过外接一个移位寄存器扩展一个并行的输入/输出口。此时，数据由 RXD（P3.0）端串行地输入/输出，低位在前，高位在后，TXD（P3.1）端输出同步移位脉冲，其波特率固定为 $f_{osc}/12$。

（1）发送

方式 0 发送时，串行口上外接 74LS164 移位寄存器。其接口如图 7-7 所示。当 CPU 将数据写入到发送缓冲器 SBUF 时，数据开始从 RXD 端串行输出，其波特率为 $f_{osc}/12$，由 TXD 输出相应的同步信号。当 8 位数据全部移出后，置中断标志 TI 为"1"，串行口停止移位，完成 1 个字节的输出。

（2）接收

方式 0 接收时，串行口上外接并行输入串行输出移位寄存器 74LS166，其接口如图 7-8 所示。此时，RXD 为数据输入端，TXD 为同步信号输出端，接收器以 $f_{osc}/12$ 波特率采样 RXD 引脚输入的数据信息，当接收完 8 位数据时，写入接收缓冲器 SBUF，置中断标志 RI 为"1"，串行口停止移位，完成 1 个字节的输入。

图 7-7　方式 0 发送接口图　　　　　图 7-8　方式 0 接收接口图

必须注意，在接收时，除了设置 SCON 控制字为方式 0 外，还应设置允许接收控制位 REN 为"1"，清除 RI 中断标志，才能启动接收器工作。

方式 0 工作时，必须使 SCON 控制字的 SM2 位（多机通信控制位）为"0"，从而不影响 TB8 和 RB8 位。由于波特率固定，故无需用定时器提供。但以中断方式传输数据时，CPU 响应中断并不会自动清除 TI、RI 标志，所以在中断服务程序中，必须由指令将 TI、RI 清"0"（如"CLR TI"，"CLR RI"）。

2. 方式 1

方式 1 为 8 位异步通信接口，1 帧信息为 10 位，即 1 位起始位（0）、8 位数据（低位在前）及 1 位停止位（1），如图 7-9 所示。TXD 为发送端，RXD 为接收端，波特率由定时器 T1 的溢出率来决定。

图 7-9　方式 1 数据格式

（1）发送

CPU 向发送缓冲器 SBUF 写入一个信息后，便启动串行口在 TXD 端输出帧信息，先发送起始位 "0"，接着从低位开始依次输出 8 位数据，最后输出停止位。发送完一帧信息后，发送中断标志 TI 置 "1"，向 CPU 请求中断。

（2）接收

当允许输入位 REN 置 "1" 后，接收器便以波特率的 16 倍速率采样 RXD 端电平，当采样到 "1" 到 "0" 的跳变时，启动接收器接收，并复位内部的 16 分频计数器，以实现同步。计数器的 16 个状态把 1 位时间等分成 16 份，并在第 7、8、9 个计数状态时，采样 RXD 电平。因此，每一位的数值采样三次，取其中至少有两次相同的值为确认值。启动后，如果三次采样的确认值不是 "0"，则起始位无效，复位接收电路重新检测。如果确认值为 "0"，起始位有效，则开始按从低位到高位的顺序接收一帧的数据信息。

必须注意，在方式 1 接收中设置有数据辨识功能：只有同时满足以下两个条件时，接收到的数据才有效，才会将数据装入 SBUF，并置 RI 为 "1"，向 CPU 请求中断；否则，所接收的数据帧无效。当 SM2=1 时，接收到的停止位 "1" 装入 RB8 中。

① RI=0。

② SM2=0 或 SM2=1 且接收到停止位为 "1"。

3．方式 2、方式 3

串行口工作在方式 2、方式 3 时，为 9 位异步通信口，发送、接收 1 帧信息由 11 位组成，即 1 位起始位、8 位数据 D0～D7（低位在前）、1 位可编程的第 9 位 D8（发送时，第 9 位为 SCON 中的 TB8；接收时，第 9 位为 SCON 中的 RB8）及 1 位停止位，如图 7-10 所示。

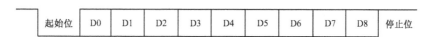

| 起始位 | D0 | D1 | D2 | D3 | D4 | D5 | D6 | D7 | D8 | 停止位 |

图 7-10　方式 2、方式 3 数据格式

（1）发送

当 CPU 向发送缓冲器 SBUF 写入一个数据后，便立即启动发送器发送。先发送起始位 "0"，接着从低位开始依次输出 8 位数据，再发送 SCON 中的 TB8，最后输出停止位。发送完一帧信息后，发送中断标志 TI 置 "1"，向 CPU 请求中断。

（2）接收

使用与方式 1 类似的方法识别起始位。必须注意，方式 2、方式 3 接收中也设置有数据辨识功能：只有同时满足以下两个条件时，接收到的数据才有效，才能将接收到的数据装入 SBUF 和 RB8，并置 RI 为 "1"；否则，所接收的数据帧无效。

① RI=0。

② SM2=0 或 SM2=1 且接收到的第 9 位的数据为 "1"。

方式 2、方式 3 的区别：方式 2 的波特率为 $f_{osc}/32$ 或 $f_{osc}/64$，而方式 3 的波特率可变。

7.2.4　波特率设计

MCS-51 串行口有 4 种工作方式，其波特率计算方法也不同。

方式 0：波特率为振荡频率的 1/12。

$$波特率=\frac{f_{osc}}{12} \qquad \text{b/s（位/秒）}$$

方式 2：波特率为振荡频率 $2^{SMOD}/64$。

$$波特率=f_{osc} \times \frac{2^{SMOD}}{64} \qquad \text{b/s（位/秒）}$$

方式 1 和方式 3：波特率为

$$波特率=\frac{2^{SMOD}}{32} \times n \qquad \text{b/s（位/秒）}$$

式中，f_{osc} 为单片晶体振荡频率；SMOD 由控制寄存器 PCON 中的 SMOD 位（1 或 0）决定；n 为定时器 T1 的溢出率，而定时器 T1 的溢出率又与 T1 的工作方式、计数初值及晶体振荡频率有关。本节主要讨论定时器 T1 工作在方式 0、方式 1、方式 2 时，串行口工作在方式 1 和方式 3 的波特率设计方法。

1. T1 工作在定时器方式 0 的波特率设计

定时器 T1 工作方式 0 为 13 位计数器，溢出率：

$$n=\frac{f_{osc}}{12} \cdot (2^{13} - Z + NR)^{-1} \qquad (1/s)$$

式中，Z 为 T1 初值；NR 为 T1 溢出后恢复初值的周期数，故波特率为

$$波特率=\frac{2^{SMOD}}{32} \times \frac{f_{osc}}{12} \cdot (2^{13} - Z + NR)^{-1} \qquad \text{b/s（位/秒）}$$

例如，T1 初始化程序和 T1 溢出中断服务程序：

```
MAIN:   ...
        SETB    PT1             ;置定时器 T1 为最高优先级
        SETB    EA              ;CPU 中断
        SETB    ET1             ;允许 T1 中断
        MOV     TMOD,#00H        ;置定时器 1 的工作方式
        MOV     TL1,#XH          ;置初值低 8 位 XH
        MOV     TH1,#YH          ;置高值
        SETB    TR1             ;开始运行
        ...
PT1:    CLR     TR1             ;禁止运行
        MOV     TL1,#XH          ;送时间常数
        MOV     TH1,#YH
        SETB    TR1             ;开始运行
        RETI                    ;中断返回
```

在上面的程序中，TL1 和 TH1 的初值 X、Y 均为十六进制数，由于定时器方式 0 为 13 位计数器，故定时器初值 Z 为 13 位二进制数，可表示为 $Z=Y_7Y_6Y_5Y_4Y_3Y_2Y_1Y_0X_4X_3X_2X_1X_0$，假设 Y=0AAH，X=08H，则 Z=0AA8H。

恢复初值周期数 NR=N_1+N_2。N_1 为 CPU 响应中断，从主程序转入中断服务程序所需的机器周期数，一般为 3～8 个机器周期，本例中取 N_1=3；N_2 为转入中断服务程序后，到定时器恢复初值开始运行（SETB TR1）所执行指令的机器周期数。本例中，中断服务程序执行到 SETB TR1 共需 4 条指令，6 个机器周期，故 N_2=6。所以，NR=9。

2．T1 工作在定时器方式 1 的波特率设计

定时器 T1 工作方式 1 为 16 位计数器，则初值 Z=TH1TL1。

$$溢出率 \ n = \frac{f_{osc}}{12} \cdot (2^{16} - Z + NR)^{-1} \qquad （1/s）$$

$$波特率 = \frac{2^{SMOD}}{32} \times \frac{f_{osc}}{12} \cdot (2^{16} - Z + NR)^{-1} \qquad b/s（位/秒）$$

3．T1 工作在定时器方式 2 的波特率设计

定时器 T1 工作方式 2 为自动恢复初始值的 8 位计数器，则初值 Z=TH1。

$$溢出率 \ n = \frac{f_{osc}}{12} \cdot (256 - Z)^{-1} \qquad （1/s）$$

$$波特率 = \frac{2^{SMOD}}{32} \times \frac{f_{osc}}{12} \cdot (256 - Z)^{-1} \qquad b/s（位/秒）$$

从上述三种情况分析可以看出，引起溢出率 n 误差的关键在于 NR。显然，当 T1 工作在定时器方式 2 时，溢出率 n 误差最小。

必须指出，若定时器 T1 定义为外部计数方式，则上述公式中的 $f_{osc}/12$ 用输入脉冲频率 f 的 1/12，即 $f/12$ 替代即可。

表 7-2 列出了常用的波特率及相应的振荡频率、定时器 T1 工作方式和计数初值，读者在应用时可直接查表。例如，设计波特率 2400b/s，晶振频率为 11.0592MHz，定时器 T1 工作在方式 2，SMOD=0，故计数器初值为 Z=F4H。

表 7-2　常用的波特率及相应的振荡频率

波　特　率		振荡频率 f_{osc}（MHz）	SMOD	定时器 T1		
				C/$\overline{T}$	方式	计数初值
方式 0（最大）	1Mb/s	12	×	×	×	×
方式 2（最大）	375kb/s	12	1	×	×	×
方式 1、方式 3	62.5kb/s	12	1	0	2	FFH
	19.2kb/s	11.0592	1	0	2	FDH
	9.6kb/s	11.0592	0	0	2	FDH
	4.8kb/s	11.0592	0	0	2	FAH
	2.4kb/s	11.0592	0	0	2	F4H
	1.2kb/s	11.0592	0	0	2	E8H
	137.6b/s	11.986	0	0	2	1DH
	110b/s	6	0	0	2	72H
	110b/s	12	0	0	1	FEEBH

7.2.5　RS-232 标准串行总线接口及应用

RS-232C 是由美国电子工业协会 EIA 推荐的一种串行物理接口标准，RS-232-C 总线标准设有 25 条信号线，包括一个主通道和一个辅助通道。在多数情况下主要使用主通道，但对于一般双工通信，仅需几条信号线就可实现，如一条发送线、一条接收线及一条地线。RS-232-C 的 9 芯串口引脚功能见表 7-3。

表 7-3 RS-232C 的 9 芯串口引脚功能

引脚	名称	功 能
1	DCD	MODEM 收到远程载波信号，向 DTE 发载波信号 DCD
2	RXD	接收数据线
3	TXD	发送数据线
4	DTR	DTE（数据终端：数据源或目的地）准备就绪，发送 DTR 给 MODEM
5	GND	信号地
6	DSR	DCE（数据通信设备：MODEM）准备就绪，发送 DSR 给 DTE
7	RTS	DTE 在检测到 DSR 有效时，向 MODEM 发送 RTS，请求发送数据给远程 DTE
8	CTS	当 MODEM 检测到 RTS 有效时，根据目的地的号码向远程 MODEM 发出呼叫，远程 MODEM 收到此呼叫，发出回答载波信号，本地 MODEM 收到远程载波信号时，向远程 MODEM 发出原载波信号进行确认，同时发送 DCD、CTS 给 DTE，表示通信链路已经建立，可以通信
9	RI	MODEM 收到远方呼叫时，向 DTE 发出 RI 振铃，RI 结束，若 DTR 有效，向对方发应答信号

RS-232-C 标准规定的数据传输速率为 50b/s、75b/s、100b/s、150b/s、300b/s、600b/s、1200b/s、2400b/s、4800b/s、9600b/s、19 200b/s。驱动器允许有 2500pF 的电容负载，通信距离受此电容的限制。例如，采用 150pF/m 的通信电缆时，最大通信距离为 15m；若每米电缆的电容量减小，通信距离将增加。传输距离受限制的另一原因是，RS-232 属单端信号传输，存在共地噪声，不能抑制共模干扰，因此一般用于 20m 以内的通信。在 RS-232-C 中任何一条信号线的电压均为负逻辑关系，即逻辑"1"电平规定为 -5～-15V；逻辑"0"电平规定为 +5～+15V。噪声容限为 2V，即要求接收器能识别低至 +3V 的信号作为逻辑"0"，高到 -3V 的信号作为逻辑"1"。

由于 RS-232C 规定的逻辑电平同 TTL 及 MOS 电平不一样，因此在与 TTL/MOS 电路接口时必须经过电平转换。实现电平转换有两种方法，一是用晶体管电路，二是用集成收发器电路。目前常用的单电源供电的电平转换芯片，如 Maxim 公司的 MAX232，具有体积小，连接简便，而且抗静电能力强等特点，其内部结构如图 7-11 所示。

图 7-11 中，电容 C1、C2、C3、C4 及 V+、V-是电源变换部分。在实际应用中，由于器件对电源噪声很敏感，所以 V_{CC} 需要加去耦电容 C5，其值为 0.1μF。电容 C1、C2、C3、C4 都选用电解电容，电容值为 22μF（耐压值高于 16V），可以提高抗干扰能力。连接时电容必须尽量靠近器件，注意极性。使用时要注意发送与接收引脚的对

图 7-11 MAX232 内部结构图

应，否则可能对器件或计算机串行口造成永久性损坏。

MCS-51 单片机串行口（RXD、TXD）的信号电平为 TTL 电平，当与微机的 RS-232 接口时，可通过 MAX232 芯片进行电平转换，实现单片机与微机串行通信，详见 7.3.3 节。

7.2.6　RS-422、RS-485 标准串行总线接口及应用

针对 RS-232 的不足，出现了新的串行数据接口标准 RS-422，如图 7-12 所示。它采用平衡驱动和差分接收的方法，从根本上消除了地波和共模电磁波的干扰。发送端相当于两个单端驱动器，发送同一个信号时，其中一个驱动器的输出永远是另一个驱动器的反相信号。两条线上传送的信号电平为：当一条为逻辑"1"时，另一条为逻辑"0"。在干扰信号作为共模信号出现时，接收器接收差分输入电压，只要接收器有足够的抗共模电压工作范围，就能从地线的干扰中分离出有效信号，正确接收传送的信息，其最小可区分 200mV 的电位差值。由于平衡双绞线的长度与传输速率成反比，RS-422 在 1200m 距离内能把速率提高到 100kb/s；在较短距离内，其传输速率可高达 10Mb/s，实现了长距离、高速率下传输数据。

图 7-12　平衡驱动差分接收的 RS-422 串行总线接口

采用 RS-422 实现两点之间远程通信时，需要两对平衡差分电路形成全双工传输电路。由于 RS-422 采用高输入阻抗的接收器，其发送驱动器也比 RS-232 具有更强的驱动能力，故允许在相同传输线上连接多个接收节点，最多可接 10 个节点，即 1 个为主设备（Master），其余 10 个为从设备（Salve），从设备之间不能通信，所以 RS-422 支持一点对多点的双向通信。

在实际应用系统中，往往有多点互连而不是两点直连，而且大多数情况下，在任一时刻只有一个主控模块（点）发送数据，其他模块（点）处在接收数据的状态，于是便产生了主从结构形式的 RS-485 标准。RS-485 只能按半双工方式工作，因此发送电路必须由使能信号加以控制，但只需要一对双绞线即可实现多点半双工通信，如图 7-13 所示。

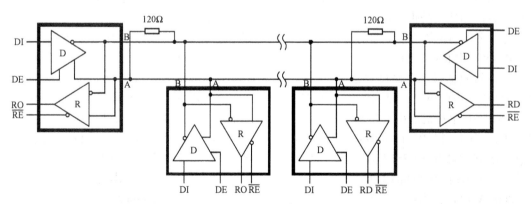

图 7-13　RS-485 二线制多点连接系统

MAX485 接口芯片是 Maxim 公司的一种 RS-485 芯片，由单+5V 电源供电，额定电流为 300μA，采用半双工通信方式，实现 TTL 电平到 RS-485 电平的转换，其引脚结构和点到点

的连接如图 7-14 所示，Rt 为阻抗匹配电阻。从图中可以看出，MAX485 芯片的结构和引脚都非常简单，内部含有一个接收器和驱动器，RO 和 DI 端分别为接收器的输出和驱动器的输入端，$\overline{RE}$ 和 DE 端分别为接收和发送的使能端。当 $\overline{RE}$ 为逻辑"0"时，器件处于接收状态。当 DE 为逻辑"1"时，器件处于发送状态。因为 MAX485 工作在半双工状态，所以只需用单片机的一位 I/O 口即可实现控制。A 端和 B 端分别为接收或发送的差分信号端，当 A 引脚的电平高于 B 引脚时，发送或接收的数据为"1"；当 A 端电平低于 B 端时，发送或接收的数据为"0"，其真值表见表 7-4。

图 7-14　MAX485 的内部结构和点到点连接图

表 7-4　MAX485 发送和接收功能表

发 送					接 收			
输入信号			输出信号		输入信号			输出信号
$\overline{RE}$	DE	DI	B	A	$\overline{RE}$	DE	V_A-V_B	RO
×	1	1	0	1	0	0	≥+0.2V	1
×	1	0	1	0	0	0	≤−0.2V	0
0	0	×	高阻	×	0	0	输入开路	1
1	0	×	高阻	×	1	0	×	高阻

RS-485 可以采用二线或四线方式进行连接。二线制连接可实现真正的多点双向对等通信，如图 7-13 所示，各个设备之间通过传递令牌获得总线控制权，获得令牌为主设备，其余为从设备，当然令牌也可以固定为一个设备所有。而采用四线连接时，与 RS-422 一样只能实现一点对多点的主从全双工通信，即只能有一个主设备，其余为从设备，如图 7-15 所示。

RS-485 比 RS-422 有改进，无论四线还是二线连接方式总线上最大可连接 32 个驱动器和收发器，接收器最小灵敏度可达±200mV，最大传输距离可以达到 1200m，最大传输速率可达 2.5Mb/s。由此可见，RS-485 协议正是针对远距离、高灵敏度、多点通信制定的标准。

MCS-51 单片机的串行口与 RS-485 的接口电路如图 7-16 所示。为使单片机不受传输通道的干扰影响，将 P3.0（RXD）、P3.1（TXD）、P1.0 通过光电隔离器件 TIL117 隔离后，再接到 485 接口芯片 SN75176，实现 TTL 电平与 485 电平之间的转换。由于 RS-485 芯片接收器的检测灵敏度为±200mV，即差分输入端（V_A-V_B）≥+200mV 时，输出逻辑"1"；（V_A-V_B）≤ −200mV 时，输出逻辑"0"；当 A、B 端电位差的绝对值小于 200mV 时，输出为不确定。如果在总线上所有发送器被禁止时，接收器输入逻辑"0"，这会误认为通信帧的起始，从而引起工作不正常。通过在 485 电路的 A、B 输出端加接上拉和下拉电阻 R7、R9，使 A 端电位高于 B 两端电位，这样 RXD 的电平在 485 总线不发送期间（总线悬浮时）呈现唯一的高电平，单片机就不会被误中断而收到乱字符。在应用系统中，由于通信载体是双绞线，阻抗为 120Ω左右，所以线路设计时，在 RS-485 网络传输线的始端和末端各应接 1 只 120Ω的匹配电阻（如图 7-16 中的 R8），以减少线路上传输信号的反射。考虑到工程现场各种干扰源的影响，在 485 总线的传输端应加保护措施，电路设计中采用稳压管 VD1、VD2 组成的吸收回路（也可以选用能够抗浪涌的 TVS 瞬态杂波抑制器件）或者直接选用能抗雷击的 485 芯片（如 SN75LBC184 等）。为防止总线中其他分机的通信受到影响（如某一台分机的 485 芯片被击穿短路），在 75176 的 485 信号输出端串联了两只 20Ω的电阻 R10、R11。

图 7-15　RS-485 四线制主/从连接系统

图 7-16　MCS-51 单片机的串行口与 RS-485 的接口电路

7.3 串行通信应用举例

7.3.1 移位寄存器方式应用

应用串行接口方式 0 输出方式,在串行口外接 74LS164 移位寄存器,可构成多个 LED 显示器接口,这种静态显示方式显示器亮度大。

【例 7-1】图 7-17 中的 74LS164(0)～74LS164(7)作为 8 位七段码 LED 显示器的静态显示接口,74LS164(8)作为键盘扫描输出接口,8051 的 P3.4、P3.5 作为键盘输入线,P3.3 作为同步脉冲输出控制线。为了说明其工作原理和编程思路,用汇编语言分别编写了显示器的子程序和键盘子程序。

图 7-17 串行方式 0 实现键盘、显示电路

显示子程序 DIR:

DIR:	SETB	P3.3	;开放显示输出
	MOV	R7,#08H	
	MOV	R0,#7FH	;7FH～78H 为 7 个 LED 显示缓冲器
DL0:	MOV	A,@R0	;取出要显示的数
	ADD	A,#0DH	;加上偏移量
	MOVC	A,@A+PC	;查表取出字形数据
	MOV	SBUF,A	;送出显示
DL1:	JNB	TI,DL1	;输出完否?
	CLR	TI	;完,清"0"中断标志
	DEC	R0	;再取下一个数

```
           DJNZ   R7,DL0
           CLR    P3.3                        ;关闭显示器输出
           RET                                ;返回
SEGTAB:    DB     0C0H,0F9H,0A4H,0B0H,99H      ;0, 1, 2, 3, 4
           DB     92H,82H,0F8H,80H,90H         ;5, 6, 7, 8, 9
           DB     88H,83H,0C6H,0A1H,86H        ;A, B, C, D, E
           DB     8FH,0BFH,8CH,0FFH,0FFH       ;F, 一, P, 暗, 暗
```

键盘输入子程序 KEY：

```
    KEY:   MOV    A,#00H
           MOV    SBUF,A                       ;使扫描键盘的 164 输出为 00H
    KL0:   JNB    TI,KL0                        ;输出完否
           CLR    TI                           ;清 "0" 中断标志
    KL1:   JNB    P3.4,PK1                      ;第一排键中有闭合键吗
           JB     P3.5,KL1                      ;第二排键有闭合键吗
    PK1:   ACALL  DL10                          ;延迟
           JNB    P3.4,PK2                      ;是否由抖动引起的
           JB     P3.5,KL1
    PK2:   MOV    R7,#08H                       ;不是由抖动引起的
           MOV    R6,#0FEH                      ;判别是哪一个键被按下
           MOV    R3,#00H
   KEY1:   MOV    A,R6
    KL5:   MOV    SBUF,A
    KL2:   JNB    TI,KL2                        ;等待串行口发送完
           CLR    TI
           JNB    P3.4,PKONE
           JB     P3.5,NEXT
           MOV    R4,#08H                       ;第二排键中有键被按下
           AJMP   PK3
  PKONE:   MOV    R4,#00H                       ;第一排键中有键被按下
    PK3:   MOV    SBUF,#00H                     ;等待键释放
    KL3:   JNB    TI,KL3
           CLR    TI
    KL4:   JNB    P3.4,KL4
           JNB    P3.5,KL4
           MOV    A,R4
           ADD    A,R3
    KL5:   RET
   NEXT:   MOV    A,R6
           RL     A
           MOV    R6,A
           INC    R3
```

```
            DJNZ    R7,KL5
            AJMP    KEY1
DL10:   MOV     R7,#0AH                            ;延迟子程序
    DL  MOV     R6,#0FFH
DL6:    DJNZ    R6,DL6
            DJNZ    R7,DL
            RET
```

【例 7-2】 图 7-18 为两位 LED 显示电路，在 TXD 线输出移位脉冲，在 RXD 线上输出串行数据，用 C 语言编写源程序，要求在 LED 上显示"90"。

图 7-18　串行口方式 0 扩展的 2 位 LED 电路

```c
#include <reg52.h>
#include <intrins.h>
char code table[10]={0xc0,0xf9,0xa4,0xb0,0x99,0x92,0x82,0xf8,0x80,0x90}//共阳 LED 表"0~9"
disp (char  x,char  y)
        { SCON=0x00; //定义串口工作于方式 0
          SBUF=table[x]; //输出字符 0 的段码
        while (!_testbit_(TI)); //等待发送完成
          SBUF=table[y]; //输出字符 0 的段码
          while (!_testbit_(TI));} //等待发送完成
main()
        {disp(0,9);}
```

7.3.2　双机、多机通信应用

1.　甲乙两机点到点通信

设甲、乙二机为相距很近（1m 之内）的 MCS-51 应用系统，则可将它们的串行口直接相连，以实现全双工的双机通信，如图 7-19 所示。当需要增加通信距离时，可以采用 RS-232 或 RS-422 标准进行双机通信。为了减少线路干扰，在收、发的数据端还可以采用光电隔离器（见图 7-16）。

【例 7-3】 设有甲、乙两台单片机 f_{osc}= 11.059MHz，用调用子程序的方法编出实现如下单工通信功能的程序。

甲机（发送机）：从内部 RAM 单元 20H～25H 中取出 6 个 ASCII 码数据，在最高位加上奇偶校验位后由串行口发送。采用 8 位异步通信，波特率为 1200b/s。

图 7-19 双机通信

乙机（接收机）：接收器把接收到的 6 个 ASCII 码数据，先进行奇偶校验。若传送正确，则将数据依次存放在内部 RAM 区 20H～25H 单元中。若奇偶出错，则将出错信息"FFH"存入相应的单元中。

解：图 7-20 为甲机发送、乙机接收程序流程图。

（a）甲机发送　　　　　　（b）乙机接收

图 7-20 单工通信流程图

（1）甲机，主程序：

```
            ORG    0000H
            AJMP   MAINT
            ORG    0030H            ;主程序入口地址
    MAINT:  MOV    SP,#60H
            MOV    TMOD,#20H        ;置定时器 T1 为工作方式 2
            MOV    TH1,#0E8H        ;置波特率 1200b/s 的计数初值
            MOV    TL1,#0E8H
            MOV    SCON,#40H        ;串行口工作方式 1
            SETB   TR1              ;启动定时器 T1 工作
            MOV    R0,#20H          ;数据首地址→R0
```

```
          MOV   R7,#06H                    ;传送字节数→R7
LOOP:     MOV   A,@R0                      ;取一个待传送的数据字节
          LCALL OUT1                       ;调用串行口发送子程序
          INC   R0                         ;修改地址指针
          DJNZ  R7,LOOP                    ;若未全部发送完，则转 LOOP 继续
          SJMP  $
```

发送子程序 OUT1：

```
OUT1:     MOV   C,P                        ;设置奇偶校验位（补奇）
          CPL   C
          MOV   ACC.7,C
          MOV   SBUF,A                     ;启动串行口发送数据
          JNB   TI,$                       ;等待数据字节发送完毕
          CLR   TI                         ;清发送标志 TI 为下一数据串行发送做准备
          RET                              ;子程序返回
```

（2）乙机，主程序：

```
          ORG   0000H
          AJMP  MAIND
          ORG   0030H                      ;主程序入口地址
MAIND:    MOV   SP,#60H
          MOV   TMOD,#20H                  ;置定时器 T1 为工作方式 2
          MOV   TH1,#0E8H                  ;置波特率 1200b/s 的计数初值
          MOV   TL1,#0E8H
          SETB  TR1                        ;启动定时器 T1 工作
          MOV   R0,#20H                    ;数据首地址→R0
          MOV   R7,#06H                    ;传送字节数→R7
          MOV   SCON,#50H                  ;置串行口工作方式 1，并使 REN=1
LOOP:     LCALL IN1                        ;调用接收子程序
          JC    ERROR                      ;若 C=1，则出错
          MOV   @R0,A                      ;将接收的数据送指定 RAM 单元中
LOOP1:    INC   R0                         ;修改地址指针
          DJNZ  R7,LOOP                    ;若未全部接收完毕，则转 LOOP 继续
          SJMP  NEXT
ERROR:    MOV   @R0,#0FFH                  ;将出错字符"FF"送指定 RAM 单元
          SJMP  LOOP1
NEXT:     SJMP  NEXT
```

接收子程序 IN1：

```
IN1:      JNB   RI,$                       ;等待一个数据字节接收完毕
          CLR   RI                         ;清标志 RI，为接收下一个数据字节做准备
          MOV   A,SBUF                     ;接收到的数据字节→A
          MOV   C,P                        ;检查奇校验位
          CPL   C
```

```
        ANL    A,#7FH                          ;消去奇校验位
        RET                                    ;子程序返回
```

在软件编程之前，通信双方应该有一系列的约定，即协议，如数据传输的波特率、呼叫信号、应答信号、数据格式等。在正式发送数据之前，应有一些询问对方（是否准备好？）的握手信号；在数据传输结束，接收方也应有差错校验等过程。

【例 7-4】 设有甲、乙两台单片机，均采用 11.0592MHz 的晶振，现甲方需将 8 个字节的数据块顺序发送给乙机。双方采用 4800b/s 的波特率进行通信。通信之前，先进行握手操作：甲机发出的呼叫信号为"00"，询问乙机是否已准备好；乙机收到"00"后，若同意接收，则向甲机发送"01"，否则回送"00"。

甲机在收到乙机回送的"01"后，开始发送数据，否则继续呼叫，直到乙机同意接收为止，发送数据的格式如下：

字节个数	数据 1	数据 2	……	数据 n	校验字节

其中，校验字节取决于不同的校验方法，可以是和校验字节、异或校验字节、CRC 循环冗余码等，最简单的是和校验、异或校验，即将 n 个数据求和或进行异或运算，最终的结果作为校验字节。

乙机接收完 n 个数据以后，也将所收到的 n 个字节相加（异或），得到的结果再与校验字节比较，若相同，说明数据正确，回送"02"给甲机；若不同，说明数据在传输过程中有干扰，回送"03"给甲机。甲机在收到"02"后，表示数据通信完成；收到"03"后，表示数据通信失败，重新发送数据。

对于接收和发送两种数据传输方式，由于单片机串口的收、发都有一定的条件，即 TI="1"或 RI="1"，因此 CPU 只能采用查询或中断方式进行收、发数据。查询方式简单，但 CPU 的利用率低，故对于接收数据的操作，由于具有不确定性，常采用中断方式进行；而对于发送数据的操作，则常采用查询方式进行。在本例中，甲机采用查询方式，乙机采用中断方式。甲机发送数据的程序流程如图 7-21 所示，乙机接收数据的程序流程如图 7-22 所示。

甲机查询方式发送程序如下：

```c
#include    <reg51.h>
#include    <intrins.h>
unsigned    char    data    tranbuf[]="ABCDEFGH";
unsigned    char    data    i,x=0;
main()
{ TMOD=0x20;                     //使用定时器 T1 工作于方式 2 作为波特率发生器
  TH1=0xFA;TL1=0xFA;             //设初值 N，波特率为 4800b/s，见表 7-2
  TR1=1;                         //开定时器 T1 产生波特率
  SCON=0x50;                     //串口工作方式 1，SM2=0，接收允许，RI=TI=0
  PCON=0x00;                     //SMOD=0
  do
  { SBUF=0;                          //发送呼叫信号
      while (!_testbit_(TI));        //等待发送完成 TI=1
      while (! _testbit_(RI));}      //等待接收到乙机应答 RI==1
  while (SBUF==0);                   //若乙机未准备好，继续呼叫，直到收到 01 为止
```

```
    do {SBUF=8;                          //发送数据长度
        while (!_testbit_(TI));          //等待发送完成 TI=1
        for (i=0;i<8;i++)
        {SBUF=tranbuf[i];                //发送数据
          x^=tranbuf[i];                 //生成异或校验码
          while (!_testbit_(TI));}        //等待发送完成 TI=1
           SBUF=x;                       //发送校验码字节
           while (!_testbit_(TI));       //等待发送完成 TI=1
            while (! _testbit_(RI));}     //等待接收到乙机校验应答 RI=1
          while (SBUF!=02);              //若不正确，则重发
    }
```

图 7-21　甲机发送程序的流程图　　　　图 7-22　乙机主程序和中断程序的流程图

乙机程序如下：

```
#include  <reg51.h>
#include  <intrins.h>
unsigned  char  data  receibuf[8];
unsigned  char  data  i,x=0,y=0;
unsigned  char  data  * p=receibuf;
main()
{ TMOD=0x20;              //使用定时器 T1 工作于方式 2 作为波特率发生器
  TH1=0xFA;TL1=0xFA;      //设初值 N，波特率为 4800b/s，见表 7-2
  TR1=1;                  //开定时器 T1 产生波特率
```

```
    SCON=0x50;              //串行口工作方式 1 ，SM2=0，接收允许，RI=TI=0
    PCON=0x00;              //SMOD=0
    EA=1;ES=1;              //开 CPU 和串行口中断
     while(1);              //等待中断发生
}
void   series() interrupt   4 //串行口接收中断函数
{if (_testbit_(RI))         //是接收中断，清 RI=0
{switch(x)
    case   0:{if (SBUF==0){SBUF=1;x++;}//若是呼叫，发应答 01
            else   SBUF=0;         //不是呼叫，发应答 0
               while (!_testbit_(TI)); break;} //等待发送完成返回
    case   1:{i=SBUF;x++; break;} //接收数据长度
    case   2:{*p=SBUF;p++;     //接收数据
               y^=SBUF;         //生成异或校验字节
               i--;              //字节数减 1
               if (i==0)x++;break;}  //判数据收完
    case   3:{if (y==SBUF)SBUF=2;  //校验正确，发数据 02
            else   {SBUF=03;x=1;p=receibuf;y=0;}//校验错误，发数据 03，返回初态
               while (!_testbit_(TI));}
    }
}
```

2. 单片机多机通信

在分布式集散控制系统中，往往采用一台单片机作为主机，多个单片机作为从机。主机控制系统，从机采集现场信号，主机和从机之间通过总线相连，如图 7-23 所示。主机通过 TXD 向各个从机（点到点）或多个从机（广播）发送信息，各个从机也可以向主机发送信息，但从机之间不能直接通信，必须通过主机进行信息传递。

图 7-23　MCS-51 多机系统结构框图

为了保证多机通信的可靠性，在点到点通信时，采用了寻址技术，即主机先发送 1 帧"地址信息"给各个从机进行联络，各从机接收到主机发来的"地址信息"后，便与本机的地址号相比较。若相同，则开始与主机通信；若不同，则不理睬主机发送的数据信息，也不向主机发送信息。

多机通信时，MCS-51 串行口只能工作在方式 2、方式 3。此时单片机发送或接收的 1 帧信息都是 11 位（1 位起始位、9 位数据位、1 位停止位），其中第 9 位数据发送或接收是通过

TB8 或 RB8 实现的。SM2 为多机通信控制位，从机的 SM2 设置为"1"，其通信过程如下：

① 主机发送"地址信息"，第 9 位数据 TB8 置为"1"。由于各个从机收到的 RB8 为"1"，故从机接收完 1 帧信息后，会置中断标志 RI 为"1"，CPU 响应中断处理接收到的"地址信息"。

② 各个从机处理"地址信息"，若地址与本机地址符合，则清 SM2 为"0"，并向主机回答"从机已做好通信准备"；若地址与本机不符，则保持从机 SM2 为"1"，等待主机的呼叫。当主机收到某个从机（只可能是一个）的回答后，主机和从机便可以正式"信息"通信。

③ 主机向从机发送"数据信息"，第 9 位数据 TB8 置为"0"，各从机收到的 RB8 也应为"0"，此时只有 SM2=0 的从机才会置中断标志 RI 为"1"，从而产生中断，接收来自主机的"信息"；其余从机 RI 为"0"，不会产生中断，即不理睬"信息"。

图 7-24　多机单工通信连线图

这样便实现了主机和从机之间的一对一通信。当一次通信结束以后，从机的 SM2 再次设置为"1"，主机可以发送新的"地址信息"，以便和另一个从机进行通信。

【例 7-5】设多机单工通信如图 7-24 所示，通信功能如下。主机：向从机发送 1 帧地址信息，然后再向从机发送 10 个数据信息。从机：接收主机发来的地址帧信息，并与本机的地址号相比较，若不符，则仍保持 SM2=1 不变；若相符，则使 SM2 清"0"，准备接收后续数据信息，直至接收完 10 个数据信息。

主机和从机的程序流程图如图 7-25 所示。

① 主机，主程序：

```
            ORG    0000H
            LJMP   MAINT          ;主程序入口地址
            ORG    0023H
            LJMP   INTSE1         ;串行口中断入口地址
            ORG    0030H
    MAINT:  MOV    SP,#60H
            MOV    PCON,#80H      ;波特率加倍
            MOV    SCON,#80H      ;串行口方式 2，发送
            MOV    DPTR,#DAADT    ;数据地址指针
            MOV    R7,#00H        ;发送数据字节数指针
            MOV    R2,#ADAD1      ;从机地址号→R2
            SETB   EA             ;CPU 开中断
            SETB   ES             ;串行口开中断
            SETB   TB8            ;置位 TB8，作为地址帧信息特征
            MOV    A,R2           ;发送地址帧信息
            MOV    SBUF,A
            SJMP   $              ;等待中断
```

（a）主机程序框图

（b）从机程序框图

图 7-25 多机单工通信流程图

主机，串行口中断服务程序：

```
INTSE1: CLR   TI              ;清发送中断标志
        CLR   TB8             ;清 TB8 位，为发送数据帧信息做准备
        MOVX  A,@DPTR         ;发送一个数据字节
        MOV   SBUF,A
        INC   DPTR            ;修改指针
        INC   R7
        CJNE  R7,#0AH,LOOP     ;判数据字节是否发完
        CLR   ES              ;发送完，则关串行口中断
LOOP:   RETI                 ;中断返回
```

② 从机，主程序：

```
            ORG    0000H
            LJMP   MAINR
            ORG    0023H
            LJMP   INTSE2              ;串行口中断入口地址
            ORG    0030H              ;从机主程序入口地址
    MAINR:  MOV    SP,#60H
            MOV    PCON,#80H          ;波特率加倍
            MOV    SCON,#0B0H         ;方式 2，SM2=1，REN=1，接收状态
            MOV    DPTR,#DAADR        ;数据地址指针
            MOV    R7,#10             ;接收数据字节数
            SETB   EA                 ;CPU 开中断
            SETB   ES                 ;串行口开中断
            SJMP   $                  ;等待中断
```

从机，串行口中断服务程序：

```
    INTSE2: CLR    RI
            MOV    A,SBUF             ;取接收信息
            MOV    C,RB8              ;取 RB8（信息特征位）→CY 位
            JNC    LOOP               ;C=0 为数据帧信息，转 LOOP
            XRL    A,#ADAD2           ;C=1 为地址帧，与本机地址号相比较
            JZ     LOOP1              ;地址相符，则转 LOOP1
            SJMP   LOOP2              ;地址不相符，则转 LOOP2
    LOOP1:  CLR    SM2                ;清 SM2，为后面接收数据帧做准备
            SJMP   LOOP2              ;中断返回
    LOOP:   MOVX   @DPTR,A            ;接收的数据→数据缓冲区
            INC    DPTR               ;修改地址指针
            DJNZ   R7,LOOP2           ;数据字节没全部接收完，则转 LOOP2
            SETB   SM2                ;全部接收完，置 SM2=1
    LOOP2:  RETI                      ;中断返回
```

在进行多机通信时应注意，只有从机启动以后且处于接收状态，主机才能开始发送信息。

【例 7-6】某多机通信系统中，有 1 台主机、255 台从机。从机地址号为 00H～FEH，采用多机通信协议实现多机通信，协议如下：

① 主机发送广播地址"FFH"时，复位所有从机使 SM2=1，准备接收主机发来的地址。

② 主机发送从机地址"00H～FEH"，等待从机呼叫应答，回送从机地址。若错误，则重新发送广播地址"FFH"，复位从机；若正确，主机向被寻址的从机发送"命令信息"："01H"为从机接收主机数据命令，"02H"为主机接收从机数据命令。此后主机接收从机所发出的状态信息，格式如下：

D7	D6	D5	D4	D3	D2	D1	D0
ERR						TRDY	RRDY

RRDY="1",从机准备接收主机的数据;

TRDY="1",从机准备向主机发送数据;

ERR="1",从机接收的命令是非法的。

只有从机处于 TRDY 或 RRDY,主、从机之间才能进行数据通信,数据格式为"长度+数据包+和校验码"。接收方接收完数据包后进行求和校验,若校验正确,发应答信号"00H";校验错误,发应答信号"FFH",要求对方重发。主机程序流程如图 7-23 所示。

① 主机程序流程如图 7-26 所示,程序如下:

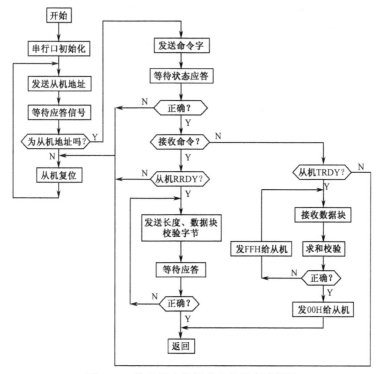

图 7-26 单片机多机通信主机程序流程图

```
#include    <reg51.h>
#include    <intrins.h>
#define    uchar    unsigned    char
#define    SLAVE    0x01
#define    NUMBER    16
uchar    data    receibuf[16];
uchar    data    transbuf[16]={"master    transmit"}
void error()
{
SBUF=0xff;while (!_testbit_(TI));                //错误发 0FF,并等待结束
}
bit    master(uchar    address, uchar    cmd,uchar    k)//主机呼叫从机 address,发送/接收 k 个数据
{
    uchar    status,check,i,n;
```

```
            SBUF= address;TB8=1;                    //主机发呼叫地址
            while (!_testbit_(TI));                 //等待发送完成
            while (!_testbit_(RI));                 //等待从机回答
            if (SBUF!= address )  error(); return(0);   //若地址错，发复位信号
            else {
                    TB8=0;SBUF=cmd;                 //地址正确，清地址标志，发命令
            while (!_testbit_(TI));                 //等待发送完成
                while (!_testbit_(RI));             //等待从机回答
                status=SBUF;                        //接收从机状态信息
                if  (status&0x80) error(); return(0);   //若错误，发复位信号
                else if  (cmd==01)
                    {
                    if  (status&0x01)               //从机接收 RRDY
                     {
                      do
                        {
                        SBUF=k;                      //发字节数
                        while (!_testbit_(TI));      //等待发送完成
                        check=0;                     //清校验字
                        for (i=0;i<k;i++)
                          {
                          SBUF=transbuf[i];          //发一数据
                          check+= transbuf[i];       //生成校验和
                          while (!_testbit_(TI));     //等待发送完成
                          }
                        SBUF= check;                 //发校验和
                         while (!_testbit_(TI));      //等待发送完成
                        while (!_testbit_(RI));       //等待从机回答
                         }
                        while(SBUF!=0);              //接收不正确，重新发送
                        TB8=1; return(1)             //正确，置地址标志返回
                        }
                    }
                else
                  {
                   if  (status&0x02)                 //从机发送 TRDY
                   while(1)
                     {
                      while (!_testbit_(RI));
                      n=SBUF;check=0;                 //接收数据长度
                      for (i=0;i<n;i++)
```

```
                    {
                        while (!_testbit_(RI));
                          receibuf[i]=SBUF;        //接收数据
                          check+=SBUF;             //生成校验字节
                    }
                    while (!_testbit_(RI));        //接收校验字节
                    if (SBUF==check)
                        {
                        SBUF=0;                      //校验和相同，发送 0 给从机
                          while (!_testbit_(TI)); break;
                        }
                    else
                        {
                        SBUF=0xff;                   //校验和不同，发送 ff 给从机
                          while (!_testbit_(TI));    //等待发送完成
                        }
                }
                TB8=1; return(1);                    //正确，置地址标志返回
            }
        }
    }
void   main ()            //主机主函数
  {TMOD=0x20;             //定义 T1 工作于定时器方式 2
  TL1=0xfd; TH1=0xfd; //置初值，设定波特率为 9600
  PCON=0;                //设定 SMOD=0
  TR1=1;                 //启动 T1
  SCON=0xf8;             //设置串行口为方式 3，允许接收，且 TB8=1
  while(!master(SLAVE,01,NUMBER));
  }
```

② 1 号从机工作于中断方式，主程序如下：

```
#include   <reg51.h>
#include   <intrins.h>
#define  uchar  unsigned  char
#define  SLAVE   0x01
#define  NUMBER  16
uchar   data   receibuf[16];
uchar   data   transbuf[16]={" slave 01   transmit"}
void   main ()
  {
    TMOD=0x20;            //定义 T1 工作于定时器方式 2
    TL1=0xfd;TH1=0xfd;   //置初值，设定波特率为 9600
```

```
        PCON=0;                    //设定 SMOD=0
        TR1=1;                     //启动 T1
        SCON=0xf0;                 //设置串行口为方式 3，允许接收
        ES=1;EA=1;                 //开串行口中断
        while(1);
    }
```

③ 1 号从机发送和接收的中断程序流程如图 7-27 所示，程序如下：

图 7-27　多机通信从机中断流程

```
        void   serial ()   interrupt   4   using   1
        { uchar    cmd,i,n,sum=0;
        if (_testbit_(RI))
        { if (SBUF!=SLAVE) {SBUF=0xff;while(!_testbit_(TI));goto reback;} //收到的信号是否为本机号？
        SM2=0;                     //是，设定 SM2=0，发送本机地址
        SBUF=SLAVE                 //发送从机地址
        while (!_testbit_(TI));     //等待发送完成
        while (!_testbit_(RI));     //等待接收指令
        if (RB8) {SM2=1;goto reback;} //是地址信号，中断返回
        cmd=SBUF;                  //读入主机指令
        if (cmd==01)               //若为接收数据指令，READY 则发送 01 信息
           {SBUF=01;               //接收 READY，发送命令应答信号 01，并开始接收数据
```

```
while (!_testbit_(TI)); //等待发送完成
while (!_testbit_(RI)); //等待数据的到来
if (RB8) {SM2=1;goto reback;}    //是地址信号，中断返回
n=SBUF;while (!_testbit_(RI));
for (i=0;i<n;i++)
    {rebuffer[i]=SBUF;sum+=rebuffer[i];while (!_testbit_(RI));}   //接收 n 个数据
if(SBUF==sum) SBUF=00; //校验和相同，发 00H，否则发 FFH
else      SBUF=0xff;
while (!_testbit_(TI));         //等待发送完成
SM2=1;}                   //返回到接收地址状态
else   if (cmd==02)  //若为发送数据指令，READY，发送应答信号 02，并开始发送数据
  {SBUF=02; while (!_testbit_(TI));
do
    {SBUF=NUMBER;while (!_testbit_(TI));   //发送数据包长度
     for (i=0,sum=0;i<NUMBER;i++)
     {SBUF=trbuffer[i];sum+=trbuffer[i];while (!_testbit_(TI));}//发送 NUMBER 个数据
     SBUF==sum;               //发送校验和
     while (!_testbit_(TI));
     while (!_testbit_(RI));
     }
  while (SBUF!=0);             //主机接收不正确，重新发送
  SM2=1;}                  //返回到接收地址状态
    else {SBUF=0x80;while (!_testbit_(TI));SM2=1}   //命令非法，发错误信息 80H
reback:;}
  }
```

7.3.3 单片机与微机的串行通信

随着计算机技术的快速发展和广泛应用，上、下位机的主从工作方式越来越为数据采集和控制系统所使用。单片机使用灵活、控制方便，可作为从机，进行现场数据的采集和控制；微机的分析处理能力强、速度快，可作为主机，通过异步通信口接收单片机采集的数据，对数据进行分析、处理，并对单片机发出控制指令。单片机与微机都具有异步通信接口，但输出的电平不同，微机为 RS-232 电平，单片机为 TTL 电平，所以必须通过电平转换器（如 MAX232）才能实现串行通信，如图 7-28 所示。

在单片机应用系统中，经常需要通过 RS-232 串行口与微机进行通信。目前在各种操作系统中，Microsoft Windows 操作系统使用比较普遍。以往基于 Windows 平台上的串行通信大多使用其提供的 API 函数来实现，这种方法需要进行许多底层设置，因而较为烦琐，并且难以理解。Microsoft 推出的 ActiveX 技术提供了另外一种实现串行通信的方法，这种方法不仅相对较为简单，而且非常实用。尤其是在 Visual C++这种可视化面向对象的编程环境中，可以真正把串行口看成一个对象，编程时只需简单的设置，理解起来也很容易。下面详细讨论 VC++中用 Activex 控件实现微机串行通信的方法。该控件的相应文件是 MSCOMM32.OCX，以下简称为 MSCOMM 控件。

图 7-28 微机与 MCS-51 单片机通信连接图

1. MSCOMM 控件

MSCOMM 控件（即 Microsoft Communication Control）是 Microsoft 为简化 Windows 下串行通信编程而提供的 ActiveX 控件。它提供了一系列标准通信命令的使用接口，利用它可以建立与串行口的连接，并可以通过串行口连接到其他通信设备（如调制解调器），发出命令、交换数据及监视和响应串行连接中发生的事件和错误。MSCOMM 控件可用于创建电话拨号程序、串行口通信程序和功能完备的终端程序。MSCOMM 控件提供了两种处理通信的方式：

（1）事件驱动方式：当通信事件发生时，MSCOMM 控件会触发 OnComm 事件，调用者可以捕获该事件，通过检查其 CommEvent 属性便可确认发生的是哪种事件或错误，从而进行相应的处理。这种方法的优点是响应及时，可靠性高。

（2）查询方式：在程序的每个关键功能之后，可以通过检查 CommEvent 属性的值来查询事件和错误。如果应用程序较小，这种方法可能更可取。例如，编写一个简单的电话拨号程序，则没有必要每接收 1 个字符都产生事件，因为唯一等待接收的字符是调制解调器的"确定"响应。

在使用 MSCOMM 控件时，1 个 MSCOMM 控件只能对应 1 个串行口。如果应用程序需要访问和控制多个串行口，那么必须使用多个 MSCOMM 控件。

在 VC++中，MSCOMM 控件只对应着 1 个 C++类——CMSComm。由于 MSCOMM 控件本身没有提供方法，所以 CMSComm 类除了 Create()成员函数外，其他的函数都是 Get/Set函数对，用来获取或设置控件的属性。MSCOMM 控件也只有 1 个 OnComm 事件，用来向调用者通知通信事件的发生。MSCOMM 控件有许多很重要的属性，表 7-5 给出几个较为重要和常用的属性。

表 7-5 MSCOMM 控件的重要属性

属　性	说　明
CommPort	通信端口号，1 为 comm，2 为 comm2
Settings	以字符串形式表示的波特率、奇偶性（N 无校验，E 偶校验，O 奇校验）、数据位、停止位
PortOpen	设置或返回串口状态，布尔类型：Ture 为打开，False 为关闭
Input	从接收缓冲区读取数据，类型：VARIANT
Output	向发送缓冲区写入数据，类型：VARIANT
InputMode	接收数据的类型：0 为文本；1 为二进制
RthresHold	产生 OnComm 事件之前，设置要接收的字符数
SthresHold	产生 OnComm 事件之前，设置并返回传输缓冲区允许的最小字符数
CommEvent	OnComm 事件返回值，1 为发送事件，2 为接收事件

2．编程实现

从表 7-5 可以看到，MSCOMM 控件可以有两种不同的形式接收数据，即文本形式和二进制形式。由于所有以单片机为核心的测量系统所得到的原始数据几乎都是二进制形式，故以二进制形式传输数据将是最为直接而又简洁的办法，且 MSCOMM 控件在文本形式下，传输的是宽字符格式的字符，要想得到有用信息，还要额外处理。因此本书主要讨论在二进制形式下的使用方法。

在 VC++6.0 中，用 APPWizard 可以生成三种应用程序：单文档（SDI）、多文档（MDI）和基于对话框的应用程序。为了说明问题和省去不必要的细节，下面以基于对话框的应用程序为例。

（1）创建一个基于对话框的应用程序

打开 VC++6.0 集成开发环境，选择菜单项 File/New，在出现的对话框中选中 Projects 标签中的 MFC AppWizard（exe），然后在 Project Name 框中填入 MyCOMM（可根据需要命名），之后单击 OK 按钮。在接着出现的对话框中选中 Dialog Based 项，然后单击 NEXT 按钮。在余下的各个对话框都按照默认设置，这样即可生成一个基于对话框的应用程序，在资源编程器中会出现其对话框模板。

（2）插入 MSCOMM 控件

选择菜单项 Project→Add to project→Components and Controls…，在弹出的对话框中选择 Registered ActiveX Controls 文件夹下的 Microsoft Communications Control version6.0，然后单击 Insert 按钮，接着会弹出一个对话框，提示生成的类名及文件名，单击 OK 按钮即可实现控件的插入。这时在对话框的控件工具栏上会多出一个电话机模样的控件图标，Workspace 的 Classview 中也多了一个类 CMSComm。

此时即可将 MSCOMM 控件加入到对话框模板，加入方法与其他控件一样。然后还要在对话框类中相应加入一个成员变量，此处将其命名为 m_comm。加入方法：首先，在对话框模板中，用鼠标右键单击该控件，选择 ClassWizard，在出现的对话框的 Member Variables 标签的 Control Ids 项下，选中 IDC_MSCOMM1；然后，单击 Add Variable…按钮，在出现的对话框的 Member Variable Name 项中输入 m_comm；最后，单击 OK 按钮即可。

（3）设置属性

可以用两种方法对控件的属性进行设置

① 在对话框资源编辑器中：在对话框模板上，用右键单击 MSCOMM 控件，选择 Properties…菜单项，然后便可设置各项属性。此处只对以下几项进行设置（其他接受默认设置）：Rthershold 设为 1，InputLen 设为 1，DTREnable 不选，InputMode 设为 1-Binary。

② 用对话框类的 OnInitDialog()函数进行设置，如下所示：

```
BOOL CMyCOMMDlg::OnInitDialog()
{ m_comm.SetCommPort(1);            //使用串行口 1
  m_comm.SetSettings("9600,N,8,1"); //波特率为 9600b/s，无奇偶校验，8 位数据位，1 位停止位
  m_comm.SetRThreshold(1);          //每接收 1 个字符就触发 1 次接收事件
  m_comm.SetSThreshold(0);          //不触发发送事件
  m_comm.SetInputLen(10);           //每次读操作从缓冲区中取 10 个字符
  m_comm.SetInputMode(1);           //二进制数据传输形式
  if(! m_comm.GetPortOpen())
```

```
    m_comm.SetPortOpen(TRUE);        //若串行口未开,打开串行口
    return TRUE;                     //除非锁定控件,否则返回 TRUE
}
```
（4）发送二进制数据

MSComm 类的写函数为 SetOutput()。函数原形 void SetOutput(const VARIANT newValue)，均使用 VARIANT 类型。而输入的字符一般是 CString 型变量，因此必须进行转换。先将 CString 型变量转换为 BYTE 型数组，再将 BYTE 型数组转换为 ColeSafeArray 型变量，最后转换为 VARIANT 型变量发送出去。这个转换过程看起来比较复杂，但它可以满足用不同的变量类型来发送数据。以二进制形式发送数据的代码实现如下所示：

```
    void CMyCOMMDlg::OnSendData(CString m_strInputData,int kind)
    {
    VARIANT strReceive;
    BYTE    data[256];
    long i,length;
    COleSafeArray    m_input2;
    length=m_strInputData.GetLength();
    for(i=0;i<length;i++)
        data[i]=m_strInputData.GetAt(i); //将 Cstring 型变量转换为 BYTE 型数组
    length++;
    m_input2.CreateOneDim(VT_UI1,length,data,0); //创建一个 ColeSafeArray 型变量数组
    for(i=0;i<length;i++)
        m_input2.PutElement(&i,data+i);        //把字节数组转换成 ColeSafeArray 型变量
    strReceive=m_input2;                      //把 ColeSafeArray 型变量转换成 VARIANT 型变量
    m_comm.SetOutput(strReceive);             //发送数据
    }
```
（5）接收二进制数据

当需要接收大量的数据时，最好采用事件驱动方式进行编程。具体步骤如下：

① 响应 OnComm 事件。在对话框资源编程器中，双击对话框模板上的 MSCOMM 控件，在弹出的对话框中填入所希望的事件响应函数名，此处将其命名为 OnComm()。

② 在事件响应函数中接收和处理数据。MSComm 类的读函数为 GetInput()，函数原型为 VARIANT GetInput()，接收来的数据为变体数据，所以需要同发送一样做一些处理将其转换为 CString 型，才能显示在编辑框内。利用串口接收数据并显示在接收编辑框中的代码如下：

```
    void CMyCOMMDlg::OnComm()
    {VARIANT    variant_inp;
     COleSafeArray    safearray_inp;
     LONG    len,k;
     BYTE    rxdata[2048];                //设置 BYTE 数组
     CString    strtemp;
     if(m_ctrlComm.GetCommEvent()==2)    //事件值为 2 表示接收缓冲区内有字符
     {
```

```
variant_inp=m_Comm.GetInput();              //读缓冲区
safearray_inp=variant_inp;                  //VARIANT 型变量转换为 ColeSafeArray 型变量
len=safearray_inp.GetOneDimSize();          //得到有效数据长度
for(k=0;k<len;k++)
safearray_inp.GetElement(&k,rxdata+k);      //转换为 BYTE 型数组
for(k=0;k<len;k++)
    {BYTE bt=*(char*)(rxdata+k);            //将数组转换为 Cstring 型变量
     strtemp.Format("%c",bt);               //将字符送入临时变量 strtemp 存放
     m_strEditRXData+=strtemp;              //加入接收编辑框对应字符串
    }
}
UpdateData(FALSE);                          //更新编辑框内容
}
```

习题 7

1. 假定异步串行通信的字符格式为 1 个起始位、8 个数据位、两个停止位及奇校验，请画出传送字符"T"的帧格式。

2. 简述串行通信接口芯片 UART 的主要功能。

3. MCS-51 单片机的串行口共有哪几种工作方式？各有什么特点和功能？

4. MCS-51 单片机串行通信四种工作方式的波特率应如何确定？

5. 简述单片机多机通信的原理。

6. 试编写一段中断方式的发送程序：将单片机片内 RAM 50H 起始单元的 16 个数由串行接口发送。要求发送波特率为系统时钟的 32 分频，并进行奇偶校验。

7. 试编写一段接收程序：串行输入 16 个字符，存入片内 RAM 50H 为起始单元。假定波特率为 2400b/s（f_{osc}=11.0592MHz），并进行奇偶校验。

8. MCS-51 单片机串行口方式 0 输出时能否外接多个 74LS164 移位寄存器？若不可以，则说明其原因；若可以，则画出逻辑框图并说明数据输出方法。

9. 用 VC++编程实现微机与单片机的串行通信收发一组数据。

第**8**章

单片机系统扩展技术

单片机的芯片内集成了计算机的基本功能部件，从一定意义上讲，一块单片机就相当于一台单板机或一个基本的微机系统。智能仪器、仪表、小型检测及控制系统中就可直接应用单片机而不必再扩展外围芯片，这样的系统称为最小应用系统。图 8-1（a）为 MCS-51 系列中内含 ROM 单片机（如 8051、8751）的最小系统；图 8-1（b）为早期无 ROM 单片机（如8031、8032）的最小系统，目前已很少使用。

图 8-1　MCS-51 最小系统

当单片机最小系统不能满足系统功能的要求时，就必须在其外围进行系统扩展。扩展的内容包括程序存储器（ROM）、数据存储器（RAM）、输入/输出口（I/O 口）、定时器/计数器（T/C）、中断控制芯片及其他特殊功能芯片。扩展的方式有并行总线、串行总线两种方式。

并行总线扩展是将扩展芯片挂接在 MCS-51 系统总线上，此时要解决的是：单片机与相应芯片的地址线、数据线、控制线的连接，驱动与编程问题，图 8-2 为 MCS-51 系统并行总线扩展示意图。

串行总线扩展是将具有串行总线接口的芯片挂接在 MCS-51 单片机的 1～4 根 I/O 线上，通过编程产生相应的串行总线时序（又称虚拟总线，如虚拟 I^2C、SPI、1-Wire）。串行总线扩展具有接线简单、占用 I/O 资源少等特点，故近几年来得到了广泛应用，成为总线方式扩展技术的主流。

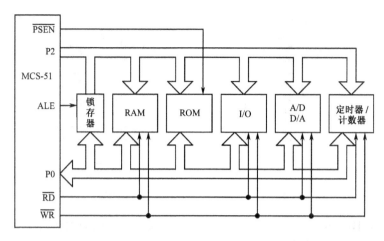

图 8-2 MCS-51 系统并行总线扩展示意图

本章将介绍存储器、I/O 口的扩展技术，常用可编程接口芯片 8255、8251 的原理和接口方法，重点在串行总线 I²C、SPI、1-Wire 技术及编程方法。有关 A/D、D/A、显示、键盘等接口内容，将在第 9 章中介绍。

8.1 并行总线扩展与总线驱动

8.1.1 外部总线扩展

为了使单片机能方便地与各种并行扩展芯片连接，需要将单片机的外部总线扩展成三总线的结构形式，如图 8-3 所示。

地址总线（A.BUS）：地址总线用于传送 CPU 输出的地址信号，以便进行存储单元和 I/O 端口的选择。地址线数目的多少决定了 CPU 寻址空间的大小，MCS-51 由 P2、P0 口提供 16 位地址线，CPU 寻址空间最大为 64KB。P2 口具有输出锁存的功能，能保留高 8 位的地址信息。P0 口为地址、数据分时使用的通道口，为保存地址信息，需外加地址锁存器锁存低 8 位的地址信息，由地址锁存允许信号 ALE 的下降沿控制锁存操作。

图 8-3 单片机的三总线结构形式

常用的地址锁存器的引脚配置与 P0 口的连接方法如图 8-4 所示。74LS273 是八 D 触发器，CLR 为清零端，低电平时输出端 Q（Ai）清零；CLK 端出现上升沿时，输出端 Q（Ai）等于输入端 D（P0.i），其余时刻输出端信号保持不变，具有锁存功能。74LS373 输出端带有三态门的八 D 触发器，当 $\overline{\text{OE}}$ 端为低电平时，输出三态门导通；当 $\overline{\text{OE}}$ 为高电平时，输出端（Ai）处于浮空态；$\overline{\text{G}}$ 为数据锁存线，当 $\overline{\text{G}}$ 为高电平时，输入与输出直通，$\overline{\text{G}}$ 下降沿锁存；因此可用单片机输出的 ALE 作为 74LS373 地址锁存器的锁存允许信号。

图 8-4 地址锁存器与 ALE、P0 口的连接

数据总线（D.BUS）：用于 CPU 与存储器、I/O 接口之间的数据传送，其宽度与 CPU 的字长相一致。MCS-51 为 8 位机，由 P0 口提供双向、三态控制的数据总线。

控制总线（C.BUS）：扩展系统时常用的控制信号为地址锁存信号 ALE、片外程序存储器取信号 $\overline{PSEN}$ 及外部数据存储器 RAM 和 I/O 口共用的读/写控制信号 $\overline{RD}$、$\overline{WR}$ 等。

8.1.2 总线驱动

在单片机应用系统中，并行扩展的三总线上挂接很多负载，如存储器、并行接口、A/D 接口、显示接口等，但总线接口的负载能力有限，因此当扩展的芯片过多时，就会造成总线驱动能力不够，系统将不能可靠地工作；为此设计单片机系统时，首先要估计总线的负载情况，以确定是否要连接总线驱动器进行总线驱动。

图 8-5 系统总线的驱动

总线驱动器对于单片机的 I/O 口只相当于增加了一个 TTL 负载，但驱动器除了对后级电路驱动外，还能对负载的波动变化起隔离作用。常用的总线驱动器可分为单向和双向两种。系统总线中的地址总线和控制总线是单向的，因此驱动器可以选用单向的，如 74LS244。系统总线中的数据总线是双向的，其驱动器也要选用双向的，如 74LS245。74LS245 每一路内部有两个双向三态门，受 DIR 端控制，DIR=1 时输出，DIR=0 时输入。当 G=1 时，两个三态门都处于高阻态。系统总线的驱动如图 8-5 所示。

8.2 存储器的并行扩展

在单片机系统中，存储器分为程序存储器和数据存储器。程序存储器用于存放程序代码或常数；数据存储器用于存放数据。由于单片机应用系统通常是专用系统，故程序存储器一般由半导体只读存储器（ROM）组成，对于无 ROM 型的单片机（如 8031、8032），或当单片机内部的程序存储器容量不够时，就需要在外部扩展程序存储器。同样，当单片机系统数据量较大时，就需要对数据存储器进行外部扩展。外部扩展的程序存储器或数据存储器最大不可超过 64KB。

8.2.1　常用存储器的介绍

1. 程序存储器

常用的程序存储器有紫外光可擦除 EPROM 和电擦除 E^2PROM、Flash 等。EPROM 性能可靠，价格低廉，曾得到广泛应用，但由于信息的擦除须用紫外光照射，且封装结构须有一个石英玻璃窗口，故使用不方便，而且擦除时间较长（一般要 10～30min）。电擦除 E^2PROM 和 Flash 存储器的出现，克服了 EPROM 光照和封装结构的弊端，而且容量大、擦除时间短，得到了广大用户的青睐和应用。

（1）EPROM

图 8-6 给出了 EPROM 27512 的引脚图，含义如下：

A0～A15：地址输入线，容量为 64KB。

D0～D7（或 O0～O7）：数据线，三态双向。读时为输出线，编程时为输入线，禁止时为高阻态。

$\overline{CE}/\overline{PGM}$：选片信号输入，低电平时有效；编程脉冲输入线。

$\overline{OE}/V_{PP}$：读选通信号输入线，低电平时有效；编程电源输入线。

V_{CC}：电源，一般为+5V。

GND：地线。

表 8-1 列出了 EPROM 27512 在不同操作方式时有关引脚的连接状态，其中 V_L 表示 TTL 低电平，V_H 表示 TTL 高电平。编程电源 V_{PP} 因型号和厂商而异。

图 8-6　EPROM 27512 的引脚图

表 8-1　EPROM 27512 的工作方式

$\overline{CE}$	$\overline{OE}/V_{PP}$	D0～D7
V_L	V_H	高阻
V_L	V_L	读出数据
负脉冲	V_{PP}	编程写入
V_H	V_L	编程验证
V_H	V_{PP}	编程禁止

（2）E^2PROM

E^2PROM 是电擦除可编程存储器，是 EPROM 改进版，+5V 供电下就可进行编程，而且对编程脉冲宽度一般无特殊要求，具有在线编程和擦除能力，能实现单个存储单元的擦除和编程，可用于存放程序和数据。目前 E^2PROM 品种很多，分串行 E^2PROM 和并行 E^2PROM。串行 E^2PROM 没有地址和数据线，不占用单片机的存储空间，请参见 8.4 节串行总线接口技术。图 8-7 给出了并行 E^2PROM 2817 和 2864 的引脚图，各相关引脚的含义如下：

图 8-7 E²PROM 2817 和 2864 的引脚图

A0～Ai：地址输入线。

D0～D7：双向三态数据线。

$\overline{CE}$：选片信号输入线，低电平时有效。

$\overline{OE}$：读选通信号输入线，低电平时有效。

$\overline{WE}$：写选通信号输入线，低电平时有效。

RDY/$\overline{BUSY}$：2817 的状态输出线，低电平表示正在进行写操作，写入完毕呈高阻态。

V_{CC}：工作电源+5V。

GND：地线。

E²PROM 的操作方式主要有读、写、维持三种，见表 8-2。

表 8-2 2817 和 2864 的操作方式

		$\overline{CE}$	$\overline{OE}$	$\overline{WE}$	RDY/$\overline{BUSY}$	D0～D7
2817	读	V_L	V_L	V_H	高阻	数据输出
	写	V_L	V_H	V_L	V_L	数据输入
	维持	V_H	任意	任意	高阻	高 阻
2864	读	V_L	V_L	V_H		数据输出
	写	V_L	V_H	负脉冲		数据输入
	维持	V_H	任意	任意		高 阻

2817 只有字节写方式，通过查询 RDY/$\overline{BUSY}$ 来测试存储操作是否完成。而 2864 写方式有字节写和页写两种工作方式。2864 内部有一个限时定时器和一个 16B 的页缓存器，在按页写入时，页地址由地址的高 9 位所决定。连续的 $\overline{WR}$ 将造成对限时定时器复位，故不会溢出，直到一页 16B 写完；无 $\overline{WR}$ 时，限时定时器溢出，自动开始页存储过程。字节写入时，写入一个字节后，无 $\overline{WR}$ 将造成限时定时器溢出，启动写过程。在页存储期间，对 2864 进行读操作，读出的是最后写入的字节：若与写入的数据相同，则表明页存储周期已完成；若读出的数据的最高位是原数据的反码，表明页转储工作还未完成。因此，2864 不再需要 RDY/$\overline{BUSY}$ 线表明写操作是否完成。

（3）Flash 存储器

E²PROM 虽然编程方便，但集成度低、功耗大，与同容量的 EPROM 相比，成本和功耗要高得多，不能满足工业现场控制的需要。Flash 存储器的性能综合了 EPROM 和 E²PROM 两者的特点，具有价格便宜、集成度高，电可擦性，且读/写速度快，编程速度约为 10μs/B，至少比 E^{2}PROM 快 1 个数量级，访问速度为 60ns，可实现零等待状态下全速运行，大大地提高了系统性能，而相同容量的价格仅为 E^{2}PROM 的一半。近年来，Flash 在工业控制系统中得到了广泛应用，典型的芯片有 28F256（32KB×8）、28F512（64KB×8）、28F010（128KB×8）等。28F256 芯片引脚如图 8-8 所示，含义如下所示：

A0～A14：地址输入线。

DQ0～DQ7：数据输入/输出线。

$\overline{CE}$：选片信号输入线，低电平时有效。

$\overline{OE}$：读选通信号输入线，低电平时有效。

$\overline{WE}$：写选通信号输入线，低电平时有效。

V$_{CC}$：工作电源。

V$_{PP}$：擦除/编程电源，当其为高压 12.0V 时，才能向指令寄存器中写入数据。当 $V_{PP}<(V_{CC}+2)$V 时，存储单元的内容不变。

图 8-8 28F256 芯片的引脚图

其主要特性如下：

① 可按字节、区块（Sector）或页面（Page）进行擦除和编程操作。

② 快速页面写入：先将页数据写入页缓存，再在内部逻辑的控制下，将整页数据写入相应页面。整片编程时间在 0.5～4s，擦除时间为 1s。

③ 内部设有命令寄存器和状态寄存器，由内部逻辑控制写入操作，提供编程结束状态，即 DQ7 上所出现状态为所编程的最后一个字节的反码，则处于编程态；相同，则编程结束。

④ 可擦写 10 万次，擦除和编程电压为 12V±5%。

⑤ 具有软件和硬件保护能力：当 $\overline{CE}$ 或 $\overline{WE}$ 脉冲延续时间小于 15ns 或处于无效态，或 V$_{PP}$ 不满足要求时，自动禁止编程动作；也可通过向指定地址写入指定数据，启动软件保护数据。

如果 Flash 存储器既作为程序存储器使用，又作为数据存储器使用时，必须保证在 $\overline{PSEN}$ 或 $\overline{RD}$、$\overline{WR}$ 有效的同时，存储器片选有效。前者作为 ROM 取出信息，后者作为 RAM 用于存取数据，如图 8-9 所示。图中的 AT29LV040A 是 Atmel 公司生产的 CMOS Flash 存储器，存储容量 512KB×8。

图 8-9 8051 与 AT29LV040A 的连接

大部分 Flash 存储器的容量都超过 64KB，如图 8-9 中的 AT29LV040A 的容量为 512KB，而 51 系列的单片机的寻址空间只有 64KB，此时可将 Flash 的地址范围进行分段，每段小于或等于 64KB。访问的地址分为两部分输出：一部分为段地址，另一部分为偏移量，如图 8-9 中用 P1.0～P1.2 来输出段地址。

2. 数据存储器

MCS-51 系列单片机内部的数据存储器的容量一般为 128～256B，可以作为工作寄存器、堆栈、位标志和数据缓冲器使用。对数据量较小的单片机系统，内部 RAM 已能满足数据存储的需要，当数据量较大时，就需要在外部扩展 RAM 数据存储器，扩展容量最大可达 64KB。传统的单片机应用系统，数据存储器常采用静态存储器（SRAM），具有存取速度快、使用方便等特点。常用的 SRAM 有 6116（2KB×8）、6264（8KB×8）、62256（32KB×8）等，引脚如图 8-10 所示。

图 8-10　常用 SRAM 引脚图

图 8-10 中有关引脚的含义如下。

A0～Ai：地址输入线，确定寻址的空间。

D0～D7：8 位双向三态数据线。

$\overline{CE}$：选片信号输入线，低电平时有效。

$\overline{RD}$：读选通信号输入线，低电平时有效。

$\overline{WR}$：写选通信号输入线，低电平时有效。

V_{CC}：工作电源+5V。

GND：地线。

NC：不接。

$\overline{CE1}$：片选信号输入线，低电平时有效（对 6264）。

CE2：片选信号输入线，高电平时有效（对 6264）。

6264 芯片充分考虑了掉电保护的需要，具有双片选结构：即电源正常供电时，电源监视芯片产生的信号使 CE2 为"1"电平，由 $\overline{CE1}$、$\overline{RD}$、$\overline{WR}$ 控制芯片进行读/写操作；而在电源掉电保护期间，电源监视芯片产生的信号使 CE2 为"0"电平，从而封锁了失效过程和失效期间的写操作，同时由后备电源供电使 6264 内的数据保持不变。6264 SRAM 有读、写、维持三种操作方式，见表 8-3。

表 8-3 6264 SRAM 的操作方式

信号 方式	$\overline{CE1}$	CE2	$\overline{RD}$	$\overline{WR}$	D0~D7
读	V_L	V_H	V_L	V_H	读操作
写	V_L	V_H	任意	V_L	写操作
维持	V_H	任意	任意	任意	高阻态
	任意	V_L			
	V_L	V_H	V_H	V_H	高阻态

静态存储器 SRAM 一旦掉电，内部所存数据便会丢失。为此，目前单片机应用系统采用了下述几种方法实现数据的掉电保护：

（1）采用 E^2PROM 介质或 Flash 介质的存储器代替 SRAM 作为数据存储器。

（2）仍采用 SRAM 作为数据存储器，但采用新型的掉电保护电路（如 Maxim 公司的 MAX813L 或 IMP 公司的 IMP805L 电源监视芯片）。

（3）直接采用 NVSRAM 器件（非易失性存储器），该器件内部含有锂电池和 V_{CC} 控制电路，如 DS1220AB/AD。一旦电源超出正常运行范围，内部锂电池便自动接通，并启动写保护功能，以确保数据不被破坏。操作次数无限，访问时间约为 100ns。无外电源时，数据保存时间约为 10 年。

8.2.2 MCS-51 存储器的扩展线路设计

单片机在结构设计上采用了哈佛结构，即程序存储器和数据存储器的地址空间是相互独立的，外部程序存储器采用 EPROM 或 E^2PROM、Flash 芯片，只能读出不能写入，这一点与数据存储器不同。

外部程序存储器最大可扩展到 64KB，而外部扩展的数据存储器与 I/O 口共同占用 64KB 的地址空间，即 I/O 口的编址采用数据存储器的映射方式，这一点与微型计算机不同。

1. 存储器芯片与单片机连接方法

（1）地址线的相连

P0、P2 口分别作为低 8 位、高 8 位地址输出口。由于 P0 口地址和数据分时复用，需外加地址锁存器，并由 ALE 的下降沿将地址信息存入地址锁存器中。如果外接的存储器芯片内部含有地址锁存器，则单片机的 P0 口与存储器低 8 位地址线直接对应相连，再将单片机 ALE 信号与芯片的 ALE 端相连。

（2）数据线的连接

存储器的 8 位数据线 D0~D7 与 P0 口 P0.0~P0.7 相连。

（3）控制线的连接

程序存储器的 $\overline{OE}$（存储器读信号）与单片机的 $\overline{PSEN}$（片外程序存储器取指信号）相连。数据存储器（如 62256）的读/写控制信号 $\overline{RD}$、$\overline{WR}$ 与单片机的 $\overline{RD}$（P3.7）、$\overline{WR}$（P3.6）相连接。

由于复位之后，PC=0000H，故程序存储器第一条指令必须起始于 0000H。若外部程序存储器起始于 0000H，则单片机的 $\overline{EA}$ 引脚应接地，否则 0000H 指向内部程序存储器。

图 8-11 为 8051 外部程序存储器和数据存储器的扩展图，因 $\overline{EA}$ 接地，故外部程序存储器 27256 起始为 0000H。由于 RAM 和 ROM 的地址空间是分开的，且相互独立，所以 27256 和 62256 的片选信号 $\overline{CE}$ 可直接接地，即不用选片。此时 27256 占据 0000H～7FFFH 的程序存储器空间，62256 占据 0000H～7FFFH 或 8000H～FFFFH 的数据存储器空间（A15 没用，为任意位）。27256 读信号 $\overline{OE}$ 与单片机 PSEN（取指信号）相连，62256 的读、写控制信号与单片机的 $\overline{RD}$、$\overline{WR}$ 相连。

图 8-11　8051 外部程序存储器和数据存储器的扩展图

2．片选信号的产生

当扩展系统中含有多个芯片时，由于这些芯片共用 64KB 的地址空间，单片机必须对芯片进行片选，以保证每次只选中一片芯片。片选信号的产生常用两种方法：线选法和译码法。

（1）线选法

线选法不采用专门的译码电路，直接利用单片机地址总线中剩余的高位地址作为芯片的片选信号。这种片选电路设计较为简单，但由于每次只能有一片芯片被选中，使许多地址不能使用，存储空间浪费严重，故一般用在片选信号不多的场合。图 8-12 为用三片 6264 扩展 24KB 数据存储器的接口电路，地址分配见表 8-4。

表 8-4　6264 地址分配表

芯　片	A15	A14	A13	A12A11A10A9A8A7A6A5A4A3A2A1A0	地　址
6264（1）	1	1	0	0000000000000～1111111111111	C000H～DFFFH
6264（2）	1	0	1	0000000000000～1111111111111	A000H～BFFFH
6264（3）	0	1	1	0000000000000～1111111111111	6000H～7FFFH

在图 8-12 中 6264 占用 13 根地址线（A0～A12），剩下的 3 根地址线 P2.5～P2.7（A13～A15）直接作为 3 片 6264 的选片信号。显然，当扩展芯片的数目较多时，使用线选法时地址线有可能不够用（在本例中，扩展芯片最多为 3 片）。

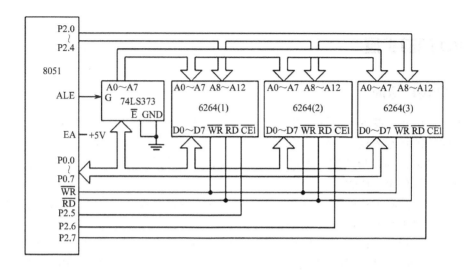

图 8-12 线选法扩展三片 6264

（2）译码法

译码法中，高位地址通过译码器产生片选信号。利用译码法可获得地址连续、空间大小相同的片选信号；当需要更多的片选信号时，可采用级联扩展技术，各级之间片选信号对应地址范围大小不同。上例用译码法实现如图 8-13 所示，地址分配见表 8-5，显然用 3 根地址线 P2.5～P2.7 译码，可产生 8 个片选信号，最多可扩展 8 片 6264 达到 64KB，不存在地址空间的浪费。

表 8-5 6264 地址分配表

芯 片	A15	A14	A13	A12A11A10A9A8A7A6A5A4A3A2A1A0	地 址
6264（1）	0	0	0	0000000000000～1111111111111	0000H～1FFFH
6264（2）	0	0	1	0000000000000～1111111111111	2000H～3FFFH
6264（3）	0	1	0	0000000000000～1111111111111	4000H～5FFFH

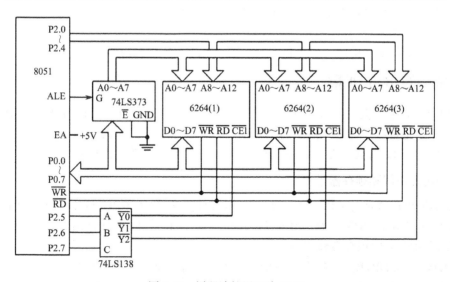

图 8-13 译码法扩展三片 6264

8.3 I/O 口的扩展

8.3.1 I/O 接口概述

由于计算机外部设备（简称外设）与 CPU 的速度差异很大，且外设的种类繁多，数据信号形式多样，控制方案复杂，所以外设不能与 CPU 直接相连，必须通过接口电路使 CPU 与外设之间达到最佳耦合与匹配。所以，接口是 CPU 与外设连接的桥梁，是信息交换的中转站。接口一般具有如下功能。

（1）数据缓冲功能：接口一般都设置数据寄存器或锁存器，以解决主机高速与外设低速的矛盾，避免因速度不一致而丢失数据。

（2）设备选择功能：一个单片机系统一般带有多种外设，同一种外设也可能有多台，而 CPU 在同一时间只能与一台外设交换信息，所以要借助接口中的地址译码电路对外设进行寻址，只有被选中的设备或单元才能与 CPU 进行数据交换或通信。

（3）信号转换功能：由于外设所提供的状态信号和它所需要的控制信号往往与单片机的总线信号不兼容，所以信号转换不可避免。信号转换包括 CPU 信号与外设信号的逻辑关系、时序及电平匹配的转换。

接口电路的设计常可分为以下三步。

（1）分析 CPU 与外设的信号差别：首先，要搞清是什么类型的 CPU，CPU 提供的数据线、地址线宽度和控制线的逻辑定义，时序关系有什么特点，重点分析控制线的控制方式；其次要搞清所连外设的工作原理与特点，找出接口所需的控制信号及接口反馈的信号。

（2）进行信号转换：找出两侧信号的差别之后，可以将 CPU 的信号进行转换以达到外设的要求；也可以将外设的信号进行转换以达到 CPU 的要求；经过转换的信号在功能、逻辑和时序上应能满足 CPU 与外设的要求。

（3）接口驱动程序设计：接口的设计应该是软硬结合，综合考虑，并根据需要与可能进行具体优化选择（例如，采用无条件方式、中断方式还是采用查询方式）。硬件结构一旦确定，相应的软件结构也就确定，接下来就可具体编制接口驱动程序了。

接口信号的预处理一般通过各种集成电路来实现，除了必须保证逻辑上的正确无误外，还必须满足一定的电气特性，如逻辑阈值、扇出能力、传输延时等。

8.3.2 简单的 I/O 口扩展

在 MCS-51 单片机中，虽然有四个并行的 I/O 口，但通常 P2 口作为高 8 位地址线，P0 口作为低 8 位地址线及数据总线，而 P3 口一般作为双功能口，因此仅有 1 个并行 I/O 口 P1 和 1 个串行 I/O 口，无法满足应用系统输入/输出的要求，需要扩展 I/O 口。

1. 利用三态门和锁存器扩展并行口

简单的输出口就是对 CPU 输出的数据进行保持，以解决 CPU 与外设速度的不匹配。如图 8-14（a）所示，用锁存器 74LS273 就可扩展一个 8 位并行输出口，使用 "MOVX @DPTR,A" 指令即向锁存器输出数据。

"MOVX @DPTR,A" 指令为写指令，指令执行时 $\overline{\text{WR}}$ 有效（低电平），P2.7 由 DPTR 地址控制，当 P2.7=0 时，通过或门产生一个下降边沿，将 P0 口数据输出至 O0～O7。

简单的输入口相当于一个三态门缓冲器：当 CPU 访问该输入口时，外设的数据源通过输入口与数据总线直接相通；当 CPU 不访问该输入口时，利用输入口的高阻态，将输入设备的数据源与数据总线隔离。图 8-14（b）用三态门 74LS245 扩展一个 8 位并行输入口，使用 "MOVX　A,@DPTR" 指令从三态门读入外设输入的 I0～I7　8 个状态。

图 8-14　使用三态门和锁存器扩展并行口

"MOVX　A,@DPTR" 指令为读指令，指令执行时 $\overline{RD}$ 有效（低电平），P2.7 由 DPTR 地址控制，当 P2.7=0 时，通过或门产生一个下降边沿，将 I0～I7 读入 P0 口。

2．利用串行口和移位寄存器扩展并行口

图 8-15（a）中，利用并入/串出的移位寄存器 74LS165 扩展了一个 8 位并行输入口。图 8-15（b）中，利用串入/并出移位寄存器 74LS164 扩展了一个 8 位并行输出口。这种扩展方法，虽然数据传送速度慢一些，但所扩展的并行 I/O 口不占用片外 I/O 口地址。

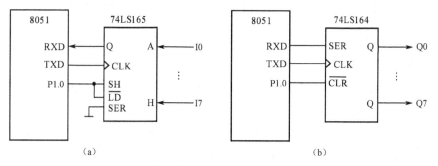

图 8-15　使用串行口和移位寄存器扩展并行口

8.3.3　可编程并行接口 8255

8255 是 Intel 公司生产的一种通用的可编程并行 I/O 接口电路。可编程接口电路的最大特点是工作方式的确定和改变要由程序完成，具有较大的灵活性，能实现复杂的控制功能。

1．8255 结构及其引脚

8255 有 3 个 8 位的并行口 PA、PB、PC，8255 的引脚如图 8-16 所示，逻辑结构如图 8-17 所示。8255 主要引脚含义如下：

D0～D7：双向三态数据总线。

$\overline{CS}$：选片信号输入线，低电平时有效。

RESET：复位信号输入线，高电平时有效，复位后，PA 口、PB 口、PC 口均为输入方式。

PA、PB、PC：3 个 8 位 I/O 口。

$\overline{RD}$：读选通信号输入线，低电平时有效。

$\overline{WR}$：写选通信号输入线，低电平时有效。

A1、A0：端口地址输入线，用于选择内部端口寄存器。

V_{CC}：电源+5V。

GND：地线。

图 8-16　8255 引脚图　　　　图 8-17　8255 逻辑框图

2．8255 控制字

8255 的全部工作状态是通过读/写控制逻辑和工作方式选择来实现的。读/写控制逻辑选择见表 8-6。

表 8-6　CPU 对 8255 端口的寻址和操作状态

A1	A0	$\overline{RD}$	$\overline{WR}$	$\overline{CS}$	操作状态
输入操作（读）					
0	0	0	1	0	A 口→数据总线
0	1	0	1	0	B 口→数据总线
1	0	0	1	0	C 口→数据总线
输出操作（写）					
0	0	1	0	0	数据总线→A 口
0	1	1	0	0	数据总线→B 口
1	0	1	0	0	数据总线→C 口
1	1	1	0	0	数据总线→控制口
禁止操作					
×	×	×	×	1	数据总线为高阻
1	1	0	1	0	非法操作
×	×	1	1	0	数据总线为高阻

单片机通过地址 A0、A1 及控制信号 $\overline{WR}$ 、 $\overline{RD}$ 、 $\overline{CS}$ 来选择端口的地址和操作状态。当 A0A1 为 "11" 时，端口的地址为 8255 控制口，对控制口写入控制字即可设定 8255 的工作方式和 PC 口的状态。

8255 有两种控制字，即方式控制字和 PC 口置位/复位控制字，如图 8-18 所示。

（a）方式控制字格式

（b）PC 口置位 / 复位控制字格式

图 8-18　8255 控制字格式

（1）方式控制字

方式控制字控制 8255 三个并行口的工作方式，其格式如图 8-18（a）所示。方式控制字的特征是最高位为 "1"。

例如，若要使 8255 的 PA 口为方式 0 输入，PB 口为方式 1 输出，PC4～PC7 为输出，PC0～PC3 为输入，则应将方式控制字 95H（即 10010101B）写入 8255 控制口。

（2）PC 口置位/复位控制字

PC 口置位/复位控制字是一种对 PC 口的位操作命令，直接把 PC 口的某位置成 "1" 或清 "0"。图 8-18（b）是 PC 口置位/复位控制字格式，它的特征是最高位为 "0"。

例如，若要使 PC 口的第 4 位（PC3）为 1，则应将控制字 07H（即 00000111B）写入 8255 控制口。

3．8255 操作方式

8255 有三种操作方式，即方式 0、方式 1 及方式 2。

（1）方式 0（基本 I/O 方式）

方式 0 是一种基本的输入/输出方式。这种方式适用于无条件地传送数据的设备，如读一组开关状态、控制一组指示灯，不需要联络信号，CPU 可随时读出开关状态，随时把一组数据送到指示灯显示，8255 的 3 个口都可以方式 0 输入/输出。方式 0 输出具有锁存功能，输入没有锁存功能。PA、PB、PC4～PC7、PC0～PC3 可分别定义为方式 0 输入或输出，共有 16 种不同的组合。

（2）方式 1（选通输入/输出方式）

方式 1 为选通输入/输出方式（具有握手信号的 I/O 方式）。PC 口的某些位为状态控制线，剩下的线可作为 I/O 线。PA 口、PB 口、PC 口将分为两组。A 组包括 PA 口和 PC 口的高 5 位，PA 口可由编程设定为输入或输出，PC 口的高 5 位（PC3～PC7）作为 PA 口输入/输出操作的控制和状态信号，如图 8-19 所示。B 组包括 PB 口和 PC 口的低 3 位，PB 口可由编程设定为输入或输出，PC 口的低 3 位（PC0～PC2）作为 PB 口输入/输出操作的控制和状态信号，如图 8-20 所示。PA 口和 PB 口的输入或输出数据都被锁存。

图 8-19　方式 1 A 组输入/输出

图 8-20　方式 1 B 组输入/输出

图 8-19、图 8-20 中的控制信号含义如下。

$\overline{\text{STB}}$：设备选通输入信号线，低电平时有效。下降沿将端口数据线上的信息打入端口锁存器。

IBF：输入缓冲区满信号，通常由 8255 送给外设。IBF 高电平表示输入缓冲区满，外设不能发送数据，当 CPU 读取端口数据时，IBF 变为低电平。

$\overline{\text{OBF}}$：输出缓冲器满信号，低电平时有效。这是 8255 输出给外设的一个信号，当其有效时，表示 CPU 已经将数据输出到指定的端口寄存器，通知外设可以将数据取走。

$\overline{ACK}$：响应信号，低电平时有效。这是外设送来的信号，当该信号有效时，说明 8255 端口的数据已经为外设所接收，CPU 可再发数据。

INTE：8255 端口内部的中断允许触发器。INTE＝"1"才允许端口发中断请求，INTEA、INTEB 分别由 PC5/PC6、PC2 的置位/复位字控制。

INTR：中断请求信号，高电平时有效。INTR 是当 $\overline{OBF}$（或 IBF）和 INTE 都为高电平时，才能被置成高电平，由 $\overline{RD}$、$\overline{WR}$ 的上升沿清除。

（3）方式 2（双向选通 I/O 方式）

在这种方式下，PA 口为 8 位双向总线口，PC 口的 PC3～PC7 被用做 PA 口输入/输出的控制和状态信号，如图 8-21 所示。应该注意的是，仅 PA 口允许作为双向总线口使

图 8-21 PA 口方式 2 逻辑状态

用，此时 PB 口和 PC0～PC2 可编程为方式 0 或方式 1 工作。INTE1、INTE2 分别由 PC6、PC4 的置位来实现，控制信号的含义同方式 1。

4．8255 应用举例

【**例 8-1**】8255 可以直接与 MCS-51 总线接口相连。图 8-22 是 MCS-51 和 8255 方式 0 的接口逻辑。设 PA 口接一组开关，PB 口接一组指示灯。请将 MCS-51 内部寄存器 R2 的内容送 PB 口指示灯显示，将 PA 口开关状态读入累加器 ACC。

图 8-22 MCS-51 和 8255 方式 0 的接口逻辑图

图 8-22 中 8255 的 $\overline{RD}$、$\overline{WR}$ 分别连 MCS-51 的 $\overline{RD}$、$\overline{WR}$；8255 的 D0～D7 接 MCS-51 的 P0 口；8255 采用线选法寻址，即 MCS-51 的 P2.7 接 8255 的 $\overline{CS}$；MCS-51 的最低两位地

址线 A1、A0 连接 8255 的端口选择线 A1、A0，所以 8255 的 PA 口、PB 口、PC 口、控制口
的地址分别为 7FFCH、7FFDH、7FFEH、7FFFH。

解：根据题意，PA 口为输入口，输入开关状态；PB 口为输出口，输出信息点亮指示
灯。由此可写出方式控制字。

	D7	D6	D5	D4	D3	D2	D1	D0	
控制字	1	0	0	1	1	0	0	0	98H

汇编程序如下：

```
       ⋮
       MOV     DPTR,#7FFFH       ;写入控制字，控制口地址 7FFFH
       MOV     A,#98H
       MOVX    @DPTR,A
       MOV     DPTR,#7FFDH       ;将 R2 写入 PB 口
       MOV     A,R2
       MOVX    @DPTR,A
       MOV     DPTR,#7FFCH       ;将 PA 口读入 A
       MOVX    A,@DPTR
       ⋮
```

【例 8-2】图 8-23 是 MCS-51 和 8255 方式 1 的接口方法。其中，8255 的 PA 口被用做输
入口，PB 口被用做输出口，设备 A 和 B 输入/输出数据都有应答信号，其分别与 PC 口输入/
输出的状态和控制线相连。若设备 B 为打印机，则打印机每打印完一个字符后便输出"打印
完"信号（负脉冲），CPU 采用中断方式控制打印机打印，要求把 MCS-51 内部 RAM 中 30H
开始的 32 个单元的字符输出打印。

解：方式控制字：PB 口方式 1 输出，控制字为 10111100B= 0BCH。程序如下：

图 8-23　8255 方式 1 时与 MCS-51 的接口图

主程序：

```
MAIN:   MOV     R0,#30H           ;设 RAM 首地址
        MOV     R7,#20H           ;设长度
        MOV     DPTR,#7FFFH       ;将 8255 的 PC2（即 INTEB）置 1
```

```
        MOV       A,#05H
        MOVX      @DPTR,A
        MOV       A,#0BCH              ;写方式控制字
        MOVX      @DPTR,A
        MOV       DPTR,#7FFDH          ;从 PB 口输出第一个数据打印
        MOV       A,@R0
        MOVX      @DPTR,A
        INC       R0                   ;RAM 指针加 1
        DEC       R7                   ;长度减 1
        SETB      EX1                  ;开中断
        SETB      EA
```

外中断 INT1 服务程序：

```
    PINT1:   :                        ;现场保护
        MOV       A,@R0                ;从 PB 口输出下一个数据打印
        MOV       DPTR,#7FFDH
        MOVX      @DPTR,A
        INC       R0                   ;修改指针，长度
        DJNZ      R7,BACK
        CLR       EX1                  ;长度为 0，关中断返回
        SETB      00H                  ;打印结束置结束标志 00H=1
    BACK:    :                         ;恢复现场
        RETI
```

C51 程序如下：

```
    #include   <reg51.h>
    #include   <absacc.h>
    #define    P8255ct   0x7FFF
    #define    P8255B    0x7FFD
    char   data   x[32]  _at_  0x30;
    char   data   i=0;
    main()
    {   XBYTE[P8255ct]=05;          //写置/复字使 PC2（即 INTEB）置 1
        XBYTE[P8255ct]=0xBC;        //写方式控制字
        EX1=1;                      //开 INT1 中断
        EA=1;                       //开 CPU 中断
        while (i<32);               //等待 32 个字符打印，关中断
        EX1=0;                      //关 INT1 中断
    }
        void   int1() interrupt   2   using   2 //int1 中断服务程序
        { XBYTE[P82555B]=x[i]; //从 PB 口输出第一个数据打印
          i++;
        }
```

8.3.4 可编程串行接口 8251A

Intel 8251A 是一个通用串行输入/输出接口，将来自 CPU 的并行数据，变换成符合格式要求的串行数据发送到外部；或从外部接收串行数据，按格式变换成一个个字符，以并行方式送给 CPU。8251A 可用做单片机串行 I/O 口的扩展。

1. 8251A 基本性能介绍

8251A 是一个全双工可编程串行接口，发送器、接收器都具有数据两级缓冲，且接收、发送可同时工作，支持半双工或全双工工作。

通过编程，8251A 可以选择同步或异步工作方式。在同步方式下，接收端对同步信号的检测方式，可以选择片内自动检测同步字符的内同步，也可以选择由专用外部电路做外部检测的外同步，不管是哪种方式，只要检测到同步信号，8251A 马上进行正常的数据接收。

在内同步方式时，发送端在数据块的开始自动插入 1～2 个由用户编程设定的同步字符。如果发送时出现数据间断现象，8251A 也会自动插入同步字符进行填充；接收端则自动舍去插补在数据流中的同步字符。所传输的字符长度可在 5～8 位，最高数据传输速率可达 64kb/s。

在异步方式下，8251A 可以自动产生起始位、奇/偶校验位和停止位，传送字符长度可在 5～8 位选择，可选择 1、1.5、2 个停止位，也可选择奇或偶的校验方式。最高数据传输速率可达 19.2kb/s。同步和异步方式都具有对奇偶错、覆盖错及帧错误的检测能力。

2. 结构与引脚功能

8251A 的引脚与结构如图 8-24、8-25 所示。图 8-25 中包含了与 CPU 接口的数据总线缓冲器、读/写控制逻辑、发送缓冲器、接收缓冲器及其控制电路，以及与 MODEM 相关的控制电路。

图 8-24 8251A 引脚图

图 8-25 8251A 结构图

（1）与 CPU 连接的信号

① RESET：当这个引脚上出现一个 6 倍时钟宽的高电平信号时，芯片被复位，使芯片处于空闲状态。这个空闲状态将一直保持到由编程确定了的新状态才结束。在扩展系统中，总是把此芯片的复位端与系统的总复位线相连，使它受上电自动复位和人工复位的控制。

② CLK：为芯片内有关电路提供工作时钟。这个时钟的频率与数据速率并无直接关系，但是为了电路工作可靠，在同步方式下，最好使 CLK 频率比数据速率大 30 倍以上；在异步方式下，大 4.5 倍以上。

③ $\overline{RD}$、$\overline{WR}$：CPU 对 8251A 中寄存器读/写控制信号输入端。

④ C/$\overline{D}$：CPU 选择芯片内部读/写对象的控制输入端。如果输入为高电平，则 CPU 对芯片写控制字或读状态字；如果输入为低电平，CPU 读/写的对象则是接收/发送缓冲器。通常，该端与地址线的最低位 A0 相接，故 8251A 占有两个端口地址，偶地址为收/发的数据口，奇地址为控制/状态口。

⑤ $\overline{CS}$：片选输入端。该引脚输入低电平时，芯片可以与 CPU 之间传输数据；反之，芯片的 8 个数据引脚处于悬空状态。$\overline{CS}$ 通常由地址译码器的输出控制。

⑥ D0~D7：双向 8 位数据线，同片内数据总线缓冲器相连。CPU 通过 D0~D7 向 8251A 写数据和控制字，以及读数据和状态字。

8251A 各控制端的组合功能见表 8-7。

表 8-7 8251A 各控制端的组合功能

C/$\overline{D}$	$\overline{RD}$	$\overline{WR}$	$\overline{CS}$	数据线功能特点
0	0	1	0	8251A 数据→数据总线
0	1	0	0	数据总线→8251A 数据
1	0	1	0	8251A 状态→数据总线
1	1	0	0	数据总线→8251A 控制字
×	1	1	0	高 阻
×	×	×	1	

（2）MODEM 控制信号

8251A 还提供了 4 个与 MODEM 相连的控制信号，信号的含义与 RS-232C 的标准相同。

① $\overline{DTR}$（Data Terminal Ready）：数据终端准备好（输出，低电平时有效）。这是一个通用的输出信号，可由命令指令字的 D1 位置 "1" 而变为有效，用于表示 CPU 准备就绪。

② $\overline{DSR}$（Data Set Ready）：数据装置准备好（输入，低电平时有效）。这是一个通用的输入信号，用于表示调制解调器或外设的数据已准备好。CPU 可通过读入状态操作，在状态寄存器的 D7 位检测此信号。

③ $\overline{RTS}$（Request To Send）：请求发送（输出，低电平时有效）。此信号用于通知调制解调器，CPU 已准备好发送。它可由命令字的 D5 位置 "1" 而变为有效。

④ $\overline{CTS}$（Clear To Send）：清除发送信号（输入，低电平时有效）。这是调制解调器或其他外设送到 8251A，对 $\overline{RTS}$ 的响应信号。当其有效时，表示允许串行口发送数据。

上述 4 个信号在使用时应按规定引脚连接。信号在传输过程中，$\overline{DSR}$ 由 MODEM 输入后存放在 8251A 的状态字节中，芯片内对此并不做处理，只有当 CPU 读状态后才能给出响应。$\overline{\text{CTS}}$ 也是从 MODEM 送来的信号，如果为低电平，且 8251A 中已经设置了允许发送命令（命令字中的 TXEN=1），8251A 就可以向 MODEM 送出串行数据。如果在数据传送中，TXEN=0 或 $\overline{\text{CTS}}$ 无效，那么在传输完当前的字节后，即行停止。$\overline{\text{DTR}}$ 和 $\overline{\text{RTS}}$ 都是由 CPU 写命令字时，给 8251A 设置的。为使两个引脚有效（低电平），对命令字中这两位应写入"1"。

在短距离传送时，两个串行口之间也可以进行无联络信号的传送。在这种情况下，除 $\overline{\text{CTS}}$ 外，其他联络信号都可以不用，而 $\overline{\text{CTS}}$ 则必须接入有效的低电平，否则 8251A 不能向外设发送数据。

（3）发送器有关信号

① TXD：发送数据线。发送缓冲器从数据总线上接收数据，转换成串行数据流，按要求插入附加字符或附加位后，在时钟 TXCLK 的下降沿按位从 TXD 上发送出去。

②TXRDY：发送器准备好信号。如果该信号有效，就表示发送缓冲器已空，CPU 可以向芯片送入新的数据。这个信号的状态要受到命令字中 TXEN 位（允许发送）和 $\overline{\text{CTS}}$ 的控制。如果把 TXRDY 信号作为向 CPU 请求数据的中断信号，TXEN 位和 $\overline{\text{CTS}}$ 就可以看做是中断控制的屏蔽位。在 8251A 的状态字中有一位 TXRDY，只要发送缓冲器空，即置位，CPU 也可以用查询的方式判断是否可以送数据。

③ TXEMPT：发送缓冲器空标志。不管发送时是处于等待还是发送状态，只要发送缓冲器中没有再要发送的字符，则 TXEMPT 就置成高电平；当 CPU 写入一个数据字符时，TXEMPT 就被拉到低电平。TXEMPT 可以用来表示一段数据传输的结束。如果是半双工工作，则 TXEMPT 可以用做从发到收的转换信号。同步工作时，当 TXEMPT 为低电平，就意味着数据发送出现空缺，芯片会自动插补同步字符。

④ TXCLK：输入，控制数据发送速率的时钟信号。每个数据的移位输出，是在 TXCLK 的下降沿实现的。在异步方式下，TXCLK 的频率可以是数据速率的 1 倍、16 倍或 64 倍；在同步方式时，TXCLK 的频率与数据速率相同。

（4）接收器的有关信号

① RXD：接收数据线。在 RXCLK 时钟信号上升沿采样外设送来的串行数据，按规定检测特定的字符或相关位后，经串-并转换送入数据总线缓冲器。

② RXRDY：接收器准备好的标志。如果该位为高电平，则接收缓冲器中就已经有组装好了的一个数据字符，可通知 CPU 将它取走。与 TXRDY 相似，RXRDY 也可用做中断请求信号，CPU 也可以通过读状态字，了解接收器状态。一旦 CPU 对数据口进行读操作，则 RXRDY 就被复位。要是 CPU 没有及时取走数据，原有的数据将被覆盖，从而造成数据丢失，出现溢出错误，并反映在状态字中。

③ RXCLK：接收时钟输入端。当时钟处在上升沿时，8251A 才可能把数据取样输入。时钟速率的规定与 TXCLK 相同。实际上，TXCLK 和 RXCLK 往往连接在一起，采用同一个时钟源。

④ SYNDET/BRKDET：同步和间断检测。芯片在同步方式工作时，用做同步检测端；异步时，则用做间断检测输出。芯片可以由编程确定是内同步还是外同步。如果是内同步，就由芯片内电路搜索同步字符，一旦找到，就由该端输出一个高电平。如果是外同步，当片外检测电路找到同步字符后，就可以从该引脚输入一个高电平信号，使 8251A 正式开始接收数据。一旦开始正常接收数据，则同步检测端就恢复低电平输出。

在异步方式工作中，通常在线路上无数据时以高电平表示。在 8251A 中也可以由程序控制，使无数据的间断时间内线路上呈现低电平，即发送一个字符长度的全"0"码。接收端具有对这种间断码检测的能力，如果检测到间断码，则将从该端输出一个高电平。为了避免接收器将未正式开始工作的线路低电平误认为间断状态，8251A 在复位后总是要在检测到一次高电平输入后，才开始对间断状态进行检测。

3. 8251A 的编程

8251A 的各种工作方式及工作进程都是用初始化及实时控制实现的。概括地说，8251A 的初始化编程包括两个部分：一个是方式字的设定；另一个是命令字的设定。方式字用来定义 8251A 的一般工作特性，它必须紧接在复位后由 CPU 写入；命令字用来指定芯片的实际操作，只有在已经写入了方式字后，才能由 CPU 写入命令字和同步字符。

（1）方式字

图 8-26 为异步工作时方式字各位的定义。最低两位 B2B1 表示收发时钟频率与数据速率之间的关系。例如，B2B1 设置"10"，收和发的时钟频率为 4800Hz，那么输出和输入数据的速率应为 300b/s（4800/16）。这两位只在异步时有用，同步时应置"00"。L2L1 用来确定串行数据中每个字符的数据位数。S2S1 用来指定停止位的位数，但是在接收端只检测 1 个停止位。EP 和 PEN 分别指定是否使用奇偶校验位及选择奇或偶校验方式。

图 8-26　异步工作时方式指令字各位的定义

如果 B2B1 设置成同步方式，则方式字除了最高两位（D7、D6）用来定义同步通信的控制外，其余 4 位的含义均不变。D6 位用来规定对同步字符的检测方式，如果该位置"1"，则规定为外部检测；反之，则为内部检测。D7 位用以指定同步字符的个数，如果置"1"，则就将收发两部分都设定为单个同步字符；反之，则指定为双同步字符。

（2）命令字

图 8-27 是命令字各位的定义情况，搞清它们的含义对正确使用芯片很重要。D0 和 D2 分别用于启动/禁止发送器和接收器的工作，如果要求做半双工通信，则 CPU 应轮流将它们置"1"。D1 和 D5 是两个送往 MODEM 去的控制信号，当 CPU 给它们置"1"时，则相应的引脚 $\overline{\text{DTR}}$ 和 $\overline{\text{RTS}}$ 成为低电平。D3 位选择是否使用专门的间断字符。如果该位置"1"，则将使空闲时的输出数据成为低电平，以此作为数据间断时的线路状态表示法。如果该位置"0"，则在出现数据间断时，线路仍处于高电平。这一位同时还控制接收端的工作，即使接收端在接收数据的过程中自动检测间断字符，送出间断信号交 CPU 做相应处理。命令字中设了两个复位控制位，D4 位用来使三个出错标志复位，而 D6 的 IR 位使芯片回到初始化编程

阶段，即重新写方式字。最高位 D7 为"1"，使 8251A 进入同步搜索状态，此时将接收到的数据码逐位组合成字符做同步比较，直到找到同步码后，引脚 SYNDET 输出"1"为止，然后再把这个控制位回到"0"，进行正常接收。

图 8-27 命令指令字各位的定义

方式字、同步字符与命令字都是由 CPU 作为控制字写入 8251A 的控制口。为了在芯片内不致造成混淆，8251A 采用了对写入次序进行控制的办法来区分这些字。在复位后写入的控制字，被 8251A 解释为方式字，此后如果方式字中规定了 8251A 工作在同步方式，那么 CPU 接着写入的便是 1 个或 2 个同步字符，这之后，只要不是复位命令，则不管是同步还是异步方式，写入的控制字都是命令字。

（3）状态字

在查询方式中，CPU 可依据 8251A 当前的运行状态，来决定对 8251A 执行何种操作。图 8-28 是片内状态寄存器的各位定义，除 D3～D5 这三位用来标志接收时检测三类错误，其余各位的定义在引脚中已经出现过。

图 8-28 8251A 状态字各位定义

D0 所示的 TXRDY 与引脚的含义不同。当发送缓冲器一旦出现空闲，这一位就置"1"。而引脚的 TXRDY 除了上述条件外，还必须满足 $\overline{CTS}$=0 且 TXEN=1 的条件，才能使输出置"1"。D7 位的 DSR 与引脚 $\overline{DSR}$ 只是在电平上相反，其含义是相同的。

状态字中设置的三类出错标志，分别是帧出错 FE、超越错 OE、奇偶校验错 PE，FE 在检测到停止位为 0 时置"1"，OE 在数据缓冲器发生覆盖时置"1"，PE 在奇偶校验出错时置"1"。这些出错标志是在接收过程中自动检测并设置的，它们并不影响后续的工作。只有当 CPU 读取状态字，对 3 个出错位检查时才能发现这些错误，从而转入适当的处理程序。

8251A 的初始化和操作流程如图 8-29 所示。8251A 在设置方式字后，或在同步方式中又设置了同步字符后，再次写入的是命令字。命令字是芯片进行操作或改变操作时必须写入的内容。而每次写入命令字后，8251A 都要检查其 IR 位是否有内部复位，如有复位，则 8251A

应重新设置方式字。

图 8-29 中"能传输?"判别框表示了对状态字有关位的检查，也包括对其他一些传输条件的检查，如 $\overline{\text{CTS}}$、TXRDY 等。

发送或接收字符的过程是由外部程序控制的，由程序决定待发送字符是否已经送完。而接收方则要根据对方送来的信息，判断是否接收完了全部信息。这就要在双方做些约定，如规定传送字符数，或者以某一个特定字符做结束标志（如 ASCII 码表上的 EOT 控制符）。

4. 8251A 应用举例

采用 8251A 可实现串行通信。例如，两台单片机各用一片 8251A 扩展一个串行通信接口。其通信结构框图如图 8-30 所示，可采用异步或同步方式实现单工、双工或半双工通信。

当采用查询方式、异步传送实现双方半双工通信时，初始化程序由两方组成，即将一方定义为发送端，将另一方定义为接收端。在发送端，单片机 CPU 每查询到 TXRDY 有效时，便向 8251A 输出一个字节数据；在接收端，单片机 CPU 每查询到 RXRDY 有效时，便从 8251A 读取一个字节数据；如此一直将全部数据传送完毕为止。

发送端初始化程序与发送控制程序如下：

```
#include    <reg51.h>
#include    <absacc.h>
#define    P8251C    0x7FF1
#define    P8251D    0x7FF0
char    data    x[] ={"ABCDEFGH"},y[8];
char    bdata    state;
sbit    trdy=state^0;
```

图 8-29 8251A 的初始化和操作流程图

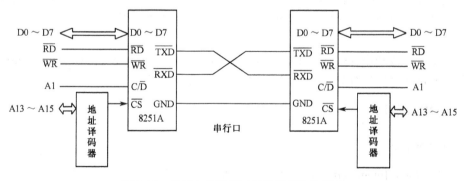

图 8-30 8251A 串行接口双机通信结构框图

```
sbit    rrdy=state^1;
sbit    error=state^3;
```

```
…………
send(char data *x)
    { char data i;
        XBYTE[P8251C]=0x7f; //8251 为异步方式，8 位数据，1 位停止位，偶校验波特率因子为 64
        XBYTE[P8251C]=0x11; //写控制字：允许发送，清除错误标志
        for (i=0;i<8;i++)
            { loop:
                state=XBYTE[P8251C];         //读 8251A 状态字
                if(trdy) XBYTE[P8251D]=x[i]; //向 8251A 输出一个字节数据
                    else  goto  loop;
                }
    }
receive(char data * y)
    {char  data  i;
        XBYTE[P8251C]=0x7f; //8251A 为异步方式，8 位数据，1 位停止位，偶校验波特率因子为 64
        XBYTE[P8251C]=0x14; //写控制字：允许接收，清除错误标志
        for (i=0;i<8;i++)
            { loop:
                state= XBYTE[P8251C];         //读 8251A 状态字
                if(rrdy &&!error) y[i]=XBYTE[P8251D]; //从 8251A 读入一个字节数据
                    else  goto  loop;
                }
    }
```

8.4 串行总线接口技术

前面描述的存储器、I/O 口的扩展都是利用并行总线完成，虽然接口技术简单，但由于是并行扩展，故扩展时所用的地址线和数据线都较多，集成芯片体积也较大。串行扩展具有方便、灵活、体积小、占用 I/O 资源少等特点，近年来在单片机应用系统中得到了广泛应用。

常用的串行总线和串行接口有 I^2C 总线、SPI 串行接口、1-Wire 总线、Microwire 串行接口。本节主要讲述这些串行总线的结构、接口技术及编程方法。

8.4.1 I^2C 串行总线

1. I^2C 总线特性

I^2C 总线（Inter Integrated Circuit Bus）是 Philips 公司推出的二线制同步串行总线。它只需要数据线 SDA 和时钟线 SCL，就可在连接于总线上的器件之间传送信息。图 8-31 为 I^2C 总线外围扩展示意图。

图 8-31 I²C 总线扩展示意图

在图 8-31 中，所有挂接在 I²C 总线上的器件和接口电路都应具有 I²C 总线接口，而且所有的 SDA、SCL 同名端相连，总线上扩展的外围器件都采用器件地址和引脚地址联合寻址，故 I²C 总线具有简单的电路扩展方式。I²C 总线输出为开漏结构，必须有上拉电阻 RP，上拉电阻通常可选 5～10kΩ，可参考有关数据手册确定。所有带 I²C 总线接口的器件都具有自动应答和地址自动加 1 功能，读/写多个字节时，只需提供读/写操作的首地址。

I²C 总线的驱动能力为 400pF，通过驱动扩展可达 4000pF，传输速率可达 400kb/s。

2．I²C 总线节点的寻址方式字节

在任何时刻 I²C 总线上只有一个主控器件（主节点），对总线上的所有外围器件、外设接口等从节点寻址，分时实现点——点的数据传送的操作控制。因此，总线上每个节点都有一个固定的节点地址。节点地址由 7 位组成，它和数据读写方式位构成了 I²C 总线器件的寻址字节 SLA。寻址字节格式如下：

	D7	D6	D5	D4	D3	D2	D1	D0
SLA	DA3	DA2	DA1	DA0	A2	A1	A0	R/$\overline{\text{W}}$

器件地址（DA3、DA2、DA1、DA0）：I²C 总线接口器件固有的地址编码，在器件出厂时就已给定。例如，I²C 总线型 E²PROM AT24Cxx 的器件地址为 1010，4 位 LED 驱动器 SAA1064 的器件地址为 0111。

引脚地址（A2A1A0）：由 I²C 总线器件的地址引脚 A2、A1、A0 在电路中接高电平（V$_{CC}$）或接低电平（GND），形成系统中相同器件不同的引脚地址。

数据方向（R/$\overline{\text{W}}$）：数据方向位规定了总线上主节点对从节点的数据传送方向，1——接收，0——发送。

表 8-8 列出了 AT24Cxx E²PROM 的寻址字节。

表 8-8 AT24Cxx E²PROM 的寻址字节

型　号	容量	器件地址及寻址字节	备　　注
AT24C02	256×8	1010　A2　A1　A0　R/$\overline{\text{W}}$	引脚地址 A2A1A0
AT24C04	512×8	1010　A2　A1　P0　R/$\overline{\text{W}}$	引脚地址 A2A1、页地址 P0
AT24C08	1024×8	1010　A2　P1　P0　R/$\overline{\text{W}}$	引脚地址 A2、页地址 P0、P1
AT24C10	2048×8	1010　P2　P1　P0　R/$\overline{\text{W}}$	页地址 P0、P1、P2，无引脚地址
AT24C128B	16384×8	1010　A2　A1　A0　R/$\overline{\text{W}}$	引脚地址 A2A1A0

3. I²C 总线时序及虚拟技术

I²C 总线可构成多主、单主的应用系统。但在多主的 I²C 总线应用系统中，会出现多主竞争的复杂状态，一定要使用带 I²C 总线接口的单片机，利用 I²C 总线完善的软、硬件协议，保证多主竞争时的协调管理。对于没有 I²C 总线接口的单片机，要构成多主系统就比较困难，一般只能构成单主的应用系统。例如，MCS-51 单片机就没有专用的 I²C 总线接口，在单主的应用系统中，I²C 总线上只有一个单片机，其余都是带 I²C 总线的外围接口器件，不会出现总线竞争，可以用单片机的两根 I/O 口线来虚拟 I²C 总线的 SDA 数据线和 SCL 时钟线。

图 8-32（a）是 E²PROM AT24C02 封装引脚示意图，图 8-32（b）是 AT24C02 与 MCS-51 的接口电路。

（a）E²PROM AT24C02封装引脚示意图 　　　　（b）AT24C02与MCS-51的接口电路

图 8-32　AT24C02 与 MCS-51 的接口图

AT24C02 的 TEST 脚为测试端，系统中可接地处理。AT24C02 片内子地址采用 8 位地址指针寻址，最大为 256B。超过 256B 时，通过 AT24C02 的引脚地址 A2、A1、A0 的组合，采用多片 AT24C02 级联。因此 I²C 总线上最多可连接 8 片 AT24C02，总容量为 8×256B= 2KB。

AT24Cxx 的器件地址是 1010，按照图 8-32（b）中的连接方式，引脚地址为 000，因此，AT24C02 写寻址字节为 SLAW=A0H，读寻址字节为 SLAR=A1H。

（1）信号时序的要求

I²C 总线上一次完整的数据传送时序如图 8-33 所示。以信号 S 启动 I²C 总线后，先发送的数据为寻址字节 SLAR/W，其决定了数据的传送对象和方向，然后再以字节为单位收发数据，首先传送的是数据的最高位，传送的字节数没有限制，只要求每传送一个字节后，对方回应一个应答位，直至终止信号 P，结束本次传送。

图 8-33　I²C 总线上一次完整的数据传送时序

其中起始信号（S）、终止信号（P）、发送"0"或应答信号（A）、发送"1"或非应答位（$\overline{\text{A}}$）4 个基本信号的时序要求如图 8-34 所示。

图 8-34　I²C 总线的 4 个基本信号的时序要求

　　设 MCS-51 单片机晶体振荡频率为 12MHz，则相应的单周期指令（如 NOP 指令）执行时间为 1μs；用 P1.0 和 P1.1 作为 I²C 总线 SCL 时钟线和 SDA 数据线。应用下述子程序，可以产生满足图 8-34 时序要求的时序信号。

```
#include   <reg51.h>
#include   <intrins.h>
#define   Some5NOP();   _nop_();_nop_();_nop_();_nop_();_nop_();
#define   Some3NOP();   _nop_();_nop_();_nop_();
#define   Some2NOP();   _nop_();_nop_();
sbit   SDA=P1^1;
sbit   SCL=P1^0;
```

　　① 起始信号（S）：在时钟 SCL 为高电平时，数据线 SDA 出现由高电平向低电平变化，启动 I²C 总线。其 C51 程序如下所示：

```
void I2CStart(void)
{   SDA=1;                /*发送起始条件的数据信号*/
_nop_();
SCL=1;
Some5NOP();              /*起始条件建立时间>4.7μs*/
SDA=0;                   /*发送起始信号*/
Some5NOP();              /*起始条件锁定时间>4.0μs */
SCL=0;                   /*钳住 I²C 总线，准备发送或接收数据*/
Some2NOP();
}
```

　　② 终止信号（P）：在时钟 SCL 为高电平时，数据线 SDA 出现由低到高的电平变化，将停止 I²C 总线数据传送。其 C51 程序如下所示：

```
void I2CStop(void)
{   SDA=0;                /*发送结束条件的数据信号*/
_nop_();
SCL=1;                   /*发送结束条件的时钟信号*/
Some5NOP();              /*结束条件建立时间>4.7μs*/
SDA=1;                   /*发送结束信号*/
Some5NOP();
}
```

　　③ 应答信号 ACK：I²C 总线上第 9 个时钟脉冲对应于应答位。接收数据时，由主节点发送"应答信号（0）"和"非应答信号（1）"。其 C51 程序如下所示：

```
void SendACK(bit   a)
{   if (a)    SDA=1;        /*发送非应答位*/
else     SDA=0;            /*发送应答位*/
Some3NOP();
SCL=1;
Some5NOP();                /*时钟高电平周期>4μs*/
SCL=0;
Some2NOP();
}
```

（2）主节点查收的应答程序

当主节点发送数据时，则由从节点发送应答信号（A）和非应答信号（$\overline{A}$），此时，主节点处于查收应答信号：将 SDA 线拉到高电平，若 SDA 线被从节点拉到低电平，则说明从节点发出了一个 ACK 信号，返回 1 表示操作成功，否则返回 0 表示操作有误，其 C51 程序如下所示：

```
bit   RecACK()
{    SDA=1;                  /*将 SDA 置 1 */
Some2NOP();
SCL=1;
Some3NOP();
if (SDA)   return(0);       /*为非应答信号，返回 0*/
else       return(1);       /*为应答信号，返回 1*/
SCL=0;
Some2NOP();
}
```

（3）写、读 1 个字节的程序

在 I²C 总线启动信号或应答信号后的第 1～8 个时钟脉冲对应于 1 个字节的 8 位数据传送。在 SCL 脉冲高电平期间，SDA 上的数据必须稳定，否则被认为启动信号 S 或停止信号 P，SDA 只能在 SCL 低电平期间变化。在传送完 1 个字节后，可以通过对时钟线 SCL 的控制，使传送暂停。

① 发送 1 个字节的 C51 程序如下所示：

```
void I2CSendByte(char ch)
{   unsigned char data   i=8;
    while (i--)
    {
        if(ch&0x80)  SDA=1;       /*判断发送位*/
        else      SDA=0;
        ch<<=1;
        _nop_();
        SCL=1;                    /*置时钟线为 1，通知对方开始接收数据位*/
        Some5NOP();               /*保证时钟高电平时间>4.0μs */
        SCL=0;
```

```
        }
        Some2NOP();
    }
```
② 接收 1 个字节 C51 程序如下：

```
    char    I2CReceiveByte(void)
    {
        unsigned char data i=8,ddata=0;
        SDA=1;                          /*置数据线为输入方式*/
        while (i--)
            {
            ddata<<=1;
            SCL=0;                      /*置时钟线为低，准备接收数据位*/
            Some5NOP();                 /*保证时钟低电平时间>4.7μs*/
            SCL=1;                      /*时钟线为高时，接收数据有效*/
            Some2NOP();
            if (SDA) ddata+=1;
            Some2NOP();
            }
        SCL=0;
        Some2NOP();
        return (ddata);
    }
```

（4）写 n 个字节的程序

I^2C 总线器件写操作的数据可以是 1 个字节，也可以是页（n 个字节）；可从当前地址开始写，也可以进行随机写操作。对随机写操作，除了要发送寻址字节外，还必须指定器件的子地址（SUBADR），其随机连续写 n 个字节数据的操作格式如下：

S	SLAW	A	SUBADR	A	data1	A	⋯	data *n-1*	A	data *n*	A	P

其中，"灰色"代表主节点发送，从节点接收；"白色"代表主节点接收，从节点发送；"SLAW"代表写寻址字节；"SUBADR"代表器件的子地址；"data1～data$n$"代表写入节点的 n 个数据；"A"为应答信号；"P"为终止信号。

设从 S 指向的内部 RAM 发送 n 个字节，到器件 AT24C04 内部的 address 处，AT24C04 的容量为 512B，页写方式允许连续发送 16 个数据。C51 程序如下：

```
    #define    EEPROM_WriteADDR    0xA0
    bit WriteStrI2C_24C04(unsigned   int   address,unsigned   char * s,unsigned char   n)
    {
        unsigned char idata page, address_in_page;
        unsigned char idata i;
        if(n>16)    return (0);
        page=(unsigned char)(address>>8) & 0x01;        /*求取 AT24C04 的子地址的第 9 位*/
        page=page<<1;
        address_in_page=(unsigned char)(address);       /*求取 AT24C04 的子地址的低 8 位*/
```

```
    I2CStart();                              /*启动总线*/
    I2CSendByte(EEPROM_WriteADDR|page);      /*发送写寻址方式字节*/
    if (!RecACK()) return (0);
    I2CSendByte(address_in_page);            /*发送器件低 8 位地址*/
    if (!RecACK()) return (0);
    for(i=0;i<n;i++)
        {I2CSendByte(*s);                    /*发送数据*/
            if (!RecACK()) return (0);       /*等待应答信号*/
            s++;
        }
    I2CStop();                               /*发送结束信号*/
    return (1);
    }
```

（5）读 n 个字节的程序

同样，在作 I^2C 总线的随机读操作时，除了要发送读寻址方式字节外，还要发送页内子地址 SUBADR。因此，在读 n 个字节操作前，要进行 1 个字节子地址 SUBADR 的发送（写）操作，然后重新启动读操作。读 n 个字节数据的操作格式如下：

S	SLAW	A	SUBADR	A	S	SLAR	A	data1	A	⋯	data$n$	$\overline{A}$	P

其中，"灰色"代表主节点发送，从节点接收；"白色"代表主节点接收，从节点发送；"SLAW"代表写寻址字节；"SLAR"代表读寻址字节；"SUBADR"代表器件的子地址；"data1～data$n$"代表读节点的 n 个数据；"A"为应答信号；"$\overline{A}$"为非应答信号；"P"为终止信号。

设 MCS-51 从器件 AT24C04 内部的 address 处，读取 n 个字节到 S 处。其 C51 程序如下：

```
#define  EEPROM_ReadADDR  0xA1
bit ReadStrI2C_24C04(unsigned int   address,unsigned char*s,unsigned char n)
{
    unsigned char idata page,address_in_page,i;
    page=(unsigned char)(address>>8) & 0x01;    /*求取 AT24C04 子地址的第 9 位*/
    page=page<<1;
    address_in_page=(unsigned char)(address);   /*求取 AT24C04 的子地址的低 8 位*/
    I2CStart();                                 /*启动总线*/
    I2CSendByte(EEPROM_WriteADDR|page);         /*发送器件写寻址方式字节*/
    if (!RecACK()) return (0);
    I2CSendByte(address_in_page);               /*发送器件低 8 位地址*/
    if (!RecACK()) return (0);
    I2CStart();                                 /*启动总线*/
    I2CSendByte(EEPROM_ReadADDR|page);          /*发送器件读寻址方式字节*/
    if (!RecACK()) return (0);
    for(i=0;i<n-1;i++)
        {
```

```
        *s=I2CReceiveByte();           /*读取数据*/
        SendACK(0);                    /*发送应答信号*/
    s++;
    }
    *s=I2CReceiveByte();               /*读取最后一个字节数据*/
    SendACK(1);                        /*发送非应答信号*/
    I2CStop();                         /*结束总线*/
    return (1);
    }
```

8.4.2　SPI 总线

1. SPI 总线概述

SPI（Serial Peripheral Interface，串行外设接口）总线是 Motorola 公司提出的一种高速、全双工、同步串行通信总线，主要应用在 E^2PROM、Flash、实时时钟、AD 转换器及数字信号处理器和数字信号解码器之间。SPI 总线以主从方式工作，有一个主设备和一个或多个从设备，双向传输至少需要 4 根线，单向传输时需要 3 根线。

（1）MOSI：主设备数据输出，从设备数据输入。

（2）MISO：从设备数据输出，主设备数据输入。

（3）SCK：时钟信号，由主设备产生。

（4）$\overline{CS}$：从设备片选信号，由主设备控制。只有片选信号有效时（一般为低电位），对此芯片的操作才有效。这就允许在 SPI 总线上连接多个 SPI 设备，如图 8-35 所示为 SPI 总线扩展的典型结构。

图 8-35　SPI 总线扩展示意图

SPI 的串行通信协议是：由 SCK 提供时钟脉冲，MISO、MOSI 则基于此脉冲完成数据传输。主设备数据输出时，MOSI 上的数据在时钟上升沿或下降沿时改变，在紧接着的下降沿或上升沿被从设备读取，完成一位数据传输，输入也是同样原理。这样，在经历了 8 次时钟信号的改变（上升沿和下降沿为一次），就可以完成 8 位数据的传输。

要注意的是，SCK 信号线只由主设备控制，从设备不能控制。这样的传输方式与普通的串行通信不同，普通的串行通信一次连续传送至少 8 位数据，而 SPI 允许数据一位一位传送。主设备通过对 SCK 时钟线的控制可以完成对通信的控制，当没有时钟跳变时，从设备不采集或传送数据。SPI 总线的输入/输出线分开，可同时进行数据传送，为全双工的通信方式。

不同的 SPI 设备，数据的改变和采集在时钟信号上升沿或下降沿有不同定义，将各种不同 SPI 接口片连到 MCU 的 SPI 总线时，应特别注意这些串行 I/O 芯片的输入/输出特性。

图 8-36　X25045 引脚图

一般的 MCS-51 系列单片机没有 SPI 接口，这时可用软件来模拟 SPI 接口的操作时序，包括串行时钟、数据输入/输出。下面以 X25045 为例，说明 SPI 总线的接口及时序的虚拟技术。

2. SPI 总线接口 E²PROM 芯片 X25045

X25045 是一种集上电复位控制、电源监控、看门狗定时器和 512×8 位 E²PROM 四种功能于一块芯片的多功能器件。其引脚图如图 8-36 所示。

SO：串行输出线。

$\overline{WP}$：写保护输入。

V_{SS}：地。

V_{CC}：电源。

RESET：复位输出。

SCK：同步时钟输入线。

SI：串行输入线。

$\overline{CS}$/WDI：片选输入/看门狗复位输入。

X25045 芯片功能包括以下 4 种。

（1）上电复位控制：在对 X25045 通电时，RESET 引脚输出有效的复位信号，并保持至少 200ms，使 CPU 有效复位。

（2）电源电压监控：当检测到电源电压低于内部门槛电压 V_{trip} 时，RESET 输出复位信号，直至电源电压高于 V_{trip} 并保持至少 200ms，复位信号才被撤销。V_{trip} 的出厂值根据芯片型号不同共有 5 个级别的电压范围。对于需要电源电压精确监控的应用，用户可以搭建编程电路，对芯片内 V_{trip} 电压进行微调。

（3）看门狗定时器：芯片内部状态寄存器的 WD1、WD0 是看门狗定时设置位，通过状态寄存器写命令 WRSR 可修改这两个标志位，就能选择 3 种定时间隔或关闭定时器。定时器溢出，产生 RESET 信号。$\overline{CS}$/WDI 引脚上输入下降沿完成对看门狗定时器的复位。表 8-9 是 WD1、WD0 组合的含义。

表 8-9　看门狗的定时值

WD1	WD0	看门狗定时值
0	0	1.4s
0	1	600ms
1	0	200ms
1	1	关闭定时器

（4）芯片内含 512B 串行 E²PROM：可擦写 10 万次，数据保存时间为 100 年。该芯片设计了 3 种保护方式防止误写，使产生误写的可能性极小。

① $\overline{WP}$ 写保护引脚。当引脚被拉低时，内部存储单元和状态寄存器都禁止写入。

② 存储区域写保护模式。通过对状态寄存器的 BL1、BL0 位的设置，可以选择对不同的存储区域进行写保护。表 8-10 是 BL1、BL0 组合的含义。

表 8-10　X25045 保护区域

BL1	BL0	写保护的区域
0	0	没有保护
0	1	180H～1FFH
1	0	100H～1FFH
1	1	000H～1FFH

③ 在进行任何写操作前都必须使用 WREN 命令，打开写使能开关，而在上电初始化或写操作完成时，写使能开关自动关闭。

X25045 共有 6 条操作命令，见表 8-11。

表 8-11　X25045 操作命令

命 令 名 称	指 令 格 式	功　　能
WREN	0000 0110	打开写使能开关
WRDI	0000 0100	关闭写使能开关
RDSR	0000 0101	读状态寄存器
WRSR	0000 0001	写状态寄存器
READ	0000 $A_8$011	读存储单元，A_8 为页地址
WRITE	0000 $A_8$010	写存储单元，A_8 为页地址

X25045 的状态寄存器描述器件的当前状态，各位含义见表 8-12。其中，WD1、WD0 是看门狗定时时间设置位；BL1、BL0 是存储单元写保护区设置位；WEL 是只读标志，1 表明写使能开关打开；WIP 也是只读标志，1 代表芯片内部正处于写周期。上电复位时，各位都被清零。

表 8-12　X25045 的状态寄存器

D7	D6	D5	D4	D3	D2	D1	D0
0	0	WD1	WD0	BL1	BL0	WEL	WIP

3. E^2PROM X25045 的应用

图 8-37 为 E^2PROM X25045 与 80C51 的接口电路。由于 80C51 内部没有 SPI 接口硬件，因此利用 4 根 I/O 线 P1.3、P1.4、P1.6、P1.7 来作为 $\overline{CS}$、SO、$\overline{WP}$、SI、SCK。

图 8-37　E^2PROM X25045 与 80C51 的接口电路

在对 X25045 进行读/写操作时，需在 SI 线上输出 READ 或 WRITE 指令后（指令码 A8 代表存储单元地址的最高位），接着输出低 8 位地址，最后就可以连续读出或写入数据。其中，读指针和写指针的工作方式完全不同，读指针的全部 8 位用来计数，0FFH 溢出后变成 00H；写指针只用最低两位计数，xxxxxx11B 溢出后变成 xxxxxx00B，所以连续写的实际结果是在 4 个单元中反复写入。另外，由于 E^2PROM 的写入时间长，所以在连续两条写指令之间应读取状态寄存器中的 WIP 状态，只有在内部写周期结束时才可输入下一条写指令。另外，因为上电初始化或写操作完成时写使能开关自动关闭，在进行任何写操作前都必须使用 WREN 命令，打开写使能开关。其读/写时序如图 8-38、图 8-39 所示。

图 8-38　X25045 字节读时序

图 8-39　X25045 字节写时序

在对 X25045 内部的状态寄存器进行 RDSR 或 WRSR 操作时，在 SI 线输出指令 RDSR 最后一位后，紧跟着 SO 线即输出状态寄存器内容，如图 8-40 所示；而 WRSR 操作需要在 SI 线上紧跟着 WRSR 命令之后输出 8 位状态数据。

图 8-40　X25045 读状态时序

下面，用软件来模拟 SPI 总线的读/写时序，X25045 的 SPI 接口时序是上升沿输入和下降沿输出，X25045 各种操作子程序如下所示：

```
#define  WREN    0x06
```

```
#define    WRDI     0x04
#define    READ     0x03
#define    WRITE    0x02
#define    RDSR     0x05
#define    WRSR     0x01
#define    WIP      0x01
sbit    CS=P1^3
sbit    SCK=P1^7
sbit    SO=P1^4
sbit    SI=P1^6
sbit    WP=P1^5
```

/*-----写一个字节的指令或数据到 SI，在 SCK 的上升沿 X25045 锁存数据-------*/

```
void SEND(unsigned char val )
{ unsigned char i;
   for (i=8;i>0;i--)
     { SCK=0;
     if (val&0x80) SI=1;                  //送数据 SI
     else        SI=0;
     SCK=1;                               //上升沿打入数据
     _nop_();
     val=val<<1;}
}
```

/*-----在 SCK 的下降沿从 SO 线上读一个字节的数据到单片机-------*/

```
unsigned char Receive()
{unsigned char i,val;
   for (i=8;i>0; i--)
    { val=val<<1
    SCK=1;                               //下降沿从 SO 接收数据
    SCK=0;
    val|=SO;}
    return (val);
 }
```

/*---------------------------写 X25045 一个字节---------------------------*/

```
void X25045WriteByte(unsigned int addr, unsigned char val)
    { unsigned char temp;
        CS=0;                        //打开 X25045 片选
        Send(WREN);                  //发打开写使能 X25045 开关命令
        temp = WRITE;                //由地址的高 8 位，确定 WRITE 写命令中的 A8 位
        if (addr>>8) temp|=8;
        Send(temp);                  //发送写命令
        Send(addr & 0xff);           //发送 X25045 低 8 位地址
```

```
        Send(val);                  //发送数据
        Send(RDSR);                 //发送读状态命令
        while(Receive()&WIP);       //测试状态字的最低位，等待本次写入完成
        CS=1;                       //关闭 X25045 片选
    }
/*-----------------------------读 X25045 一个字节-----------------------------*/
    unsigned char X25045ReadByte(unsigned int addr)
    { unsigned char val;
        CS=0;                       //打开 X25045 片选，释放 SI、SO
        SI=1;
        SO=1;
        val = READ;
        if (addr >> 8) val|= 8;
        Send(val);                  //发送 X25045 读命令及高位地址
        Send(addr & 0xff);          //发送 X25045 读低位地址
        val =Receive();             //接收 X25045 读数据
        CS=1;                       //关闭 X25045 片选
        return   (val); }
```

上述的接口电路和程序同样也适用于其他具有相同时序的 SPI 串行外围接口芯片，如 A/D 转换芯片、网络控制器芯片、LED 驱动芯片等。

8.4.3　1-Wire 单总线

1.　1-Wire 单总线的特性

单总线（1-Wire）是 Dallas 公司推出的外围串行扩展总线。与上述几种串行总线不同，它采用单根信号线，既传输时钟又传输数据，而且数据传输是双向的。单总线具有线路简单、I/O 口资源节省、成本低廉、便于总线扩展和维护等诸多优点。

单总线技术具有 3 个显著的特点：

（1）通过一根信号线进行地址信息、控制信息和数据信息的传送，并通过该信号线为单总线操作提供电源。

（2）每个单总线芯片具有全球唯一的访问序列号，当多个单总线器件挂在同一单总线上时，对所有单总线芯片的访问都通过序列号区分。

（3）单总线芯片在工作过程中，不需要提供外接电源，而通过它本身具有的"总线窃电"技术能从总线上窃取电源。

单总线适用于单主机系统，能够控制一个或多个从机设备。通常把挂接在单总线上的器件称为单总线器件（外围器件）。单总线系统主机可以是单片机，从机是单总线器件，它们之间的数据交换只通过一条信号线。单总线器件内一般都具有控制、收/发、存储等电路。为了区分不同的单总线器件，厂家在生产时在芯片内刻录了一个 64 位的二进制 ROM 代码，以标志其 ID 号。当只有一个单总线器件时，系统可按单节点体系操作；当有多个单总线器件时，系统则按多节点系统操作。图 8-41 所示为 1-Wire 单总线多节点系统图。

图 8-41　1-Wire 单总线多节点系统图

图 8-42 为 1-Wire 单总线接口器件内部结构示意图，图中从机或主机的发送端内部通过一个漏极开路 MOS 管或三态门端口连接至单总线，这样的结构可允许设备在不发送数据时释放总线，以便总线被其他设备使用。为了保证单总线在闲置状态时为高电平，总线上必须外接一个 4.7kΩ 的上拉电阻。位传输之间的恢复时间没有限制，只要总线在恢复期间处于空闲状态——高电平。如果总线保持低电平（≥480μs），总线上的所有器件将被复位。另外在单总线器件"总线窃电"方式供电时，为了保证单总线器件在某些工作状态下（如温度转换期间、E^2PROM 写入等）具有足够的电源电流，必须在总线上提供强上拉。

图 8-42　1-Wire 单总线器件接口内部结构示意图

2．1-Wire 单总线的操作协议

Dallas 公司为 1-Wire 单总线的寻址及数据传送提供了严格的时序规范，以保证数据传输的完整性。主机和从机的通信必须通过三个步骤完成：初始化 1-Wire 器件，识别 1-Wire 器件（ROM 命令），交换数据（功能命令和数据传送）。如果出现序列混乱，1-Wire 器件将不响应主机命令（搜索 ROM 命令、报警搜索命令除外，但在执行这两条命令之后，主机不能执行其后的功能命令，必须返回至初始化）。

目前，Dallas 公司采用单总线技术生产的芯片包括数字温度传感器（DS18B20）、A/D 转换器（如 DS2450）、身份识别器（如 DS1990）、单总线控制器（如 DS1WM）等。下面以美国 Dallas 公司生产的 1-Wire 智能温度传感器 DS18B20 为例来进行介绍。

（1）初始化时序

初始化时序包括主机发出的复位脉冲和从机发出的应答脉冲。

主机：首先主机 Tx 拉低总线，产生复位脉冲（低电平，≥480μs）；然后释放总线，由上拉电阻置高电平，并进入 Rx 接收模式，接收应答脉冲。

从机：单总线器件检测到总线上"0"到"1"的上升沿后，延时 15～60μs，通过拉低总

线 60～240μs 来产生应答脉冲。

主机接收到从机的应答脉冲后，说明有单总线器件在线且准备就绪，然后主机就可以开始对从机进行 ROM 命令和功能命令操作。初始化时序如图 8-43 所示。

图 8-43　1-Wire 单总线复位时序图

从时序图可看出，1-Wire 单总线操作时序要求严格，在实际编程时需要做较精确的延时。例如，在 DS18B20 与单片机接口中，若单片机主频为 12MHz，则机器周期为 1μs，使用"while (--delay);"语句时，循环体耗时 delay×2μs（delay 初始值不能为 0）。

主机发出复位脉冲和接收复位响应的 C51 程序如下所示：

```c
void Sendreset_ds18b20(void)
{   unsigned char delay=250;
    ds18b20_io=1;
    ds18b20_io=0;
    while (--delay);                    //延时 500μs
    ds18b20_io=1;
    delay=15;
    while (--delay);                    //延时 30μs
}
void ack_ds18b20(void)
{   unsigned char   delay=15;
    while(ds18b20_io);
    while(!(ds18b20_io));
    while (--delay);                    //延时 30μs
}
```

（2）读/写时序

除了前面所述的复位脉冲、应答脉冲协议外，1-Wire 单总线还定义了以位为单位，写"0/1"读"0/1"等几种信号的时序。在这些信号中，初态由主机拉低总线，主机在拉低总线超过 1μs 后，若释放总线，由上拉电阻将总线拉至高电平，则逻辑"1"被写入从机器件；若保持低电平，则逻辑"0"被写入从机器件，每一个读写时序（T_X）至少需要 60μs，连续的两个独立的时序之间至少需要 1μs 的恢复时间（T_{rec}），如图 8-44 所示。

所有的单总线命令序列（ROM 命令，功能命令）都是由这些基本的信号类型组成的，以低位在前进行发送。发送 1 个字节的 C51 程序如下：

```c
void write_ds18b20(unsigned char data)
{ unsigned char i=0, delay=30;
    for(i=0;i<8;i++)
```

图 8-44　1-Wire 单总线的写时序

```
    { ds18b20_io=0;                //启动写时序开始，延时 2μs
      _nop_();
      _nop_();
  If   (data&0x01)                 //先发送低位
      { ds18b20_io=1;              //发"1"状态
        while (--delay);           //延时 60μs
      }
      else                         //发"0"状态
      { ds18b20_io=0;
        while (--delay);           //延时 60μs
        ds18b20_io=1;              //释放总线
        _nop_();                   //恢复时间，延时 2μs
        _nop_();
      }
      data>>=1;
    }
  }
```

当主机向从机发出读数据命令后，必须马上产生读时序，即拉低总线 1μs 后释放总线，以便单总线器件能传输数据。若从机发送"1"，则总线继续保持高电平；若发送"0"，则由从机拉低总线，在该时序结束后释放总线，由上拉电阻将总线置为"1"状态。从机发出的数据在起始时序之后，保持有效时间 15μs，因此主机需在 15μs 内采样总线状态，以便接收从机发送来的数据，如图 8-45 所示。

图 8-45　1-Wire 单总线的读时序

接收 1 个字节的 C51 程序如下：

```c
unsigned char read_ds18b20(void)
{
    unsigned char    data=0; delay=8;
    unsigned char    i=0;
    for(i=0;i<8;i++)
    {
        data>>=1;
        ds18b20_io=0;               //启动读开始
        _nop_();                    //延时 1μs
        ds18b20_io=1;               //释放总线
        while (--delay);            //延时 16μs
        if(ds18b20_io)    data|=0x80;
        delay=30;
        while (--delay);            //延时 60μs
    }
    return(data);
}
```

（3）ROM 命令

在主机检测到应答脉冲后，就可以发出 ROM 命令。以 DS18B20 为例，共有 5 条 ROM 命令，这些命令与每个从机设备唯一的 64 位 ROM 代码相关，见表 8-13。

表 8-13　DS18B20 的 ROM 命令

指　　令	说　　明
读 ROM（33H）	用于单节点系统，允许主机直接读出从机的 64 位序列号而无需搜索
匹配 ROM（55H）	后跟 64 位序列号，在多节点系统中对某个指定的从机设备进行操作
跳过 ROM（CCH）	主机能够同时对总线上的所有从机设备进行同一种操作，读操作仅适用于单节点系统
搜 ROM（F0H）	通过重复执行搜索 ROM 循环，识别总线上各器件的编码，为操作各器件做好准备
报警搜索（ECH）	仅温度越限的器件对此命令做出响应

主机在发出功能命令之前，必须送出合适的 ROM 命令。通过 ROM 命令，主机能在多个单总线设备中指定某个设备，还能够检测到总线上有多少个从机设备以及其设备类型或者有没有设备处于报警状态。

（4）功能命令（以 DS18B20 为例）

在主机发出 ROM 命令以确定所访问的单总线器件（如 DS18B20）后，接着就可以发出对相应器件某个功能的操作命令。这些命令允许主机对器件内部的暂存器进行读/写操作、启动某种操作以及判断从机的供电方式。DS18B20 的功能操作命令见表 8-14。

表 8-14 DS18B20 功能控制命令

指　　令	说　　明
温度转换（44H）	启动在线 DS18B20 作温度 A/D 转换
读数据（BEH）	DS18B20 传送 9B 到主机，包括暂存器的全部内容和 CRC 值
写数据（4EH）	主机传送 TH、TL 和配置字节到 DS18B20 高速暂存器的第 2、3 和第 4 字节中
复制（48H）	将暂存器中的 TH、TL 和配置字复制到 E²PROM 中
读 E²PROM（88H）	将 TH、TL 和配置字节从 E²PROM 回读至暂存器中
读电源供电方式（B4H）	了解 DS18B20 的供电方式

3. DS18B20 的接口技术

DS18B20 是美国 Dallas 半导体公司继 DS1820 之后最新推出的一种改进型智能温度传感器。与传统的热敏电阻相比，它能够直接读出被测温度并且可根据实际要求通过简单的编程实现 9～12 位的数字值读数方式，可以分别在 93.75ms 和 750ms 内完成 9 位和 12 位的数字量转换。采用单总线与主机相连，总线本身可以向所挂接的 DS18B20 供电，而无需额外电源。因而使用 DS18B20 来设计测温系统，可使系统结构更趋简单，可靠性更高，给硬件设计工作带来了极大的方便，能有效地降低成本，缩短开发周期。同时，它在测温精度、转换时间、传输距离、分辨率等方面给用户带来了更方便的使用和更令人满意的效果。

（1）DS18B20 的内部结构

DS18B20 采用 3 脚 PR35 或 8 脚 SOIC 封装，其内部结构如图 8-46 所示，可分为以下几个部分：

① 存放 DS18B20 序列号的 64 位 ROM：低 8 位是 DS18B20 产品类型编号 10H，中间 48 位是每个器件唯一的序号，这也是多个 DS18B20 可以采用一线进行通信的原因。高 8 位是前 56 位的 CRC 校验码，其结构如下：

8 位检验 CRC	48 位序列号	8 位工厂代码（10H）

图 8-46 DS18B20 的内部结构图

② 高速暂存存储器：DS18B20 温度传感器的内部存储器包括一个高速暂存 RAM 和一个非易失性的可电擦除的 E²PROM。后者用于存储温度报警的上限 T_H、下限 T_L 和配置字节。数据先写入 RAM，经校验后再传给 E²PROM。高速暂存 RAM 占 9 个字节，包括温度寄存器（第 1、2 字节）、TH 和 TL 值（3、4 字节）、配置寄存器（5 字节）、第 9 字节（读出的是前面所有 8 个字节的 CRC 码，可用来保证通信正确），第 6、7、8 字节不用，表现为全逻辑 1。其分配如下所示：

温度低位	温度高位	TH	TL	配置	保留	保留	保留	8 位 CRC

当 DS18B20 接收到温度转换命令后，开始启动转换。转换完成后的温度值就以 16 位带符号扩展的二进制补码形式存储在高速暂存存储器的第 1～2 字节。可通过发读数据的功能命令取到该数据，读取时低位在前，高位在后，数据格式以 0.0625℃/LSB 形式表示。温度寄存器的格式如下：

2^3	2^2	2^1	2^0	2^{-1}	2^{-2}	2^{-3}	2^{-4}

MSB　　　　　　　　　　　　　　　　　　　　　　　LSB

S	S	S	S	S	2^6	2^5	2^4

MSB　　　　　　　　　　　　　　　　　　　　　　　LSB

对应的温度计算：当符号位 S=0 时，直接将二进制位按权展开，即得温度的十进制值；当 S=1 时，由补码求得原码，再计算十进制值。如读取的数据为 0008H，则对应的温度为 0.5℃；如读取的数据为 FFF8H，则对应的温度为−0.5℃。DS18B20 完成温度转换后，就把测得的温度值与 T_H、T_L 比较，若 $T>T_H$ 或 $T<T_L$，则将该器件内的告警标志置位，并对主机发出的告警搜索命令做出响应。因此，可用多只 DS18B20 同时测量温度并进行告警搜索。

③ 超标报警寄存器为 TH、TL：通过软件对 TH 和 TL 操作，可设定用户报警的上下限。TH 设定上限值，TL 设定下限值，其格式如下：

S	2^6	2^5	2^4	2^3	2^2	2^1	2^0

MSB　　　　　　　　　　　　　　　　　　　　　　　LSB

④ 配置寄存器：用于设定温度 A/D 转换的分辨率，为高速暂存器中的第 5 个字节。各位的定义如下所示：

TM	R1	R0	1	1	1	1	1

低 5 位都是 1。最高位 TM 是测试模式位，用于设置 DS18B20 在工作模式还是在测试模式，在出厂时该位被设置为"0"，用户不要去改动。R1 和 R0 决定温度转换的精度位数，即设置分辨率，由表 8-15 可见，设定的分辨率越高，所需的温度数据转换时间就越长（出厂时被设置为 12 位）。因此，在实际应用中要在分辨率和转换时间权衡考虑。

表 8-15　R1 和 R0 模式表

R1	R0	分辨率	温度最大转换时间（ms）
0	0	9 位	93.75（tconv/8）
0	1	10 位	187.5（tconv/4）
1	0	11 位	375.00（tconv/2）
1	1	12 位	750.00（tconv）

⑤ 循环冗余校验码 CRC：在 64 位 ROM 的最高有效字节中存储有循环冗余校验码（CRC）。主机根据 ROM 的前 56 位来计算 CRC 值，并和存入 DS18B20 中的 CRC 值比较，以判断主机收到的 ROM 数据是否正确。

（2）DS18B20 与单片机的典型接口设计

以 DS18B20 为温度传感器，AT89C2051 为控制核心组成的单点温度检测系统的电路如图 8-47 所示。DS18B20 的供电方式为外部电源，其 I/O 数据线加一个上拉电阻 4.7kΩ，并与 P1.0 相连。测得的温度值最终显示在串口扩展的 LED 显示器上。

图 8-47　DS18B20 与单片机构成的温度检测线路图

温度检测程序如下所示：

```
unsigned char code table[10]={0x03,0x9f,0x25,0x0d,0x99,0x49,0x41,0x1f,0x01,0x09};//共阳极 LED 表
unsigned char temperature_low, temperature_high;
void convert_ds18b20(void)                  //启动 DS18B20 温度转换
{
      reset_ds18b20();                      //发初始化命令
      ack_ds18b20();                        //等待响应脉冲
      write_ds18b20(0xCC);                  //发跳过 ROM 命令
      write_ds18b20(0x44);                  //发启动 DS18B20 温度转换功能命令
}
void read_temperature(void)                 //读 DS18B20 的温度值
{   unsigned char   delay=250;
      reset_ds18b20();                      //发初始化命令
      ack_ds18b20();                        //等待响应脉冲
      while(--delay);                       //延时 1ms
      delay=250;
      while(--delay);
      write_ds18b20(0xcc);                  //发跳过 ROM 命令
      write_ds18b20(0x33);                  //发读 DS18B20 温度值功能命令
      temperature_low=read_ds18b20();       //读温度的低位字节
      temperature_high=read_ds18b20();      //读温度的高位字节
}
void disp(char x,char y)                     //利用串行口扩展的 LED 显示温度值
{   SBUF=table[x];                          //将数据发送串行口
      while(!_testbit_(TI));                //等待发送结束
      SBUF=table[y];                        //将数据发送串行口
      while(!_testbit_(TI));                //等待发送结束
}
void main()
```

```
{   unsigned char t,x,y,delay=250;
    unsigned int i;
    SCON=0x00;                                    //设置串行口工作于方式 0
     while(1)
     {   convert_ds18b20();                        //启动温度采集
        for(i=0;i<750;i++,delay=250) while(--delay); //延时 750ms，等待温度转换完成
        read_temperature();                       //读取温度字节
        t= (temperature_low>>4)|(temperature_high<<4)
        x=t%10;
        y=t/10;
        disp(x,y);                                //显示温度值
     }
    }
```

因其为单节点系统，故可选用跳过 ROM 的 ROM 命令，不再需要获取单总线器件的序列号。若需测试多点温度，则只需将多个 DS18B20 的数据端互连，启动温度采集时，仍然发跳过 ROM 的 ROM 命令，使所有的 DS18B20 都被启动，但读各点的温度值时，必须发匹配 ROM 的 ROM 命令，以读到各测试点不同的温度值，并且不发生总线冲突。上述程序虽然是针对 DS18B20 所写的，但适用于所有的单总线器件。

8.4.4 Microwire 总线

Microwire 串行总线是 NS 公司推出的同步串行总线，广泛应用于 MCU、E^{2}PROM、ADC 等串行总线器件中（如 CO9800 系列单片机、HPC 系列单片机）。该总线由时钟线 SK、数据线 SI（收）和 SO（发）组成，与 SPI 总线相似，是一种高速、全双工、同步串行通信总线。图 8-48 为 Microwire 接口扩展示意图，可以看出，Microwire 与 SPI 接口相似，在扩展多个外围器件时，也必须进行片选。

图 8-48 Microwire 接口扩展示意图

习题 8

1. 如何构造 MCS-51 扩展的系统总线？

2. 在 MCS-51 单片机系统中，外接程序存储器和数据存储器共用 16 位地址线和 8 位数据线，为什么不会发生冲突？

3．请设计一个 8051 应用系统硬件逻辑图，使该系统扩展一片程序存储器 27256、一片 6264 RAM 数据存储器、一片 8255、一片 8251，并分别写出这些器件的地址。

4．一个 8051 应用系统扩展了一片 2764 程序存储器和一片 8255、晶振为 12MHz，具有人工复位、上电自动复位功能。请画出该系统逻辑图，并说明各个器件地址。

5．在一个 8051 应用系统中，接有一片 8255（地址为 0BFFCH～0BFFFH）和 2KB RAM（称为工作 RAM，地址为 7800H～7FFFH），再通过 8255 接 16KB 的后备 RAM 存储器。试画出这个系统的逻辑框图，并说明 8051 对后备 RAM 的读/写原理。

6．有一个 8051 学习机，它用一片 EPROM 2732 存放监控核心程序（地址为 0000H～0FFFH），用一片 E^{2}PROM 2817 作为可由用户在线改写的用户程序存储器（地址为 1000H～1FFFH）。试画出该系统的程序存储器框图。

7．一个 8051 应用系统扩展了一片 8255，晶振为 12MHz，具有上电自动复位功能，P2.7～P2.1 作为 I/O 口线使用。试画出该系统的逻辑图，并编写一个初始化程序，使 PA 口、PB 口作为无选通的输出口，PC 口作为输入口。

8．I^{2}C 总线有哪些特点？试阐述 I^{2}C 总线的数据传送格式。

9．1-Wire 单总线有哪些特点？

10．请编写程序将 AT24C02 地址 50H～57H 中的内容读出，存放在 MCS-51 RAM 60H～67H 中。

11．请编写程序将 MCS-51 RAM 60H～67H 中的内容读出，存放在 AT24C02 地址 50H～57H 中。

第9章

单片机与外设接口技术

在单片机应用系统中，键盘、显示、过程通道是最常用的接口。通过接口构成人机对话的基本方式，提供数据输入/输出通道。

键盘能实现数据录入、命令传送等功能，是人工干预计算机的主要手段；显示器用于显示控制的过程或结果；过程通道实现模数转换、信号调理与匹配。本章主要介绍键盘的工作原理及按键的识别过程与识别方法，LED 显示器工作原理及编码，LCD 点阵液晶显示器，A/D 和 D/A 工作原理及它们与单片机的接口技术和编程方法，IC 卡接口技术等内容。

9.1 键盘接口技术

9.1.1 键盘的基本工作原理

键盘是单片机应用系统中不可缺少的设备，通过它可以向计算机传递信息。键盘实际上是一组开关的集合：当键按下时，两根导线接通；释放时，两根导线不通。常用键盘电路有两种：独立式键盘和矩阵式键盘。

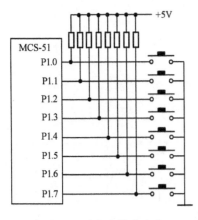

图 9-1 独立式键盘电路

1. 独立式键盘的原理

最简单的键盘为独立式键盘电路，如图 9-1 所示。每个键对应 P1.0～P1.7 的一位，没有键闭合时，通过上拉电阻（单片机内部有上拉电阻，外部可省略）使 P1 口处于高电位。当有一个键按下时，就使 P1.x 接地成为低电位，因此，CPU 只要检测到 P1.x 为 "0"，便可以判别出对应键已按下。

但是，用图 9-1 的结构来设计键盘有一个很大的缺点，就是当键较多时，引线太多，占用的 I/O 端口也太多。例如，一个有 64 键的键盘，采用这种方法来设计时，就需要 64 根连线和 8 个 8 位并行端口才能满足要求。所以，这种独立式键盘结构适用在仅有几个键的小键盘中。

2．矩阵式键盘的原理

当键较多时，通常使用的是矩阵式键盘结构，如图 9-2 所示，这个矩阵键盘分为 4 行（X0、X1、X2、X3）4 列（Y0、Y1、Y2、Y3），共有 16 个键，只需要 4 条位线、4 条列线和 1 个 8 位 I/O 口，而采用独立式键盘结构设计，则需要 16 条引线和两个 8 位 I/O 口。

矩阵式键盘工作时，按照行线和列线上的电平相等来识别闭合键。若图 9-2 中第 5 号键按下，则第 X1 行线和第 Y1 列线接通而形成通路，如果第 X1 行输出电位"0"，则由于键 5 的闭合，会使第 Y1 列线也为低电位"0"。

图 9-2 矩阵式键盘结构

3．抖动和重键问题

在键盘设计时，除了对键码的识别外，还有两个问题需要解决：一个是抖动问题；另一个是重键问题。

（1）抖动

当用手按下一个键时，往往出现按键在闭合和断开位置之间来回跳动多次才能到闭合稳定状态的现象；在释放一个键时，也会出现类似的情况。这就是抖动，如图 9-3 所示。按下一个键时产生前沿抖动，释放一个键时产生后沿抖动。抖动的持续时间随键盘簧片的材料和操作员而异，通常在 5～10ms。显而易见，抖动问题不解决，就会引起对闭合键的多次识别。

去除抖动的方法有硬件电路法（如 RS 触发器）和软件延时法。软件延时法就是通过延迟来等待抖动消失，即延迟一段时间后，再读入键盘值，如图 9-4 所示。由于软件延时成本低，且实现简单，故在实际中常常被采用。

图 9-3 键抖动信号波形

图 9-4 软件法去抖动流程框图

（2）重键

所谓重键就是指有两个或多个键同时闭合。对重键的处理方法一般采用两种方法：连锁法和巡回法。

用连锁法处理重键的原则是，在所有键释放后，只承认此后闭合的第一个键，对此键闭合时按下的其他键均不做识别，直到所有键释放以后，才读入一个键。

巡回法识别重键的思想是，等前面所识别的键被释放以后，再识别其他闭合键。巡回法比较适合于快速的键入操作。

9.1.2 键盘工作方式

键盘电路的最大特点是实时性，操作人员对键盘的操作是随机的，不论何时按键，CPU都需响应键盘信息。在复杂的单片机应用系统中，CPU 在忙于处理各项工作任务时，如何实时响应键盘的输入、识别键码，应根据实际应用系统中 CPU 工作的状况来确定键盘的工作方式。选取的原则是既要保证 CPU 能及时响应按键操作，但又不过多占用 CPU 的工作时间。通常，键盘工作方式主要有三种，即程序控制扫描、定时扫描和中断扫描。

1．程序控制扫描方式

键盘的扫描采取程序控制方式，仅在 CPU 空闲时，才调用键盘扫描子程序，并反复地扫描键盘，直到用户从键盘上输入命令或数据，而在执行键入命令或处理键入数据过程中，CPU 将不再响应键盘输入要求，直到 CPU 重新调用键盘扫描子程序为止。键盘扫描子程序流程如图 9-5 所示。

键盘扫描子程序主要完成如下功能。

（1）判别有无键按下。如图 9-6 所示，PA 口输出全 0，读 PC 口状态，若 PC0～PC3 全为 1，则说明无键按下；若不全为 1，则说明有键按下。

图 9-5　键盘扫描程序框图　　　　图 9-6　矩阵式键盘的接口电路

（2）延时去抖动。在判断有键按下时，用软件延时 10ms 后，再判断键盘状态，如果仍为有键处于按下状态，则认为有一个确定的键被按下，否则当做按键抖动处理。

（3）识别矩阵键盘上的闭合键，求按键位置。单片机中通常采用行扫描法。行扫描法识别按键的思想为：按（1）～（2）确认有键按下后，逐个置行线为零电位"0"，检查各列线电平，如果某列电平为低电位"0"，则可确定此行此列交叉点处的键被按下，从而确定按键的键号，键号=行首键号+列号。

（4）等待键释放。键盘键闭合一次，仅进行一次按键的处理；释放之后，再进行按键功能的处理操作。

设 8255 控制口地址为 7F03H，PA 口地址为 7F00H，PC 口地址为 7F02H，键盘行扫描的 C51 程序清单如下：

```c
#include    <reg51.h>
#include    <absacc.h>
#include    <intrins.h>
#define    P8255ct    0x7F03
#define    P8255A    0x7F00
#define    P8255C    0x7F02
delay()
  { unsigned   int   data   k;
    for (k=0;k<1000;k++);}                      //延时去抖动
char   keyscan()
  { unsigned   char   data   i,y,row,col=0,x=0xfe,key;
      XBYTE[P8255ct]=0x81;                      //写 8255 方式控制字，PA 口输出，PC 口输入
      XBYTE[P8255A]=0;
      while ((XBYTE[P8255C]&0x0f)==0xf);        //判是否有键按下，无键按下等待
      delay();                                  //有，则延时去抖动
      while ((XBYTE[P8255C]&0x0f)==0xf) return(0xff);//判是否有键按下，无键按下返回 FFH
      x=0xfe;
      for (i=0;i<8;i++)                          //逐行扫描
        { XBYTE[P8255A]=x;                       //输出行扫描码
          y=XBYTE[P8255C];                       //读列值
          if (~(y&1)){row=0;break;}              //若 PC0 行有键按下，首行号为 0
          else   if (~(y&2)){row=08;break;}      //若 PC1 行有键按下，首行号为 8
          else   if (~(y&4)){row=16;break;}      //若 PC2 行有键按下，首行号为 16
          else   if (~(y&8)){row=24;break;}      //若 PC3 行有键按下，首行号为 24
          else   {x=_crol_(x,1);col++;}          //扫描下一行
        }
      key=row+col;
      XBYTE[P8255A]=0;                           //判键是否释放，没释放，则等待
      while (!(XBYTE[P8255C]&0x0f)==0xf);
      delay();                                   //延时去抖动
      return (key);
    }
```

2．定时扫描方式

定时扫描方式就是每隔一定时间对键盘扫描一次。例如，利用单片机内部的定时器产生

定时（如 10ms），当定时时间到就产生定时器溢出中断，CPU 响应中断后对键盘进行扫描，并在有键被按下时识别出该键执行响应的键功能程序。

定时扫描方式的软件流程框图如图 9-7 所示。sign1 和 sign2 为在单片机内部 RAM 可位寻址区设置的两个标志位，sign1 为去除抖动标志位，sign2 为识别完按键的标志位。

图 9-7 定时扫描方式程序框图

初始时将这两个标志位均设置"0"。执行定时中断服务程序时，首先判别有无键闭合。如无键闭合，则将 sign1、sign2 置"0"返回；如有键闭合，则先检查 sign1 标志位：当 sign1=0 时，则说明还没有去抖动处理，此时置 sign1=1 并中断返回，由于定时中断返回后要经过 10ms 才会再次中断，相当于延时了 10ms，因此在程序中不需要再延时处理。

在下一次定时中断服务程序中，因为 sign1=1，再检查 sign2 标志位：如 sign2=0，则说明还没有进行按键的识别处理，这时置 sign2 为"1"并进行按键的识别处理和执行相应按键的功能子程序，最后定时中断返回；如果 sign2=1，则说明此次按键已做过识别处理，只是还没有释放按键，定时中断返回。当按键释放后，在下一次定时中断服务程序中，sign1、sign2 重又被置"0"，为下一次按键识别做准备。

3. 中断扫描方式

键盘工作在程序控制扫描方式时，即使没有键被按下，CPU 也要不间断地扫描键盘，直到有键被按下为止。这种工作方式长期占用 CPU 时间，如果 CPU 要处理其他事情，则这种工作方式将不能适应。

在定时扫描方式中，只要定时时间到，则 CPU 就去扫描键盘，CPU 工作效率相比程序控制扫描方式有了一定的提高，但总体效率仍然不高。由此可见，程序控制扫描和定时扫描两种方式常使 CPU 处于空扫状态。

图 9-8　中断方式键盘接口

在中断扫描方式中，CPU 可一直处理其他事务，直到有键闭合时才发出中断申请，CPU 响应中断后，执行相应的键盘中断服务程序，对键盘进行处理。这样的工作过程，大大提高了 CPU 的工作效率。

图 9-8 为中断方式键盘接口，该键盘直接由 8051 的 P1 口构成 4×4 矩阵键盘。键盘的列线和 P1 口的高 4 位 P1.4～P1.7 相接，键盘的行线和 P1 口的低 4 位 P1.0～P1.3 相接。P1.4～P1.7 相"与"，接至 8051 的中断 $\overline{\text{INT0}}$；P1.0～P1.3 作为行扫描输出线。初始化时，行线置为全 0，当有键被按下时，$\overline{\text{INT0}}$ 变为低电平，向 CPU 发出外部中断申请。若 CPU 开放外部中断，则 CPU 响应外部中断并执行相应的中断程序。必须注意，为了在中断服务中不因按键的识别而再引起中断，在中断程序中，首先应关闭中断，再进行键扫描、消抖动、识别按键等工作。其键盘的具体处理方法类同"程序控制扫描方式"。

9.2　显示器接口技术

目前常用的显示器有 LED、LCD、CRT 等。LED（Light Emitting Diode）即发光二极管，是一种半导体固体发光器件，它是利用固体半导体芯片作为发光材料，当两端加上正向电压，半导体中的载流子发生复合引起光子发射而产生光，LED 可以直接发出红、黄、蓝、绿、青、橙、紫、白色光。常用 LED 显示器有七段码数码管、点阵型数码管两种，七段码数码管主要用于显示 ASCII 码，显示信息量小；点阵型数码除了显示 ASCII 码外，还可显示各种图形、字符。数码管按驱动电流分，可分为普通亮度、高亮、超高亮等，是单片机应用产品中最常用的廉价输出设备。LCD（Liquid Crystal Display）即液晶显示器，通过液晶和彩色过滤器过滤光源，在平面面板上产生图像，是一种被动发光器件，在黑暗的环境下必须加入背光才能清晰显示。LCD 分为字段、字符和点阵三种类型，其中字段型 LCD 只能显示 ASCII 字符，字符式 LCD 可显示 ASCII 字符和少量自定义的字符，显示效果比字段型好；而点阵式 LCD 不仅可以显示字符、数字，还可显示各种图形、曲线及汉字，应用十分广泛。LCD 具有体积小、低功耗、低辐射、无闪烁等特点，得到了广泛应用。CRT（Cathode Ray Tube）即阴极射线管，R（红）、G（绿）B（蓝）三基色信号，在高压作用下会聚在屏幕上，显示出彩色图像，应用十分广泛。其特点是显示的图像色彩丰富，还原性好；缺点是亮度较低、操作复杂、辐射大、体积大，对安装环境要求较高，因而在单片机应用系统中很少采用。

本节主要讲述 LED 和 LCD 显示器的接口技术。

9.2.1　七段码 LED 显示器

常用的七段码 LED 显示器的结构如图 9-9 所示，由 8 个发光二极管组成，其中 7 个发光二极管 a～g 控制 7 个笔画（段）的亮或暗，另一个发光二极管控制一个小数点的亮或暗。阴极连在一起的称为共阴极显示器，阳极连在一起的称为共阳极显示器。这种笔画式的七段显示器能显示 0～9 数字和少量的字符，控制简单，使用方便，得到广泛应用。

（a）共阴极　　　　　　　（b）共阳极　　　　　　（c）共阴极外形图

图 9-9　七段码 LED 显示器结构

1．七段码 LED 显示器字形编码

七段 LED 显示器字形编码与硬件电路连接形式有关，如果段数据口的 D0～D7 分别与显示器的控制端 a～dp 相连，即 LED 字形码数据编码格式如下：

D7	D6	D5	D4	D3	D2	D1	D0
dp	g	f	e	d	c	b	a

假若要显示数字"3"，则共阴极 LED 字形编码为 4FH（dp、f、e 为 0，其余为 1），共阳极 LED 字形编码为 B0H（dp、f、e 为 1，其余为 0）。表 9-1 为数字及常用字形编码表。

表 9-1　七段 LED 显示字形编码

显示字符	共阳极	共阴极	显示字符	共阳极	共阴极
0	C0H	3FH	C	C6H	39H
1	F9H	06H	D	A1H	5EH
2	A4H	5BH	E	86H	79H
3	B0H	4FH	F	8EH	71H
4	99H	66H	P	8CH	73H
5	92H	6DH	U	C1H	3EH
6	82H	7DH	R	CEH	31H
7	F8H	07H	Y	91H	6EH
8	80H	7FH	亮	00H	FFH
9	90H	6FH	灭	FFH	00H
A	88H	77H	A	89H	76H
B	83H	7CH	L	C7H	38H

如果段数据口低位到高位（D0～D7）分别与七段码 LED 显示器的 dp、g～a 相连，则数字"3"的字形码为 0F2H（共阴极）或 0DH（共阳极），七段 LED 字形码的格式如下：

D7	D6	D5	D4	D3	D2	D1	D0
a	b	c	d	e	f	g	dp

由此可见，字形编码与硬件电路的连接形式密切相关，请读者务必注意。

2. 七段码 LED 显示器的工作方式

在控制系统中，一般利用 n 块 LED 显示器件构成 n 位显示。n 位 LED 显示器件的工作方式有静态显示和动态显示两种。

（1）静态显示方式

所谓静态显示，就是当显示器显示某一个字符时，相应的发光二极管恒定地导通或截止。这种显示方式要求每一个七段码 LED 显示器的控制端与一个并行接口相连，LED 显示器共阴极端接地，共阳极端接电源正。

图 9-10 为采用带锁存功能的串行输入、串行和并行输出的移位寄存器 74LS595 和 74HC541 驱动的两位静态显示电路。74LS595 内部含有 1 个通用的 8 位的串行输入、串行和并行输出移位寄存器，1 个带三态输出的八 D 触发器。时钟 SRCLK 的上升沿将 SER 端输入的串行数据通过内部的移位寄存器由 Q0 逐步移到 Q7，8 个脉冲后由 Q7 串行输出，Q7 为级联端，可接到下一片的 SER 端；RCLK 的上升沿将移位寄存器中的数据锁存到八 D 触发器，$\overline{G}$ 为 "0" 时，打开八 D 触发器输出的三态门，允许输出，否则 O0～O7 呈高阻态。采用 74LS595 锁存显示字符，只占用单片机三根 I/O 口线。如果需要驱动更多的 LED 时，只需级联多片 74LS595 即可。

图 9-10　用 74LS595 实现的两位 LED 静态显示电路

下面的显示程序实现在 LED 上显示 "19"。

```c
#include  <reg51.h>
#include  <intrins.h>
# define  uint  unsigned  int
#define  uchar  unsigned  char
```

```
#define  nop()  _nop_();_nop_()
sbit  SRCLK=P1^5;
sbit  SER=P1^7;
sbit  RCLK=P1^6;
uchar code tab[]={0xc0,0xf9,0xa4,0xb0,0x99,0x92,0x82,0xf8,0x80,0x90}      //0~9 的段码
void sendbyte(uchar byte)            //串行输出段码到 74LS595
{   uchar num,c;
    num=tab[byte];
        for(c=0;c<8;c++)
          { SRCLK=0;
            if (num&0x80)SER=1;
              else  SER=0;
            num=num<<1;
            SRCLK=1; }
}
void out595(void)    //发出 74LS595 的锁存允许信号，显示数据
   {  RCLK=0;
      nop();
      RCLK=1;
   }
void display(uchar word)   //分离十进制的两个数位，并逐个输出
   {
        uchar i,j;
        i=word/10;
        j=word%10;
        sendbyte(j);
        sendbyte(i);
        out595();
   }

main()
{……
display(19);
   }
```

静态显示的优点是显示稳定、亮度大，仅仅在需要更新显示内容时 CPU 才执行一次显示更新子程序 display，这样大大节省了 CPU 的时间，提高了 CPU 的效率；缺点是 LED 位数较多时显示口随之增加。

（2）动态显示方式

所谓动态显示，就是将所有 LED 显示器的控制端 a～dp 并联在一起，由一个 8 位 I/O 口控制，而每个 LED 的公共端 COM 则由其他的 I/O 口控制，用软件（中断程序）动态地轮流点亮各个 LED，扫描频率应控制在 16 次/秒以上，小于人体视觉的暂留时间，当扫描频率达

50 次/秒时，显示将无闪烁感。显然，LED 显示器的亮度既与导通电流有关，也与 LED 显示器点亮时间和间隔时间的比例有关。通过调整 LED 显示器的导通电流和时间比例参数，可实现较高亮度且稳定的显示。

　　图 9-11 给出了 8 位共阴极七段码 LED 显示器和 8255 的接口逻辑图。8255 的 PA 口输出位码，位码中只有 1 位为高电平，经反向驱动器（75452）接 LED 显示器共阴极，即 8 位显示器中仅有 1 位 LED 的共阴极为低电平，也就只能点亮 1 个 LED。PB 口输出段码（字形码），经同相驱动器（7407）接 LED 显示器的 a～dp 各段。在内部 RAM 中设置 8 个显示缓冲器单元分别存放 8 位显示器的显示数据。程序清单如下：

图 9-11　用 8255 实现的 8 位 LED 动态显示接口电路图

```
#include   <reg51.h>
#include   <absacc.h>
#define    P8255ct   0x7FFF
#define    P8255A   0x7FFC
#define    P8255B   0x7FFD
char   data   buff[]={1,2,3,4,5,6,7,8}
char   code   table[]={0x3F,0x06,0x5B,0x4F,0x66,0x6D,0x7D,0x07,0x7F,0x6F} //0～9 的段码
unsigned   char   data   i,j,x;
unsigned   int   data   k;
main()
    { XBYTE[P8255ct]=0x80;           //写 8255 方式控制字
    while (1)
    { i=1;                           //设置位码初值
     for   (j=0;j<8;j++)
     {  x=buff[j];                   //从显示缓冲器取显示字符
        XBYTE[P8255B]= table[x];//查表，将显示字符转换为段码送到 PB 口
        XBYTE[P8255A]= i;           //从 PA 口输出点亮 1 位 LED 的位码
        i<<=1;                      //位码左移
```

```
        for  (k=0;k<5000;j++);    //延时程序
      }
   }
}
```

3．LED 显示器的驱动

LED 每一段发光二极管通过的平均电流为 10～20mA。这么大的电流无法通过一般的并行 I/O 接口线直接驱动，故 LED 的段码端和位码端都必须外加驱动器，这时驱动器的驱动能力就显得尤为重要。若驱动器的驱动能力不足，则会因电流太小，导致 LED 的亮度不够；反之，电流太大，LED 则会因长期超负荷导致损坏，降低寿命。

LED 的驱动方式还与显示方式有关。静态显示时，点亮的二极管通过恒定的电流，因 COM 端接地或电源，故只需考虑段的驱动，此时驱动器的驱动能力与 LED 显示器的工作电流相匹配即可。动态显示时，以脉冲电流的方式不断刷新点亮每一个 LED，LED 显示亮度与峰值电流和电流脉冲的占空比有关。理论分析表明，在同样的亮度下，动态显示方式段的驱动能力为静态显示方式的 n 倍，n 为显示位数，而位的驱动能力等于各段的驱动能力之和。

简单的驱动电路可利用三极管的放大作用构成，但当位数较多时，驱动电路过于复杂，可利用小规模集成电路构成。如图 9-11 中，用 7407 和 75452 分别作为段和位的驱动。7407 为六同相高电压 OC 驱动门，其输出端最大所加的电压为 15～30V，输出低电平时，可承受的最大灌电流为 30～40mA。75452 为二双输入与非门，最大的驱动电流为 300mA。常见的驱动器 ULN2003 内部含有 7 个达林顿管，集电极最大的驱动电流可达 500mA，耐压为 30V，都能用来驱动 LED。

9.2.2　LED 点阵显示器

按同一列二极管的接法，LED 点阵显示器可分为共阴极、共阳极。图 9-12 是一块共阳极的 8×8 点阵屏，由 64 个独立 LED 发光二极管封装而成，每行的 8 只发光二极管的阴极相连，每列的 8 只发光二极管的所有阳极相连，共 64 个像素点。

图 9-12　8×8 LED 共阳极点阵显示屏的结构

点阵屏在同一时间只能点亮一列，要让第一列点亮，只要将对应的列线置为高电平，行线输出为 00H。要使一个字符在显示器整屏显示，就必须通过译码器快速地点亮点阵 LED 各列，而且是周而复始的循环点亮，利用人眼的暂留视觉效应形成一个全屏文字。现以 16×16 点阵屏为例，阐述 LED 点阵显示汉字的原理（显示图形、字符的原理相同）。

16×16 点阵屏是由 4 块 8×8 点阵屏，共 256 个像素组成。显示汉字时，先要生成所需显示的汉字点阵字模，将字模文件存入存储器，形成一组汉字编码，在程序中调用。

通过将汉字放在 16×16 方格内，在笔画下落处的小方格填上 "1"，无笔画处填上 "0"，以行或列的 8 个点为一个字节选取点阵码，一个 16×16 汉字字模占 32 字节。汉字 "常" 的 16×16 的点阵如图 9-13 所示，左侧为列扫描所取的点阵码，第一行为最低位；右侧为行扫描所取的点阵码，第 1 列为最低位，共 32 字节，用于行扫描的显示方式。

第1列	0x20	0x00		第1行	0x88	0x08
第2列	0x18	0x00		第2行	0xB0	0x18
第3列	0x08	0x3E		第3行	0x90	0x04
第4列	0x09	0x02		第4行	0xFE	0x7F
第5列	0xEE	0x02		第5行	0x02	0x20
第6列	0xAA	0x02		第6行	0xF1	0x17
第7列	0xA8	0x02		第7行	0x10	0x04
第8列	0xAF	0xFF		第8行	0xF0	0x07
第9列	0xA8	0x02		第9行	0x80	0x00
第10列	0xA8	0x02		第10行	0xFC	0x1F
第11列	0xEC	0x12		第11行	0x84	0x10
第12列	0x0B	0x22		第12行	0x84	0x10
第13列	0x2A	0x1E		第13行	0x84	0x14
第14列	0x18	0x00		第14行	0x84	0x08
第15列	0x08	0x00		第15行	0x80	0x00
第16列	0x00	0x00		第16行	0x80	0x00

图 9-13 汉字 "常" 的 16×16 的点阵图

图 9-14 为 16×16 共阳极 LED 显示屏与单片机的接口线路图，单片机 8051 的 P1.4 串行输出列扫描的点阵码，由两片 74LS595 实现串/并转换，经 74LS244 驱动后与点阵 LED 的行（阴极）相连，"0" 电平有效；P1.5 与 $\overline{SRCLR}$ 相连，低电平使 74LS595 内部移位寄存器清零。单片机 8051 的 P1.0～P1.3 输出列扫描信号，列扫描信号经 74LS154（4-16 译码器）译码后产生 16 个输出信号 Y0～Y15，驱动 Q0～Q15 共 16 个 PNP 大功率管 TIP127。TIP127 的发射极与电源相连，集电极与点阵 LED 的列扫描线相连，作为点阵 LED 的阳极驱动。当74LS154 输出低电平时，仅需要提供几毫安的灌入电流，即可使 TIP127 导通，实现某一列的选中，可提供 2A 左右的电流。

通常，LED 点阵显示方式按字模的移动的方式主要包括按行平移、按列平移和按对角线移动三种。其他的移动形式都可以在这三种运动的基础上改造而成。下面以按列向左平移为例介绍字模移动的控制思想。

字模显示的控制可以分为移动和刷新的控制。由于点阵屏按列进行动态显示，每次只能显示一列，一屏内容的显示是靠列的移动显示实现的；同时为了保证所显示的内容不出现闪烁，还需要对屏幕显示的内容进行多次刷新。可以预先保存好本屏显示字模的首地址，当完成一次刷屏操作后，恢复显示字模的首地址，重复按列输出字模的操作即可实现刷屏。

图 9-14 基于 8051 的 16×16 的 LED 点阵屏行列驱动线路

所谓的字模平移其实质就是相邻的两屏显示内容在位置上平行移动了一列，而原先处于显示边缘的显示内容（第 1 列）则被移出显示屏。只需控制读取字模的地址指针，在完成一屏的显示后，将地址指针后移一列，在点阵屏上显示的便是第一个字的后 15 列和第二个字的第 1 列，这样在视觉上就实现了显示内容向左平移了一列。据此原理稍加修改就可以实现任意形式的平移。

按列向左平移显示汉字的具体程序如下：

```
#include <reg52.h>
#include <absacc.h>
#define  nop()  _nop_();_nop_()
sbit  SER=P1^4;
sbit  SCLR=P1^5;
sbit  SCLK=P1^6;
sbit  RCLK=P1^7;
char  code huan[]={0x00,0x20,0x00,0x18,0x3E,0x08,0x02,0x09, // "常"的列扫描点阵字模
            0x02,0xEE,0x02,0xAA,0x02,0xA8,0xFF,0xAF,
            0x02,0xA8,0x02,0xA8,0x12,0xEC,0x22,0x0B,
            0x1E,0x2A,0x00,0x18,0x00,0x08,0x00,0x00,
            ……0xff,0xff}        //其他汉字字模和结束符
void  send (uchar  num )        //串行输出段码到74LS595
{      char  c;
```

```
          for(c=0;c<8;c++)
              {   SCLK=0;
              if (num&0x80)SER=1;
                else   SER=0;
                num=num<<1;
                SCLK=1; }
          }
void out595(void)                        //发出 74LS595 的锁存允许信号，显示数据
          {   RCLK=0;
          nop();
          RCLK=1;
          }
void main()
  {char J,k;
    char *p1=huan,*p2;
    unsigned    int m;
    while(1)
    {P1=0xF0;
    for (k=0;k<48;k++)               //控制刷屏次数
      { p2=p1;
        for(J=0;J<16;J++)
        { P1|=J;                     //P1.0～P1.3 输出列选通信号
          if (*p2==0xff)&&(*(p2+1)==0xff) {p1= huan;p2=p1;}//取到结束符，则重新开始
          send(~(*p2));             //显示第 J 列
          p2++;
          send(~(*p2));
          p2++;
          out595();
          for(m=0;m<300;m++); //第 J 列的显示时间
          send(0xff);               //第 J 列消隐
          send(0xff);
          out595();
        }
      }
    p1=p1+2;                        //一屏显示完，字模指针右移一列，继续显示
    }
  }
```

英文字符的显示比汉字简单，因为一个英文字符通常为汉字的一半大小，即若汉字为 16×16 的点阵，则英文字符为 8×16 点阵，占 16 字节。其他显示原理则与汉字显示方式相同。

9.2.3 LCD 点阵液晶显示器及其接口

LCD 点阵式显示器引线较多，用户使用极不方便，所以制造商将点阵液晶显示器和驱动器做在一块板上成套出售，这种产品称为液晶显示模块（LCM）。在液晶显示模块上，线路板为双面印制电路板，正面布有电极引线，并固定液晶显示器件；背面装配好了液晶显示驱动电路和分压电路，并提供了驱动电路的接口。有的液晶显示模块内部有控制电路，这种内置控制器的液晶显示模块所给出的接口可以直接与微处理器连接，用户可以把主要精力投入到显示屏画面的软件设计上。下面以点阵式液晶显示器 SMG12864 为例，介绍液晶显示器的功能、使用方法及与单片机的接口。

图 9-15 RAM 地址映射图

1．SMG12864 的结构和引脚

SMG12864 是一种 128 列×64 行点阵的液晶显示器。由两片控制器控制各自的 64 行×64 列，每个控制器内部带有 512 字节的 RAM 缓冲区，分 8 页寻址，1 页包含 8（行）×64（列）点，占据 64 字节，第 0 页第 0 列对应于最左边的一列 D0～D7，如图 9-15 所示。用户可以通过设定控制器的页指针和列指针来访问内部 512 字节的 RAM。汉字点阵的生成方式应选用列扫描方式。液晶显示器引脚功能见表 9-2。

表 9-2　液晶显示器的引脚

编号	符号	引脚说明	编号	符号	引脚说明
1	V_{SS}	地	15	CS1	片选 IC1 信号
2	V_{DD}	电源（+5V）	16	CS2	片选 IC2 信号
3	VO	液晶显示偏压输入	17	RST	复位端（低电平复位）
4	D/$\bar{I}$	数据/命令选择端（H/L）	18	V_{EE}	负电源输出（−10V）
5	R/$\overline{W}$	读/写控制信号（H/L）	19	BLA	背光源正极（+4.2V）
6	E	使能信号	20	BLK	背光源负极
7～14	DB0～DB7	数据线 D0～D7			

2．SMG12864 控制器基本操作时序

（1）读状态操作：当数据/命令端 D/$\bar{I}$＝"0"，读/写控制端 R/$\overline{W}$＝"1"，片选端 CS1 或 CS2＝"1"，允许端 E＝"1"，对 SMG12864 进行读状态操作，D7～D0 线上为状态字，其格式见表 9-3。每次对控制器进行读/写操作之前，都必须进行 SMG12864 状态检测，确保 STA7 为 0，否则表明 SMG12864 当前处于忙状态。

表 9-3 SMG12864 状态字

D7	D6	D5	D4～D0
STA7	STA6	STA5	STA4～STA0
读/写操作使能 1：禁止，0：允许	未用	液晶显示状态 1：关闭，0：显示	未用

（2）写指令：当数据/命令端 D/$\bar{I}$ = "0"，读/写控制端 R/$\overline{W}$ = "0"，CS1 或 CS2= "1"，允许端 E= "1"，对 SMG12864 进行初始化操作，此时 D7～D0 线为指令码。SMG12864 有三个初始化命令字，用来设定开/关显示和显示的初始行；还有两个指针设置命令，用来设定数据地址页指针和列指针，从而可访问内部的 512 字节 RAM，具体见表 9-4。

表 9-4 SMG12864 指令表

初始化指令码	功　　能	指针指令码	功　　能
3EH	关显示	B8H+页码（0～7）	设置数据地址页指针
3FH	开显示	40H+列码（0～63）	设置数据地址列指针
C0H	设置显示初始行		

（3）读数据：当数据/命令端 D/$\bar{I}$ = "1"，读/写控制端 R/$\overline{W}$ = "1"，CS1 或 CS2= "1"，允许端 E= "1" 时，对 SMG12864 进行读数据操作，D7～D0 线上为读到的数据。

（4）写数据：数据/命令端 D/$\bar{I}$ = "1"，读/写控制端 R/$\overline{W}$ = "0"，CS1 或 CS2= "1"，允许端 E= "1" 时，对 SMG12864 进行写数据操作，此时 D7～D0 线为将要写到 SMG12864 RAM 中的数据。

3. SMG12864 与单片机接口的原理图

在图 9-16 中，SMG12864 作为单片机并行扩展的 I/O 口，数据线与 P0 口相连，按 D/$\bar{I}$、CS1 和 CS2 和 R/$\overline{W}$ 的含义，片 1 和片 2 命令口的地址为 0x8200、0x8400，写数据口的地址为 0x8300、0x8500，读数据口的地址为 0x8B00、0x8D00，读状态口的地址为 0x8C00、0x8A00。

图 9-16 SMG12864 与单片机总线的接口

显示程序清单如下所示：

```
#define   LCD_CMD_COL   0x40 //设置列地址指针为 0 列，0x7F 对应于 63 列
```

```
#define    LCD_CMD_PAGE    0xB8    //设置页地址指针为 0 页，0xBF 对应于 7 页
#define    LCD_CMD_ON     0x3F    //开显示器命令
#define    LCD_CMD_OFF    0x3E    //关显示器命令
#define    LCD_CMD_STARTLINE   0xC0    //设置显示的初始行
#define    LCD_LEFT   0    //列地址为 0～127，由 CS1 控制 0～63 列，CS2 控制 64～127 列
#define    LCD_RIGHT    127
#define    LCD_TOP   0    //行地址为 0～63
#define    LCD_BOTTOM   63
#define CHINESECHARDOTSIZE 32    //1 个汉字点阵码占据的字节数
#define CHINESECHARSIZE 16    //1 个汉字点阵的显示宽度
#define ENGLISHCHARSIZE    8 //1 个 ASCII 码点阵的显示宽度
#define ENGLISHCHARDOTSIZE 16    //1 个 ASCII 码点阵占据的字节数
#include    <reg51.h>
#include    <math.h>
#include    <intrins.h>
unsigned char xdata Lcd_Chip1_Cmd    _at_    0x8200;
unsigned char xdata Lcd_Chip2_Cmd    _at_    0x8400;
unsigned char xdata Lcd_Chip1_DataWR    _at_    0x8300;
unsigned char xdata Lcd_Chip2_DataWR    _at_    0x8500;
unsigned char xdata Lcd_Chip1_DataRD    _at_    0x8d00;
unsigned char xdata Lcd_Chip2_DataRD    _at_    0x8b00;
unsigned char xdata Lcd_Chip1_State    _at_    0x8c00;
unsigned char xdata Lcd_Chip2_State    _at_    0x8a00;
unsigned char data X,Y
unsigned int code ChineseCode[]={'欢迎您'}//汉字内码表
unsigned char code ChineseCharDot[]={//汉字点阵码表
0x14, 0x20,0x24, 0x10,0x44, 0x4C 0x84, 0x43,0x64, 0x43,0x1C, 0x2C,0x20, 0x20,0x18, 0x10,
0x0F, 0x0C,0xE8, 0x03,0x08, 0x06,0x08, 0x18,0x28, 0x30,  0x18,0x60,0x08, 0x20,0x00, 0x00, //欢
0x40,0x40,0x41,0x20,0xCE,0x1F,0x04,0x20,0x00,0x40,0xFC,0x47,0x04,0x42,0x02,0x41,
0x02,0x40,0xFC,0x5F,0x04,0x40,0x04,0x42,0x04,0x44,0xFC,0x43,0x00,0x40,0x00,0x00//迎
0x80,0x00,0x40,0x20,0x30, 0x38,0xFC, 0x03,0x03,0x38,0x90,0x40,0x68, 0x40,0x06,0x49,
0x04,0x52,0xF4,0x41,0x04,0x40,0x24,0x70,0x44,0x00,0x8C,0x09,0x04, 0x30,0x00,0x00}//您
void delay(unsigned int t)    //延时子程序
{    unsigned int i,j;
     for (i=0;i<t;i++)
         for(j=0;j<10;j++);
}


void lcdwc(unsigned char cmdcode)    //写指令代码（指令码）
{    if((Lcd_CurrentX)<0x40)    //列地址为 0～63，写片 1
        { while(((Lcd_Chip1_State)&0x80)==0x80); //读状态字的最高位，忙等待，空继续
```

```
        Lcd_Chip1_Cmd=cmdcode;}
    else                              //列地址为 64～127，写片 2
  { while(((Lcd_Chip2_State)&0x80)==0x80); //读状态字的最高位，忙等待，空继续
    Lcd_Chip2_Cmd=cmdcode;}
}
```

```
void lcdwd(unsigned char dispdata)          //写数据（显示字节）
{   if(Lcd_CurrentX<64)                    //列地址为 0～63，写片 1
        { while(((Lcd_Chip1_State)&0x80)==0x80); //读状态字的最高位，忙等待，空继续
            Lcd_Chip1_DataWR=dispdata;}
    else                                   //列地址为 64～127，写片 2
        { while(((Lcd_Chip2_State)&0x80)==0x80); //读状态字的最高位，忙等待，空继续
            Lcd_Chip2_DataWR=dispdata;}
}
```

```
void lcdpos(void) //内部数据地址指针定位，用于对内部 512B 的 RAM 读/写操作之前
{   lcdwc(LCD_CMD_COL|(Lcd_CurrentX&0x3f));          //设置地址列指针
    lcdwc(LCD_CMD_PAGE|((Lcd_CurrentY/8)&0x7));      //设置地址页指针
}
```

```
void lcdcursornext(void) //当前坐标右移 1 列，超过右边界时，行号加 8
{   Lcd_CurrentX++;
    if(Lcd_CurrentX>LCD_RIGHT)
    {   Lcd_CurrentX=LCD_LEFT;
        Lcd_CurrentY+=8;
        if(Lcd_CurrentY>LCD_BOTTOM)
            Lcd_CurrentY=LCD_TOP;
    }
}
```

```
void displaybyte(unsigned char dispdata)    //显示单字节的点阵码
{   lcdpos();           //根据 X（列）、Y（行）写当前行、列地址指针命令
    lcdwd(dispdata);    //写数据
    lcdcursornext();    //当前坐标右移 1 列
}
```

```
void lcdfill(unsigned char FillData) //整屏显示同一个字节点阵码（单字节点阵码）
{   for(Lcd_CurrentX=LCD_LEFT,Lcd_CurrentY=LCD_TOP;1;)
    {   displaybyte(FillData);
        if((Lcd_CurrentX==LCD_LEFT)&&(Lcd_CurrentY==LCD_TOP))
            break;
```

```
        }
    }

void lcdreset()      //初始化程序，开显示并设置写初始行命令
{   while(((Lcd_Chip1_State)&0x80)==0x80); //读片 1 状态字的最高位，忙等待，空继续
        Lcd_Chip1_Cmd=LCD_CMD_ON ; //开显示
    while(((Lcd_Chip2_State)&0x80)==0x80); //读片 2 状态字的最高位，忙等待，空继续
        Lcd_Chip2_Cmd=LCD_CMD_ON ; //开显示
    while(((Lcd_Chip1_State)&0x80)==0x80); //读片 1 状态字的最高位，忙等待，空继续
        Lcd_Chip1_Cmd=LCD_CMD_ STARTLINE ;   //设置显示初始行命令
    while(((Lcd_Chip2_State)&0x80)==0x80); //读片 2 状态字的最高位，忙等待，空继续
        Lcd_Chip2_Cmd= LCD_CMD_ STARTLINE ; //设置显示初始行命令
}
    void displaychinesechardot(unsigned int Index)      //写一个 16×16 汉字点阵码至内部 RAM
{   unsigned char code *s;
    unsigned char data i;a;
    s=ChineseCharDot+Index*CHINESECHARDOTSIZE;  //求取汉字点阵首地址
    { if(Lcd_CurrentX>LCD_RIGHT-CHINESECHARSIZE+1)  //判是否出左界，是到下一行
        { Lcd_CurrentX=LCD_LEFT;
        Lcd_CurrentY+=CHINESECHARSIZE;
        if(Lcd_CurrentY>LCD_BOTTOM-CHINESECHARSIZE+1) //判是否出下界，是到第一行
            Lcd_CurrentY=LCD_TOP;
        for(i=0;i<16;i++)
                { lcdpos();              //对内部 RAM 定位
                    a=*s;
                lcdwd(a);              //写上半个汉字
                Lcd_CurrentY+=8;
                    s++;
                lcdpos();              //对内部 RAM 定位
                    a=*s;
                lcdwd(a);              //写下半个汉字
                    s++;
                Lcd_CurrentY-=8;
                Lcdcursornext();       //右移 1 列
        }
    }
    void displayenglishchardot(unsigned int Index)      //写一个 8×16 的 ASCII 点阵码至内部 RAM
{   unsigned char code *s;
    unsigned char data i;a;
    s=englishCharDot+Index*ENGLISHDOTSIZE;  //求取 ASCII 码点阵首地址
    { if(Lcd_CurrentX>LCD_RIGHT-ENGLISHCHARSIZE+1)  //判是否出左界，是到下一行
```

```
        {  Lcd_CurrentX=LCD_LEFT;
           Lcd_CurrentY+=CHINESECHARSIZE;
           if(Lcd_CurrentY>LCD_BOTTOM-CHINESECHARSIZE+1) //判是否出下界，是到第一行
               Lcd_CurrentY=LCD_TOP;
            for(i=0;i<8;i++)
               { lcdpos();
                  a=*s;
                 lcdwd(a);                    //写上半个 ASCII 码
                 Lcd_CurrentY+=8;
                  s++;
                 lcdpos();
                  a=*s;
                 lcdwd(a);                    //写下半个 ASCII 码
                  s++;
                 Lcd_CurrentY-=8;
                 Lcdcursornext();
   }
  }
}


void put_str_xy(unsigned char x,unsigned char y,unsigned char code *s) //指向汉字或 ASCII 的字模表
{ unsigned int i; uChar
    Lcd_CurrentX=x;
   Lcd_CurrentY=y;
   for(;*s!=0;s++)
      { uChar =*s;         //求取汉字的内码或西文字符的 ASCII 码
        if(*s>127)    //若输出字符为汉字，则求取汉字的机内码
        {  s++;
           uChar= uChar *256+*s;
        }
        if(uChar =='\n')   // uChar 为回车键，则另起一行
      {  Lcd_CurrentX=LCD_LEFT;
           if(Lcd_CurrentY>LCD_BOTTOM-CHINESECHARSIZE+1)
               Lcd_CurrentY=LCD_TOP;
          else
              Lcd_CurrentY+=CHINESECHARSIZE;
        }
    if(uChar<128)  //ASCII 码，在英文字符表中找相应的字符，调用显示 ASCII 码程序
    for(i=0;i!=ENGLISHCHARNUMBER;i++)
    {  if(uChar==EnglishCode[i])
       {  displayenglishchardot(i);
          break;
```

```
            }
        }
    else                    //汉字，在汉字字符表中找相应的字符，调用显示汉字程序
        for(i=0;i!=CHINESECHARNUMBER;i++)
        {   if(uChar==ChineseCode[i])
            {   displaychinesechardot(i);
                break;
            }
        }
    }
}
main()
{   while(1)
    {   lcdreset();             //初始化
        lcdfill(0xff);          //整屏显示
        delay(5000);
        lcdfill(0);             //清屏
        delay(5000);
        put_str_xy(0,0,"欢迎您");
        delay(5000);
    }
}
```

9.3 D/A 转换接口技术

9.3.1 后向通道概述

后向通道是指单片机与控制对象的输出通道接口。单片机输出信号的形态主要有开关量、二进制数字量和频率量，如图 9-17 所示。后向通道的设计需考虑以下三个方面：

图 9-17 控制系统的后向通道的结构

（1）功率驱动。对于数字式控制系统，单片机输出的数字信号可直接控制对象，这时需考虑的是单片机输出信号能否满足被控对象的功率要求。常见开关量的功率驱动有逻辑门驱动、三极管驱动、MOS 管驱动、晶闸管驱动、继电器驱动等，如图 9-18 所示。

（a）线驱动器驱动电路　（b）功率晶体管驱动电路　（c）功率场效应管驱动电路　（d）达林顿晶体管驱动电路

（e）闸流晶体管驱动电路　　（f）机械继电器驱动电路　　　　（g）固态继电器驱动电路

图 9-18　开关量的功率驱动

（2）抗干扰处理。伺服驱动系统会通过信号通道、电源及空间电磁场对单片机系统产生干扰，通常采用光电耦合隔离、DC-DC 电源隔离等方法进行抗干扰技术处理。

（3）数模转换。对于模拟量控制对象，若单片机输出的是二进制数字量，输出可采用数模转换（D/A）；若输出的是频率量控制信号，则可采用 F/V 转换器变换成模拟量。

本节主要讲述后向通道中 D/A 转换器的原理及接口技术。

9.3.2　D/A 转换器的工作原理及技术指标

D/A 转换器用来将数字量转换成模拟量，基本要求是输出电压 V_0 应该和输入数字量 D 成正比，即

$$V_{\mathrm{o}} = D \cdot V_{\mathrm{R}}$$

式中，V_{R} 为参考电压。

$$D = d_{n-1} \cdot 2^{n-1} + d_{n-2} \cdot 2^{n-2} + \cdots + d_1 \cdot 2^1 + d_0 \cdot 2^0$$

为了将数字量转换成模拟量，应该将其每一位都转换成相应的模拟量（即"权"），然后求和即得到与数字量成正比的模拟量，一般的 D/A 转换器都是按这一原理设计的。D/A 转换器的类型很多，常用的有 T 型电阻网络 D/A 转换器和权电流型 D/A 转换器。

1. T 型电阻网络 D/A 转换器

T 型电阻网络 D/A 转换器基本电路如图 9-19（a）所示，由 T 型电阻解码网络、模拟电子开关及求和放大器组成。模拟电子开关受数字 $d_{n-1}{\sim}d_0$ 控制，当 d_i（$i=0{\sim}n-1$）为"0"时，开关倒向左边，支路中的电阻接地；当 d_i 为"1"时，开关倒向右边，支路中的电阻就接"虚地"，给运算放大器输入端提供电流。T 型电阻网络的电阻值只有两种，即 R 或 $2R$。

(a) T 型电阻网络

(b) $d_{n-1}=1$ 的 T 型电阻网络

图 9-19 T 型电阻网络型 D/A 转换器

假设数字量 $d_{n-1} \sim d_0$ 中只有 $d_{n-1}=1$，其余各位均为 0，则最左边为两个 $2R$ 电阻并联，它们的等效电阻为 R，接着又是两个 $2R$ 的电阻并联，等效电阻又为 R，……，以此类推，最后等效于一个数值为 R 的电阻连在参考电压 $-V_R$ 上，如图 9-19（b）所示。

不难分析，从 N→A 各点电位分别为 $-V_R$、$-\frac{1}{2}V_R$、$-\frac{1}{4}V_R$、$-\frac{1}{8}V_R$、$-\frac{1}{16}V_R$、…、$-\frac{1}{2^{n-1}}V_R$。当右边第一个开关 $d_{n-1}=1$ 时，则运算放大器得到的输入电流 I_i 为 $-\frac{1}{2R}V_R$；当右边第二个开关 $d_{n-2}=1$ 时，则运算放大器得到的输入电流为 $-\frac{1}{4R}V_R$，以此类推，当左边第一个开关 $d_0=1$ 时，则运算放大器得到的输入电流为 $-\frac{1}{2^nR}V_R$。

设一个二进制数据的各位为 $d_0 \sim d_{n-1}$ 时，则流入运算放大器的电流为

$$I_i = -\frac{1}{2^nR}V_R(d_{n-1} \cdot 2^{n-1} + d_{n-2} \cdot 2^{n-2} + \cdots + d_1 \cdot 2^1 + d_0 \cdot 2^0)$$

若运算放大器的反馈电阻为 R_f，则输出电压为

$$V_o = -I_f R_f = -I_i R_f$$

$$= \frac{R_f}{2^nR}V_R(d_{n-1} \cdot 2^{n-1} + d_{n-2} \cdot 2^{n-2} + \cdots + d_1 \cdot 2^1 + d_0 \cdot 2^0)$$

上式实现了 D/A 转换的基本要求，即输出模拟量 V_o 与输入数字量成正比。

2. 权电流型 D/A 转换器

在实际电路中，由于参考电压 V_R 偏差、运算放大器零点漂移、模拟开关导通电阻及网络电阻误差等原因，会造成的传输误差，使输出模拟量与输入数字量不完全成比例。为了改进 D/A 转换器的性能，可以采用图 9-20 所示的权电流型 D/A 转换器。

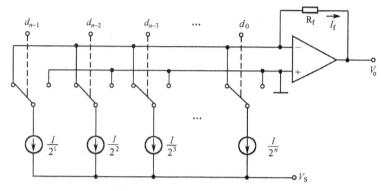

图 9-20　权电流型 D/A 转换器

图 9-20 所示电路由电流源解码网络、模拟电子开关和运算放大器组成。与图 9-19（a）相比电流源代替了各支路的电阻，各支路电流源的电流值与数字码的权值成正比。各支路的电流直接连到运算放大器的输入端（T 型网络要经过网络的传输），因而避免了各支路电流到达运算放大器输入端的传输误差，也有利于提高转换的精度。另外，采用电流源以后，支路电流可以不受开关内阻的影响，因而对模拟开关的要求可以降低。由图 9-20 得出

$$V_o = -I_f R_f = R_f (d_{n-1} \cdot \frac{I}{2^1} + d_{n-2} \cdot \frac{I}{2^2} + \cdots + d_0 \cdot \frac{I}{2^n})$$

$$= \frac{R_f}{2^n} I(d_{n-1} \cdot 2^{n-1} + d_{n-2} \cdot 2^{n-2} + \cdots + d_1 \cdot 2^1 + d_0 \cdot 2^0)$$

上式也实现了 D/A 转换的基本要求，即输出模拟量 V_o 与输入数字量成正比，并改进了性能。

3．D/A 转换器主要技术指标

（1）分辨率：最小输出电压（对应的输入数字量只有最低有效位为"1"）与最大输出电压（对应的数字输入信号所有有效位全为"1"）之比。例如对于 10 位 D/A 转换器，其分辨率为

$$\frac{1}{2^{10} - 1} = \frac{1}{1023} \approx 0.001$$

分辨率越高，转换时对应数字输入信号最低位的模拟信号电压数值越小，也就是越灵敏。有时，也用数字输入信号的有效位数来给出分辨率。例如，单片集成 D/A 转换器 DAC1208 的分辨率为 12 位，DAC0832 的分辨率为 8 位等。

（2）线性度：D/A 转换器的实际转移特性与理想直线之间的最大误差或偏差。

（3）转换精度：转换后所得的实际值对于理想值的最大偏差。应注意精度和分辨率是两个不同的概念，分辨率是指能够对转换结果发生影响的最小输入量，分辨率很高的 D/A 转换器并不一定具有很高的精度。

（4）建立时间：D/A 转换器中的输入代码有满刻度值的变化时，其输出模拟信号电压（或模拟信号电流）达到满刻度值±1/2LSB 时所需的时间。对于一个理想的 D/A 转换器，数字输入信号从一个二进制数变到另一个二进制数时，输出模拟信号电压应立即从原来的输出电压跳变到与新的数字信号相对应的新的输出电压。但是在实际的 D/A 转换器中，电路中的电容、电感和开关电路会引起电路时间延迟。不同型号的 D/A 转换器，其建立时间不同，一般几皮秒到几微秒。电流输出 D/A 转换器的建立时间比较短。电压输出 D/A 转换器的建立

时间主要取决于输出运算放大器所需的响应时间。

（5）温度系数：在满刻度输出的条件下，温度每升高 1℃，输出变化的百分数。例如，单片集成 AD561J 的温度系数≤10ppmFSR/℃，[ppm 为英文百万分之一的缩写，FSR 为 Full Scale Range（输出电压满刻度）的缩写]。

（6）电源抑制比：满量程电压变化的百分数与电源电压变化的百分数之比。对于高质量的 D/A 转换器，要求开关电路及运算放大器所用的电源电压发生变化时，对输出的电压影响极小。

（7）输出电平：一般为 5～10V。不同型号的 D/A 转换器件的输出电平相差较大。有的高压输出型的输出电平高达 24～30V。还有些电流输出型的 D/A 转换器，低的为几毫安到几十毫安，高的可达 3A。

（8）输入数字电平：输入数字信号分别为 1 和 0 时，所对应的输入高低电平的数值。例如，单片集成 D/A 转换器 AD7541 的输入数字电平：$V_{IH}>2.4V$，$V_{IL}<0.8V$。

（9）工作温度范围：由于工作温度会对运算放大器和加权电阻网络等产生影响，所以只有在一定的温度范围内，才能保证 D/A 转换器额定精度指标。较好的 D/A 转换器工作温度范围为-40～85℃，较差的转换器工作温度范围为 0～70℃。

9.3.3 D/A 转换器的接口技术

1．8 位电流输出型 D/A 转换器 DAC0832

（1）DAC0832 内部结构及功能

DAC0832 为 8 位分辨率的 D/A 转换器。内部有两个 8 位的输入寄存器和一个 8 位 D/A 转换器，为电流输出型 DAC，可通过运放将电流信号转化单端电压信号输出，作用在执行机构上。图 9-21 虚线框内是 DAC0832 内部逻辑结构图，各引脚功能说明如下。

图 9-21 DAC0832 D/A 转换器框图

DI0～DI7：8 位数据输入线。

ILE：数据锁存允许信号，高电平有效。

$\overline{CS}$：输入寄存器选通信号，低电平有效。

$\overline{WR1}$：输入寄存器写选通信号，低电平有效。

$\overline{WR2}$：DAC 寄存器写选通信号，低电平有效。

$\overline{XFER}$：数据传送信号线，低电平有效。

$\overline{LE1}$：输入寄存器的锁存信号。当 $\overline{LE1}$=1 时，输入寄存器的状态随输入数据的状态而变化；当 $\overline{LE1}$=0 时，则锁存输入的数据。由图中可见，$\overline{LE1}$ = ILE·$(\overline{CS}+\overline{WR1})$，因此输入寄存器状态由 ILE、$\overline{WR1}$、$\overline{CS}$ 共同决定。

$\overline{LE2}$：DAC 寄存器的锁存信号。当 $\overline{LE2}$=0 时，输入寄存器的内容写入 DAC 寄存器；当 $\overline{LE2}$=1 时，DAC 寄存器的输出和输入寄存器的输出一致。由图 9-21 可见，$\overline{LE2}$ = $\overline{WR2}$ + $\overline{XFER}$。

V_{REF}：D/A 转换基准电压输入线。

Rbf：反馈信号输入线，内部接反馈电阻，外部通过该引脚接运放输出端。

IOUT1、IOUT2：电流输出线。IOUT1 随 DAC 寄存器的内容做线性变化。IOUT1+IOUT2=常数。

V_{CC}：工作电源。

DGND：数字地。

AGND：模拟地。

（2）DAC0832 与 8051 的接口设计

DAC0832 与 8051 单片机有两种基本的接口方式，即单缓冲工作方式和双缓冲工作方式。

① 单缓冲工作方式。

若应用系统中只有一路 D/A 转换或虽然有多路转换，但并不要求各路信号同步输出时，则采用单缓冲方式来接口。此时使输入寄存器和 DAC 寄存器同时接收数据，只占用 1 个 I/O 地址，如图 9-22 所示。因 ILE 为+5V，故在 P2.0 为低电平时，在写信号的作用下，输入数据直接写入 DAC 寄存器，经过 D/A 转换后输出相应的模拟量。在本例中地址可设为 FEFFH（注意不要和外部 RAM 及其他 I/O 口的地址相冲突）。

图 9-22 单缓冲方式 8051 和 DAC0832 的连接

由于 DAC0832 具有数字量的输入锁存功能，故可以和 8051 的 P0 口直接相连。执行下面三条汇编指令就能将数字量转换成模拟量输出。

```
MOV    A,#DATA        ;DATA 为要转换的数字量
MOV    DPTR,#0FEFFH   ;送 DAC0832 地址到 DPTR（即 CS=0）
MOVX   @DPTR,A        ;当 WR1 有效时，数字量从 P0 口送入 DAC0832 并转换
```

应用举例如下：

（a）阶梯波的产生：阶梯波是指在一定范围内每隔一段时间，输出梯度递增一个恒定值，如图 9-23 所示。其 C51 程序如下：

```
#include   <reg51.h>
#include   <absacc.h>
#define   DAC0832   0xFEFF
unsigned  char  data  i,j
unsigned  int  data  k;
    main()
```

```
{ while(1)
    for(i=0,j=0;i<10;i++,j=j+12)    //共 10 个台阶,台阶每次增长率 12
    { XBYTE[DAC08321]=j;           //送数据到 DAC0832 并转换
    for (k=0;k<125;k++);           //延时 1ms
    }
}
```

图 9-23　阶梯波形图

（b）锯齿波产生：当数字量由初值增长到终值时，输出模拟量也由初值线性增大，则产生的是锯齿波。为了更贴近线性，应使台阶梯度尽可能小（1 位 LSB），如图 9-24 所示。

程序如下：

```
START:    MOV    DPTR,#0FEFFH
          MOV    A,#DA1            ;数字量初值为 DA1。
LOOP:     MOVX   @DPTR, A          ;送数到 DAC0832 并转换。
          CJNE   A,#DA2,NEXT       ;数字量终值不为 DA2 转 NEXT
          SJMP   START
NEXT:     INC    A
          SJMP   LOOP
```

图 9-24　锯齿波形图

② 双缓冲工作方式。

当多路 D/A 信号要求同步输出时，则采用双缓冲方式，此时 DAC0832 的数字量的输入锁存和 D/A 转换输出是分两步完成的。首先将数字量输入到每一路的 D/A 转换器的输入寄存器中，然后同时传送数据到其 DAC 寄存器，以实现多路转换同步输出。在这种方式下，每片 DAC0832 占用 1 个输入寄存器口地址，所有 DAC0832 共用 1 个 DAC 寄存器口地址。

如图 9-25 所示，两片 DAC0832 占用 3 个 I/O 口的地址：DAC0832（1）的输入寄存器地址为 7FFFH，DAC0832（2）的输入寄存器地址为 DFFFH，两片 DAC0832 的 DAC 寄存器的地址为 BFFFH。

示波器要产生稳定的波形，可通过两个 D/A 转换器同时产生周期相同的 x 和 y 信号，因此可采用图 9-25 所示双缓冲工作方式来实现。加到示波器 x 轴上信号为线性锯齿波电压，从而产生光点的水平移动。y 信号形式不一定是规则信号，为此需要进行采样处理，将采样后各种数字量对应值存放在程序存储器的数据表中，用查表指令取出这些数据送 D/A 转换器转换，生成 y 信号。程序如下所示：

图 9-25 双缓冲方式 8051 和 DAC0832 接口电路

```c
#include   <reg51.h>
#include   <absacc.h>
#define   DAC08321   0x7FFF
#define   DAC08322   0xDFFF
#define   DAC08323   0xBFFF
unsigned   char   data   i,
unsigned   char   code   table[]={23,34,……}//y 方向的 N 个采样值
   main()
     {   while(1)
       {   for(i=0;i<N;i++)
            XBYTE[DAC08321]=i;         //产生锯齿波送 DAC0832（1）
            XBYTE[DAC08322]=table[i];  //y 信号送 DAC0832（2）
            XBYTE[DAC08323]=table[i];  //同时打开两片 0832DAC 寄存器并进 D/A 转换
     }
   }
```

2. 12 位电压输出型串行 D/A 转换器 TLV5616

TLV5616 是 TI 公司生产的 12 位串行 D/A 转换器，其内部结构和引脚如图 9-26 所示。DIN 为 16 位串行数据输入脚，高位在前，低位在后，16 位数据包括 12 位待转换的数据（D11~D0）和两位控制位（D14~D13）。SPD（D14）为速度控制位：1 为快速（建立时间为 3μs、典型功耗为 2.1mW），0 为慢速（建立时间为 9μs、典型功耗为 900μW）。PWR（D13）为功耗控制位：1 为低功耗，0 为正常功耗。设置为低功耗时，TLV5616 的所有放大器处于禁止状态。$\overline{CS}$ 为片选信号，低电平有效。FS 为帧同步信号输入，当 $\overline{CS}$ 有效后，FS 下降沿启动 TLV5616 在 SCLK 的下降沿采样 DIN 线上的数据，并送到内部的移位寄存器；FS 的上升沿，将移位寄存器的内容送到 DAC 锁存器，继而在 OUT 脚上输出新的电压。SCLK 为串行移位时钟输入。V_{REF} 为参考电压输入端，待转换的数据经数据锁存器进入电阻网络完成 D/A 转换，转换后的模拟电压再经过两倍增益的放大器从 OUT 输出，即输出电压 V_{OUT} 为

$$V_{OUT} = 2 \times V_{REF} \times \frac{N}{2^n} \qquad N \text{ 为 A/D 转换数据 } 0 \sim (2^n - 1)$$

图 9-26 TLV5616 的内部结构和引脚

图 9-27 单片机与 TLV5616 接口线路

图 9-27 为单片机与 TLV5616 接口线路。单片机的串行口工作在方式 0。TXD 输出移位脉冲。RXD 以字节为单位输出串行数据：低位在前，高位在后。P3.4 和 P3.5 输出片选信号和帧选通信号。现从正弦波上采样 32 个点，将它们编制成 TLV5616 的数据表，用 T0 作为定时器，每隔 56μs 利用 TLV5616 输出一个转换结果，即能产生正弦波。但由于 TLV5616 的时序为先接收高位，后接收低位（见时序图 9-28），故数据表中的数据应按 D8→D15、D0→D7 的格式排列，数据 0x800 应变为 0x1000。

```
#include <reg51.h>
#include <intrins.h>
sbit CS5616=P3^4;
sbit FS5616=P3^5;
unsigned int sintable[]={0x1000,0x903E,0x5097,0x305C,0xB086,0x70CA,0xF0E0,0xF06E
0xF039,0xF06E,0xF0E0,0x70CA,0xB086,0x305C,0x5097,0x903E,0x1000,0x6021,0xA0E80xC063,0x40F9,
```

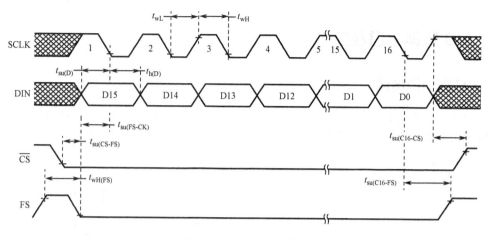

图 9-28 TLV5616 时序图

0x80B5,0x009F,0x0051,0x0026,0x0051,0x009F,0x80B5,0x40F9,0xC063,0xA0E8,0x6021}

unsigned　int　*x=sintable; //x 指向 TLV5616 正弦函数表的首地址

unsigned char i=0;

main()

```
{SCON=0;          //设置串行口工作于方式 0
TMOD=2;           //设置定时器 T0 工作于方式 2
TH0=0xC8;         //设置 T0 每隔 56μs 产生一次中断
FS5616=1;         //置 FS 为高电平
CS5616=1;         //置 CS 为高电平
ET0=1;            //设置 T0 中断允许
EA=1 ;            //开放 CPU 的所有中断
TR0 =1;           //启动定时器 T0
while(1);}
```

```
void timer0() interrupt 1 using 1    //T0 中断服务程序
{ FS5616=0;             //置 FS 为低电平
CS5616=0;              //置 CS 为低电平
SBUF=*x;x++;           //发送高 8 位
while (!_testbit_(TI)); //等待发送完成
SBUF=*x;x++;           //发送低 8 位
while (!_testbit_(TI)); //等待发送完成
i++;
if (i==32)x=sintable,i=0;  //发送完 32 个数据又从首地址开始发送
FS5616=1;              //置 FS 为高电平
CS5616=1;              //置 CS 为高电平
}
```

9.4 A/D 转换接口技术

9.4.1 前向通道概述

前向通道是单片机系统的信号采集通道。从被测对象信号输出到单片机的输入，其结构形式取决于被测对象的环境和输出信号的类型、数量、大小等，如图 9-29 所示。

图 9-29　前向通道的结构

对于多输入系统，如多点巡回检测、多参数测量系统，前向通道中往往只有一套数据采集系统，可通过多路开关切换。根据多路开关所处的位置不同，前向通道的结构如图 9-30（a）、（b）所示。在前向通道的设计中必须考虑信号的拾取、调节、A/D 转换及抗干扰等诸多方面的问题。

图 9-30　多输入系统前向通道的结构

（1）信号拾取：通过敏感元件，将被测的物理量变换成 R、L、C 等参量的变化；也可通过传感器，输出与被测的物理量相关的模拟信号或频率信号；还可通过测量仪表实现，但成本较大，在大型的应用系统中使用较多。

（2）信号调节：将传感器或敏感元件输出的电信号转换成能满足单片机 TTL 电平或 A/D 转换输入要求的标准信号。这种转换除了小信号放大、滤波外，还有诸如零点校正、线性化处理、温度补偿、误差修正、量程切换等方面的任务。在单片机系统中，许多原来依靠硬件实现的信号调节任务都可以通过软件实现，这就大大简化了单片机系统的前向通道结构。

（3）抗干扰：前向通道紧靠在被测对象所在的现场中，而且传感器输出的是小信号，因此，前向通道是干扰侵袭的主要渠道。在设计时必须充分考虑到干扰的抑制与隔离：在前向通道中常采用 DC/DC 变换器、隔离放大器、光电耦合器实现电源、模拟通道、数字通道的隔离。

（4）A/D 转换电路的选择：A/D 转换电路的性能直接决定了前向通道的精度与速度。

本节将主要讲述 A/D 转换器的原理及接口技术。

9.4.2 A/D 转换器工作原理及分类

A/D 转换器的功能是将模拟量转化为数字量，一般要经过采样、保持、量化、编码四个步骤。

（1）采样、保持

在图 9-31 中，当电子开关 S 加"1"电平时，开关闭合，为采样阶段；当电子开关 S 加"0"电平时，开关断开，为保持阶段。当电子开关 S 上加上周期性的采样时钟信号 V_S，便将输入的连续时间信号 $V_i(t)$ 变成离散时间信号 $V_i'(t)$。为了不失真地恢复原始信号，根据香农采样定理，采样时钟信号 V_S 的频率至少应是原始信号最高有效频率的两倍。

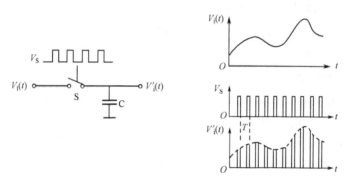

图 9-31 模拟信号的离散化过程

（2）量化

量化就是将采样-保持后的信号幅值转化成某个最小数量单位（量化间隔，用 Δ 表示）的整数倍。量化过程分为以下两个步骤：

① 确定量化间隔。

$$\Delta = \frac{\text{模拟输入电压范围}}{\text{分割数}} = \frac{V_{REF}}{2^n}$$

设输入模拟信号的幅值范围为 0～1V，要转化为 3 位二进制代码，则其量化间隔 $\Delta = 1/8V$。

② 将连续的模拟电压近似成离散的量化电平。

图 9-32 量化值的选择

方式一：只舍不入量化方式。取两个相近离散电平中的下限值作为量化值。如图 9-32 中，当 $3/8V \leq V_i < 4/8V$ 则 V_i 量化为 $3\varDelta = 3/8V$；最大的量化误差为 $\varDelta = 1/8V$。

方式二：四舍五入量化方式。取两个离散电平中的相近的值作为量化电平，其最大的量化误差为 $1/2\varDelta = 1/16V$。当 $7/16V \leq V_i < 9/16V$，则 V_i 量化为 $4\varDelta = 4/8V$。

在实际的 ADC 中，大多采用舍入量化方式，经量化后的信号幅值均为 $\varDelta$ 的整数倍。

（3）编码

所谓编码就是将量化后的幅值用一个数制代码与之对应，这个数制代码就是 A/D 转换器输出的数字量，如常用的是二进制编码。

（4）A/D 转换器的主要参数

① 分辨率：用输出二进制数的位数表示，位数越多，误差越小，转换精度越高。

② 转换时间与转换速率：转换时间是完成一次 A/D 转换所需的时间，转换速率为转换时间的倒数。

③ 相对精度：在理想情况下，所有的转换点应当在一条直线上。相对精度是指实际的各个转换点偏离理想特性的误差。

④ 量程：A/D 转换器输入的模拟电压的范围，如 0～5V、±5V 等。A/D 转换电路型号很多，在精度、价格、速度等方面也千差万别。

根据 A/D 电路的工作原理，主要有三种类型：双积分型 A/D 转换器、逐次逼近型 A/D 转换器、并行比较型 A/D 转换器。一般双积分式 A/D 的转换时间为毫秒级，逐次逼近型为微秒级，而转换时间最短的是并行式 A/D 转换器，用双极性 CMOS 工艺制作的并行 A/D 的转换时间为 20～50ns，即转换速率达 20～50MSPS，逐次逼近型则达到 0.4μs，转换速率为 2.5MSPS（注：SPS 是 Sample Per Second 的缩写，采样速率的单位；M 是 10^6 含义）。

1. 双积分 A/D 转换器

双积分 A/D 转换器是一种基于间接测量的 A/D 转换器。它的基本原理是产生一个与输入模拟量的平均值成正比的时间宽度信号，然后用计数器测出这个时间宽度。计数结果就是与输入模拟量成正比的数字量。图 9-33 是双积分 A/D 转换器的原理框图，它由一个积分器、一个回零比较器、一个 N 位计数器及若干的控制逻辑电路组成。转换开始前，计数器置零，S2 闭合，使积分电容两端电压为零。其电路的工作分成两个步骤。

图 9-33 双积分 A/D 转换器框图

第一步，先使开关 S1 接到输入信号 V_i，开关 S2 打开，输入信号 V_i 对积分电容 C 充电，积分器输出电压 V_o 线性下降。因 V_o 为负值，所以使比较器输出 $V_c=1$，从而打开控制门 G，N 位计数器开始对 CP 计数。这样一直进行下去，直到 N 位计数器计满溢出时，使 QN=1，从而使开关改变位置，由原来接 V_i 而改接到一个固定的参考电压 $-V_r$。转换的第一步到此结束。 这一步就是在一个固定的时间内对电容充电的过程。这个固定时间即为 N 位计数器从 0 到计满溢出的时间，即 $T_1=2^N \times T_{CP}$。其中，T_{CP} 为时钟周期。积分器的输出电压 V_o 与输入信号 V_i 的平均值 V_{iA} 成正比，即

$$V_{iA} = \frac{1}{T_1}\int_{t_0}^{t_1} V_i dt \qquad V_{om} = -\frac{1}{RC}\int_{t_0}^{t_1} V_i dt = -\frac{T_1}{RC}V_{iA}$$

式中，RC 为充电时间常数，$T_1=t_1-t_0$。由上式可见，当 V_i 值不同时，t_1 时刻 V_{om} 的大小也不同，如图 9-34 所示。

第二步，当 S1 打向 $-V_r$ 时，N 位计数器状态也变为 0。在 $-V_r$ 的作用下，电容 C 两端的电压开始线性上升，因 V_o 仍小于零，V_c 仍为 1，N 位计数器重新开始计数，这样直到 $V_o=0$；当 V_o 再大一点时，回零比较器的输出 V_o 由 1 变为 0，封锁了计数脉冲 CP，计数器停止计数，第二步到此结束。

在这一阶段，信号源 $-V_r$ 和时间常数 RC 均是固定的，因此放电的速率是相同的，只是对于不同的 V_i，V_{om} 不同，因而 T_2 也不同。

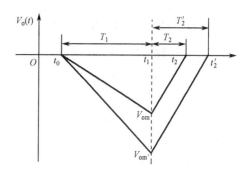

图 9-34　双积分 A/D 转换器工作波形

$$V_o(t) = V_{om} - \int_{t_1}^{t_2} -\frac{V_r}{RC} dt = V_{om} + \frac{V_r}{RC}(t_2 - t_1)$$

当 $V_o(t)=0$ 时，第二次积分时间值 $T_2=t_2-t_1$ 为

$$T_2 = \frac{V_{om}}{V_r}\cdot RC = \frac{-\frac{V_{iA}\cdot T_1}{RC}}{V_r}\cdot RC = -\frac{V_{iA}}{V_r}\cdot T_1$$

由此可见，T_2 与输入模拟电压的平均值成正比。而在 T_2 时间内，N 位计数器的计数值即为 A/D 的转换结果。

双积分 A/D 转换器的转换精度取决于参考电压源 $-V_r$ 的稳定度。而由于对 V_x 和 $-V_r$ 的积分时间较长，因而转换速度慢。对周期性变化的干扰信号，其积分结果为 0，因此抗干扰能力较好。双积分 A/D 转换电路可用于温度、压力、流量等缓慢变化信号的检测控制系统，主要产品有 ICL7106/7107/7126 系列、ICL7135、ICL7109、MC14433 等。

2. 逐次逼近型 A/D 转换器

逐次逼近型 A/D 转换器采用中分比较原理。初态时使逐次比较寄存器置为全 0，转换开始时，控制逻辑使其最高位为 1，经 D/A 转换后得到模拟电压 $V_o=1/2 V_{max}$，V_o 在比较器中与 V_i 进行比较。若比较结果 $V_i>V_o$，控制逻辑使逐次逼近寄存器加 1，再经 D/A 转换器变成相应的模拟量 V_o 去和 V_i 比较，根据 V_o 和 V_i 的关系，再确定逐次逼近寄存器加或减。重复以上步骤，经过 N 次比较后，逐次逼近寄存器中的值即为 A/D 转换后的数字量，如图 9-35 所示。

图 9-35 逐次逼近型 A/D 转换器框图

逐次逼近型 A/D 转换器特点是转换速度较高、价格适中、种类最多、应用最广，可用于工业多通道测控系统和声频数字转换系统，主要产品有 ADC0801、ADC0804、ADC0808、ADC0809、TDC1001J、TDC1013J、AD574A 等。

3. 并行比较型 A/D 转换器

3 位并行比较型 A/D 转换器原理电路如图 9-36 所示，它由分压器、电压比较器、寄存器及编码器组成。图中的 8 个电阻将参考电压 V_{REF} 分成 8 个等级，其中 $V_{REF}/15$、$3V_{REF}/15$、…、$13V_{REF}/15$ 为 7 个比较器 C1～C7 的参考电压。输入电压 V_i 的大小决定各比较器的输出状态。比较器的输出状态由 D 触发器存储，经优先编码器编码，得到数字量输出。编码器优先级别最高的是 I_1，最低的是 I_7，"1"有效，输入全"0"时，编码器输出 $D_2D_1D_0$ 为 000。

图 9-36 3 位并行比较型 A/D 转换器原理图

设 V_i 变化范围是 0～V_{REF}，输出 3 位数字量为 $D_2D_1D_0$ 与输入模拟量的关系见表 9-5。

表 9-5 3 位并行 A/D 转换器输入与输出关系对照表

模拟量输入	比较器输出状态							数字输出
	C1	C2	C3	C4	C5	C6	C7	D2D1D0
$0 \leqslant V_i < V_{REF}/15$	0	0	0	0	0	0	0	000
$V_{REF}/15 \leqslant V_i < 3V_{REF}/15$	0	0	0	0	0	0	1	001
$3V_{REF}/15 \leqslant V_i < 5V_{REF}/15$	0	0	0	0	0	1	1	010
$5V_{REF}/15 \leqslant V_i < 7V_{REF}/15$	0	0	0	0	1	1	1	011
$7V_{REF}/15 \leqslant V_i < 9V_{REF}/15$	0	0	0	1	1	1	1	100
$9V_{REF}/15 \leqslant V_i < 11V_{REF}/15$	0	0	1	1	1	1	1	101
$11V_{REF}/15 \leqslant V_i < 13V_{REF}/15$	0	1	1	1	1	1	1	110
$13V_{REF}/15 \leqslant V_i < V_{REF}$	1	1	1	1	1	1	1	111

当 $0 \leqslant V_i < V_{REF}/15$ 时，$C7 \sim C1$ 的输出状态都为 0，输出数字 000；当 $3V_{REF}/15 \leqslant V_i < 5V_{REF}/15$ 时，比较器 C6 和 C7 的输出 $C_{o6} = C_{o7} = 1$，其余各比较器的状态均为 0，输出数字 001。

并行比较型 A/D 转换器具有下列特点：

（1）由于转换是并行的，其转换时间只受比较器、触发器和编码电路延迟时间的限制，因此并行比较型 A/D 的转换速度最快，转换时间小于 50ns。如 MAXIM 公司的 8 位高速 A/D 转换器 MAX104 取样速率可达 1.5GSPS，常用于视频信号和雷达信号的处理系统。

（2）并行 ADC 每增加 1 位，比较器的个数就接近增加 1 倍，而比较器、基准电压、分压电阻的精度也需要提高 1 倍。一个 n 位转换器，所用比较器的个数为 $2^n - 1$，由于位数愈多，电路愈复杂，因此制成分辨率较高的集成并行 A/D 转换器是比较困难的。

为了解决高分辨率和成本之间的矛盾，可以采取分级并行转换的方法。10 位分级并行 A/D 转换原理如图 9-37 所示，图中输入模拟信号 V_i，经取样-保持电路后分两路，一路先经第一级 5 位并行 A/D 转换进行粗转换得到输出数字量的高 5 位；另一路送至减法器，与高 5 位 D/A 转换得到的模拟电压相减。由于相减所得到的差值电压小于 1VLSB，为保证第二级 A/D 转换器的转换精度，将差值放大 $2^5 = 32$ 倍，送第二级 5 位并行比较 A/D 转换器，得到低 5 位输出。这种方法虽然在速度上做了牺牲，却使元件数大为减少，在需要兼顾分辨率和成本的情况下常被采用。

图 9-37 10 位分级并行 A/D 转换原理

9.4.3 ADC0809 与 MCS-51 单片机的接口

ADC0809 是 CMOS 工艺的 8 位逐次逼近型 A/D 转换器,它由 8 路模拟开关、地址锁存译码器、8 位 A/D 转换器及三态输出锁存器构成,如图 9-38 所示。8 通道多路转换器能直接连通 8 个单端模拟信号中的任何一个,最大不可调误差小于±1LSB,单一+5V 供电,模拟输入范围为 0~5V,转换速度取决于芯片的时钟频率,时钟频率可为 10~1280kHz。当 CLK=500kHz 时,转换速度为 128μs。该芯片共有 28 个引脚,功能如下所示。

IN0~IN7:8 路模拟信号输入端。

START:A/D 转换启动信号的输入端,高电平有效。

ALE:地址锁存允许信号输入端,高电平将 A、B、C 三位地址送入内部的地址锁存器。

V_{REF}(+)和 V_{REF}(−):正、负基准电压输入端。

OE(输出允许信号):A/D 转换后的数据进入三态输出数据锁存器,并在 OE 为高电平时由 D0~D7 输出,可由 CPU 读信号和片选信号产生。

EOC:A/D 转换结束信号,高电平有效,可作为 CPU 的中断请求或状态查询信号。

CLK:外部时钟信号输入端,典型值为 640kHz。

V_{CC}:芯片+5V 电源输入端,GND 为接地端。

A、B、C:8 路模拟开关的三位地址选通输入端,用于选择 IN0~IN7 的输入通道。

ADC0809 与 8051 单片机的硬件接口最常用有两种方式,即查询方式和中断方式。具体选用何种工作方式,应根据实际应用系统的具体情况进行选择。

图 9-38 ADC0809 内部结构框图

(1)查询方式

查询方式的硬件接口电路如图 9-39 所示。

图 9-39　ADC0809 通过查询方式与 8051 的接口

ADC0809 内部无时钟，在与 8051 接口时，可利用其地址锁存允许信号 ALE 经 D 触发器二分频获得时钟。ALE 脚的频率是 8051 单片机时钟频率的 1/6。若单片机时钟频率为 6MHz，ALE 信号经二分频电路，向 ADC0809 提供 500kHz 的时钟，恰好满足 ADC0809 对时钟频率的要求。由于 ADC0809 具有三态输出锁存器，故其 8 位数据输出引脚 D0～D7 可直接与 8051 的数据总线连接。地址译码引脚 A、B、C 端可分别接到 8051 地址总线的低三位 A0、A1、A2，以便选通 IN0～IN7 中的某一通道。

ADC 0809 的片选信号可由 8051 的 P2 口提供，当选用 P2.0 时，ADC0809 的通道地址锁存和启动转换将由 8051 的 $\overline{\text{WR}}$ 与 P2.0 共同决定；而 8051 的 $\overline{\text{RD}}$ 与 P2.0 经或非门后，产生的正脉冲接到 ADC0809 的 OE 端，用以打开三态输出锁存器，读取转换结果。此时，模拟信号通道 0～7 通道地址为 FEF8H～FEFFH。

在软件编程时，首先对某一通道执行一条输出指令，产生 START 信号，启动 A/D 转换；然后检测 EOC 信号，为高电平时，再执行一条输入指令，产生 OE 信号，打开输出三态门，读取 A/D 转换结果。

下面的程序采用查询方法，对 8 路模拟信号实现巡回检测一遍，将 A/D 转换后的 8 路数据依次存放在外部数据存储器的 A0H～A7H 单元。

```c
#include    <reg51.h>
#include    <absacc.h>
#define    ADC0809    0xFEF8
#define    XRAM    0xa0
    ADC0809(unsigned    char * addata)
    { unsigned    char    xdata *addr1=ADC0809,*addr2=XRAM;
      unsigned    char    data    i;
      sbit    EOC=P1^0;
      EOC=1;                      //定义 P1.0 为输入口
        for(i=0;i<8;i++,addr1++,addr2++)
        {    *addr1 =i;           //启动 A/D 转换
             while (!EOC);        //转换没结束，等待
             *addr2= *addr1;      //读 AD 值，并存到外部 RAM
        }
    }
```

② 中断方式

ADC0809 采用中断方式与 8051 的硬件接口电路如图 9-40 所示。

图 9-40　ADC0809 通过中断方式与 8051 的接口

　　将 A/D 转换结束信号 EOC 反相后送到 8051 的 INT0 引脚上，向 CPU 申请中断，在中断服务程序中读取转换结果并启动下一通道的转换。此时，实现上述功能的程序如下：

```
#include   <reg51.h>
#include   <absacc.h>
#define   ADC0809   0xFEF8
#define   XRAM   0xa0
unsigned   char   xdata   *addr1=ADC0809,*addr2=XRAM;
unsigned   char   data   i=0;
main()
    { IT0=1,EX0=1,EA=1;          //设置边沿触发方式，开 CPU 中断、外部 0 中断
     *addr1 =i;                  //启动 A/D 转换
     while(1);                   //等待中断的发生
    }
    void int0() interrupt 0 using 1
    {    *addr2=*addr1;          //读 AD 值，并存到外部 RAM
         i++,addr1++,addr2++;    //指向下一路和下一个 RAM 单元
         if(i==8){i=0;addr1=ADC0809;addr2=XRAM }
         *addr1 =i;              //启动 A/D 转换
    }
```

9.4.4　串行 A/D 转换器 TLC1542 的应用

　　TLC1542 是由美国 TI 公司生产，带串行控制和 11 路输入端的 10 位 CMOS、开关电容逐次逼近串行模数转换器。采用开关电容可以使器件在整个温度范围内有较小的转换误差。该器件片内有一个 14 通道的选择器，可以选择外部 11 个输入信号和内部 3 个自测试（self-test）电压中的一个作为模拟量输入，采样和保持是自动进行的，转换结束信号"EOC"变高指示 A/D 转换完成。引脚如图 9-41 所示，功能如下：

```
A0  [ 1      20 ] Vcc
A1  [ 2      19 ] EOC
A2  [ 3      18 ] I/O CLOCK
A3  [ 4      17 ] ADDRESS
A4  [ 5      16 ] DATA OUT
A5  [ 6      15 ] CS
A6  [ 7      14 ] REF+
A7  [ 8      13 ] REF-
A8  [ 9      12 ] A10
GND [ 10     11 ] A9
```

图 9-41　TLC1542 引脚图

ADDRESS：串行地址输入端，一个 4 位串行地址选择 14 个模拟量中的一个，串行地址以 MSB 为前导在 I/O CLOCK 的前 4 个上升沿被移入。在 4 位地址读入地址寄存器后，这个输入端对后续的信号无效。

A0～A10：11 路模拟信号输入端。

$\overline{\text{CS}}$：片选信号输入端，下降沿将复位内部计数器和控制电路，并允许 DATA OUT 输出数据、ADDRESS 输入地址和 I/O CLOCK 输入时钟；上升沿将禁止 I/O CLOCK 和 ADDRESS 输入、DATA OUT 数据输出。

DATA OUT：当 CS 为高电平时，处于高阻状态；当 CS 为低电平时，根据转换值的 MSB 将 DATA OUT 驱动成相应的逻辑电平，以后在每一个 I/O CLOCK 的下降沿，从高到低依次输出其余的 9 位数据，第 10 个下降沿后，DATA OUT 端被驱动为逻辑低电平。

EOC：转换结束信号，在最后一个 I/O CLOCK 的下降沿 EOC 变低，转换结束后变高。

I/O CLOCK：输入/输出时钟信号，如图 9-42 所示，I/O CLOCK 接收串行输入并完成以下四种功能：

① 在 I/O CLOCK 的前 4 个上升沿，它将输入的 4 位地址存入地址寄存器。在第 4 个上升沿之后，输入到多路选择器的地址有效。

② 在 I/O CLOCK 的第 4 个下降沿，将所选定通道的模拟输入电压开始向电容器充电并继续到 I/O CLOCK 的第 10 个下降沿。

③ 将前一次转换的数据的 10 位移出 DATA OUT 端。

④ 在 I/O CLOCK 的第 10 个下降沿，将转换的控制信号传送到内部的状态控制器。

图 9-42　TLC1542 的通信时序图

REF+、REF−：基准电压的正、负端。最大输入电压由 REF+ 与 REF− 之间的差值决定。

TLC1542 与单片机接口电路如图 9-43 所示，其采用光电耦合器件 TLP521-1 来实现 A/D 转换电路与单片机之间信号的隔离，使模拟信号与单片机数字电路之间在电气上无公共点，可以有效抑制共模干扰，提高系统的抗干扰能力，图中光耦的驱动门采用 74LS244。

图 9-43 TLC1542 与单片机接口电路

采集反应罐温度、进仓口温度、仓库温度三路信号的 A/D 转换程序如下：

```c
#include   <reg51.h>
#include   <intrins.h>
sbit   IOCLK=P1^5;              //时钟线
sbit   CS=P3^4;                //CS 线
sbit   DATAOUT=P1^7;           //数据线
sbit   ADDRESS=P1^6;          //地址线
void   ad_read(int   data   *x)
{   unsigned char i,j,addr=0;   //addr 的高 4 位表示采集的通道数
    unsigned   int   t;
    CS=1;                      //禁止 I/O CLOCK
    IOCLK=0;
    CS=0;                      //开启控制电路，使能 DATA OUT 和 I/O CLOCK
    for (j=0,addr=0;j<4;j++,addr+=0x10)   //采集 3 路温度
      {for(i=0,k=addr;i<10;i++)            //读取上次 A/D 转换的 10 位数字量
        { if (i<4)                        //第 0～3 个 CLK 输出地址，启动新的采样
          { if (k&0x80)  ADDRESS =1;
                else     ADDRESS =0;
            k<<=1;
          }
        if (j>0) {*x =*x <<1;              //采样值左移一位，第一次不采样
            if  (DATAOUT) (*x) ++; x ++;  //若 Di 为 1，则采样值加 1
          }
        IOCLK=1; _nop_(); IOCLK=0;
      }
      for (t=0;t<100;t++);                //等待 A/D 转换结束
    }
    CS=1;                                 //禁止 I/O CLOCK
```

```
}
main()
{ unsigned int data adtemp[3];          //定义数组存放 3 路温度
ad_read(adtemp);}}                      //调用 A/D 采样函数
```

9.5 IC 卡接口技术

IC 卡是"Integrated circuit Card"（集成电路卡）的缩写，按照内部结构可分为存储器卡、逻辑加密卡、CPU 卡三类。存储器卡的内部为 E^2PROM，逻辑加密卡的内部为带加密逻辑的 E^2PROM，CPU 卡（即智能卡）内部包括中央处理器 CPU、EPROM、RAM 及固化在 ROM 中的片内操作系统。按照应用形式，IC 卡又可为接触式、非接触式。接触式的 IC 卡上有 8 个触点，通过它们与外界进行数据传送；非接触式卡又称射频卡，其内部还包含射频收/发等其他相关电路，传送数据不需要接触。本节主要讲述目前应用较广的 SLE4442 接触式逻辑加密卡，这种卡是德国西门子公司设计的逻辑加密存储卡，具有容量大、安全保密、使用灵活和价格低廉等优点，广泛应用在电表、水表、煤气表、停车场等各种收费应用系统中。SLE4442 具有下列特性。

（1）卡内有 2K 位的存储容量和完全独立的可编程逻辑代码存储器（PSC）：即 256×8 位 E^2PROM，32×1 位 PROM，4×8 位 E^2PROM 型加密存储器。

（2）串行口满足 ISO7816 同步传递协议。

（3）每一字节的擦除/写入时间为 2.5ms。

（4）存储器可擦除 1000 次以上，数据可保存 10 年以上。

（5）以单+5V 电压供电，可以满足应用领域的各种需要。

9.5.1 SLE4442 的存储区域分配

SLE4442 存储器分为主存储器和密码存储器两部分。主存储器容量为 256 个字节，分为保护区和应用区，保护区 00H～1FH，应用区为 20H～FFH。保护区通过写入保护位而得到保护，保护位存储器 PROM 的 32 位和保护存储区的 32 字节一一对应的。一旦实行保护后，被保护的单元不可擦除和改写；同时保护功能是不可逆的，保护存储区中的某单元一旦被保护后就不能再解除保护，保护区中没有设置为保护状态的字节，其使用与应用区完全相同，以字节方式进行读/写。通常情况下，SLE4442 保护区中的固化信息如下：

00H～03H 复位应答信息（ATR）；

04H～07H 芯片生产厂家代码和卡型编码（出厂时已固化）；

15H～1AH 用户标识。

密码存储器：SLE4442 提供了一个 4 字节的密码存储器。其中，0 单元是误码计数器 EC，只用了该单元的低三位；其余 3 个字节存放密码（PSC）。上电后，除密码外的整个存储器只能够读，只有当 3 个字节密码验证正确以后才可以进行擦写。如果输入的密码不正确，错一次 EC 为 011，再一次不正确，EC 为 001，三次不正确，EC 为 000，这时卡片自锁，不能进行擦写操作。三次输入只要有一次正确，EC 为 111。如果需要，还可以改写密码。

SLE4442 卡的的触点排列和引脚功能如图 9-44 所示，1 脚为电源，2 脚为复位脚，3 脚为时钟输入，5 脚为地线，7 脚为双向数据线，所有的地址、数据和命令均从此端输入/输出，由于该引脚是开漏结构，必须外加上拉电阻。

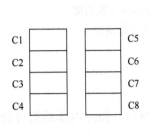

卡触点	引脚名称	功　能
C1	VCC	提供电源
C2	RST	复位
C3	CLK	时钟输入
C4	NC	未用
C5	GND	地
C6	NC	未用
C7	I/O	输入/输出数据线（开漏结构）
C8	NC	未用

图 9-44　SLE4442 卡的触点排列和引脚功能

9.5.2　SLE4442 的通信协议

SLE4442 卡的通信协议分为四种方式。

1．复位与应答操作

上电以后，当 RST 由高电平到低电平时，CLK 提供 1 个时钟脉冲，即启动了复位与复位响应操作。在 CLK 的第一个下降沿后，最低位数据就到了 I/O 线上，若连续输入 32 个时钟脉冲，则主存储器 00H～03H 的四个字节 H1、H2、H3、H4 的 D0～D31 位被读出，这是从 IC 卡发送到 CPU 的复位应答标头，其中 H1 表示同步传输协议的类型，H2 表示协议类型的参数，它们必须符合 ISO7816-3 标准；H3 和 H4 不在该标准范围之内，SLE4442 的标头为 A2H、14H、10H、91H。在第 33 个时钟脉冲的下降沿，I/O 线被置成高阻态而关闭，完成一次复位及复位应答过程，如图 9-45 所示。

图 9-45　SLE4442 IC 卡的复位及复位应答时序

在对卡操作前，一般需进行复位和复位应答操作，有时要连续进行两次才能得到正确的复位应答信息。在复位响应期间，任何开始和停止条件均被禁止。SLE4442 IC 卡的复位及复位应答的程序如下：

```
#define Some10NOP()   _nop_();_nop_();……_nop_()   //定义 10 个_nop_()延时 10μs
char   SLE4442ReceiveByte(void)   /*先定义接受一个字节的函数*/
{   unsigned char data i=8, ddata=0;
```

```
    IO=1;                        /*置 IO 线为输入方式*/
    while (i--)
      { ddata>>=1;                /*先接收的是低位*/
        if (IO) ddata|=0x80;      /*接收数据串并变换*/
        CLK=1;                    /*置时钟线为高*/
        Some10NOP();              /*保证时钟高电平时间>10μs */
        CLK=0;                    /*置时钟线为低，产生一个下降沿，使 IC 卡输出数据 */
        Some10NOP ();             /*保证时钟低电平时间>10μs */
      }
    return (ddata);
}
void SLE4442RST (unsigned char *s)              //IC 卡复位子程序
{ unsigned char data n=0;
    RST=0;
    CLK=0;
    Some10NOP();
    RST=1;
    Some10NOP();
    CLK=1;
    Some10NOP();
    CLK=0;
    Some10NOP();
    RST=0;
    Some10NOP();
    for (n=0;n<4;n++,s++)
    *s=SLE4442ReceiveByte();
}
```

2．命令方式

复位应答以后就可以对芯片进行输入操作命令，由于 SLE4442 采用的是 I^2C 总线协议，每次操作时序必须由三部分组成：一个 START 时序，三个字节的数据包括命令字、地址和数据，最后是一个 STOP 时序，如图 9-46 所示。

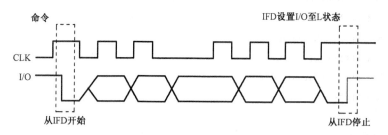

图 9-46 SLE 4442 卡的命令方式时序图

命令方式的 C51 程序如下所示：

```c
void SLE4442Start(void)              /*START 时序*/
{
  IO=1;                              /*发送起始条件的数据信号*/
  Some10NOP();
  CLK=1;
  Some10NOP();                       /*起始条件建立时间>10μs*/
  IO=0;                              /*发送起始信号*/
  Some10NOP();                       /*起始条件锁定时间>10μs */
  CLK=0;                             /*锁住 I²C 总线，准备发送或接收数据*/
}
void SLE4442Stop(void)               /*STOP 时序*/
{
  IO=0;                              /*发送结束条件的数据信号*/
  Some10NOP();
  CLK=1;                             /*发送结束条件的时钟信号*/
  Some10NOP();                       /*结束条件建立时间>10μs*/
  IO=1;                              /*发送结束信号*/
  Some10NOP();
}
void   SLE4442SendByte(char ch)        /*发送一个字节*/
{   unsigned char data   i=8;
    while (i--)
    {   if(ch&0x01)  IO=1;             /*判断发送位，先发送最低位*/
        else       IO=0;
        ch>>=1;
        Some10NOP();
        CLK=1;                         /*置时钟线为 1，通知对方开始接收数据位*/
        Some10NOP();                   /*保证时钟高电平时间>10μs */
        CLK=0;
    }
}
void   SENDCMD(char cmd, char adress, char ddata)   /*发送三个字节的操作命令*/
{    SLE4442Start();                   /*START 时序*/
     SLE4442SendByte(cmd);             /*发送命令字节*/
     SLE4442SendByte(adress);          /*发送地址字节*/
     SLE4442SendByte(ddata);           /*发送数据字节*/
     SLE4442Stop();                    /*STOP 时序*/
}
```

　　SLE4442 的操作命令有 7 个命令字，对主存储器的操作命令有四个：读/写应用区、读/写保护区。对密码存储器的操作有三个命令：读密码、写密码和校验密码，见表 9-6。

表 9-6 SLE4442 的操作命令

命 令 字								地 址	数 据	操 作
B7	B6	B5	B4	B3	B2	B1	B0	A0~A7	D0~D7	
0	0	1	1	0	0	0	0	地址	—	读主存储器
0	0	1	1	1	0	0	0	地址	输入数据	写主存储器
0	0	1	1	0	1	0	0	—	—	读保护区
0	0	1	1	1	1	0	0	地址	输入数据	写保护区
0	0	1	1	0	0	0	1	—	—	读密码
0	0	1	1	0	0	0	1	地址	输入数据	写密码
0	0	1	1	0	0	1	1	地址	输入数据	校验密码

一个读命令可以连续取到若干字节的数据，而一个写命令却只能写一个数据。保护区被保护的信息不能改写。

3．数据输出方式

命令被接收后可能会出现两种模式：可读的数据输出模式和可擦写的内部处理模式。输出数据模式将 IC 卡中的数据连续送给外部接口设备，如图 9-47 所示。在时钟脉冲的第一个下降沿后，I/O 线输出第一个字节的最低位，在最后一个数据后的额外的时钟脉冲使 I/O 线变为高阻态并等待接收新的指令。在此模式期间的任何一个 START 和 STOP 条件都视为无效，若要停止数据的输出操作，可用 BREAK 条件：在时钟信号为低期间，使 RST 为高电平，则结束此次操作，I/O 线变为高阻态。

图 9-47 SLE4442 IC 卡的输出数据模式时序

其对应 C51 程序如下所示：

```
void SLE4442break(void)
{   CLK=0;                    /*发送中断条件的时钟信号*/
    Some10NOP();
    RST=1;                    /*发送中断条件的复位信号*/
    Some10NOP();              /*复位信号建立时间>10μs*/
    RST=0;
}
```

4．内部处理方式

当 IC 卡处于可擦写的内部处理模式时，如图 9-48 所示，在第一个 CLK 下降沿之后，I/O 线从高状态拉到低状态开始内部处理，此后 IC 卡连续接收 n+1 个时钟，在 n+1 个时钟的下降沿 I/O 线被设置成高状态 H，完成 IC 卡的内部处理。在这种方式下，任何开始和停止条件均被禁止。在内部处理模式期间，可实现下列几种功能：

（1）擦除和写入（5ms），相当于 $n=256$ 个时钟脉冲（时钟频率为 50kHz）；

（2）只写入不擦除（2.5ms），相当于 $n=124$ 个时钟脉冲；

（3）只擦除不写入（2.5ms），相当于 $n=124$ 个时钟脉冲。

图 9-48　SLE4442 IC 卡的内部擦除与写入操作时序

9.5.3　8051 单片机和 SLE4442 卡的接口设计

下面通过实例来说明单片机对将 SLA4442 卡的接口程序设计，接口电路如图 9-49 所示。

图 9-49　8051 单片机和 SLE4442 卡的接口电路

从 IC 卡中地址为 address 处读入 n 个字节，并存放在单片机内部 s 指向的单元。其 C51 程序如下：

```c
#include   <reg51.h>
#include   <intrins.h>
sbit   IO=P1^4;
sbit   CLK=P1^2;
sbit   RST=P1^3;
ReadStrSLE4442 (unsigned char address,unsigned char   data *s,unsigned char n)
{ unsigned char   i,x[4];
    SLE4442RST(x);                          /*调 IC 卡复位子程序*/
    SENDCMD(0x30,address,0);                /*发送读主存命令*/
    for(i=0;i<n;i++,s++)   *s=ReceiveByte();  /*读取数据*/
    SLE4442break();                         /*结束总线*/
    }
```

再将单片机内部 RAM 中 s 单元开始的 n 个字节数据写到 IC 卡中地址为 address 处。在对卡进行写操作之前，必须进行密码校验。校验密码必须严格按图 9-50 所示的流程进行，任何改变都会导致失败，不能修改密码，还可能引起 EC 位从"1"变为"0"。读错误计数器 EC 的程序如下：

```
char   RDSMEC()
{ unsigned char x[4],y;
SLE4442RST(x);                    /*调 IC 卡复位子程序*/
SENDCMD(0x31,0,0);                /*发送读误码计数器 EC 命令*/
y=ReceiveByte()&07;
return (y);
}
```

图 9-50　校验密码程序流程图

```
delay (unsigned char x)
{ unsigned char i;
   for (i=0;i<x;i++)
   { CLK=1;
   Some10NOP();
   CLK=0;
   Some10NOP();
   }
```

校验密码的 C51 程序如下：

```
bit   VERY()
{ unsigned char data passward[]={0xff,0xff,0xff}, i;
   sbit ACC_0=ACC^0;
   sbit ACC_1=ACC^1;
   sbit ACC_2=ACC^2;
   ACC=RDSMEC();                     /*读误码计数器 EC 内容*/
```

```
        do {
            if  (ACC==0)  return(0);                              /*误码计数器 EC 为零返回*/
            else  if  (ACC_2) ACC_2=0;                           /*将误码计数器 EC 的一位写 0*/
            else  if  (ACC_1) ACC_1=0;
            else  ACC_0=0;
            SENDCMD(0x39,0,ACC);                                 /*发送写误码计数器 EC 命令字*/
            DELAY(255 );                                         /*延时 5ms*/
            for (i=0;i<3;i++)
                {SENDCMD(0x33,i+1,passward[i]);                  /*发送密码校验命令及密码*/
                DELAY(125 );                                     /*延时 2.5ms*/
                }
            SENDCMD(0x39,0,07);                                  /*擦除 EC（写 07）*/
            ACC=RDSMEC();                                        /*读误码计数器 EC 内容*/
            while (!ACC==07);                                    /*比较不成功，重试*/
            }
        return (1);
    }
```

写 IC 卡程序如下：

```
    bit  WRITEStrSLE4442 (unsigned char address,unsigned char*s,unsigned char no)
    { unsigned char i;
      if  (!VERY())  return (0);                                 /*调 IC 卡密码检验子程序*/
      for(i=0;i<no;i++,s++,address++)
        { SENDCMD(0x38,address,*s);                              /*发送写主存储器命令字及数据*/
          DELAY(255 );
        }
      return (1);
    }
```

习题 9

1．键盘输入有什么特点？为什么要消除键盘抖动？

2．什么是独立式按键？什么是矩阵式按键？它们各有什么优缺点？

3．键盘有哪几种工作方式？

4．对图 9-1 所示的独立式按键接口电路，编制出识别按键的程序。

5．直接用 8051 的 P1.0～P1.5 口连接 3×3 矩阵键盘接口如图 9-51 所示。试编制出识别按键的程序。

6．什么是 LED 显示器？它有几种结构形式？

7．LED 显示器有哪两种显示形式？它们各有什么优缺点？

8．对图 9-11 如果将 LED 显示器由共阴极改成共阳极，线路和程序应如何修改？

9．什么是单缓冲方式？什么是双缓冲方式？它们各占用 8051 外部 RAM 几个单元？软件编程有什么区别？

图 9-51

10．用 8051 单片机和 DAC0832 组成单缓冲工作方式产生梯形波。梯形波的斜边采用步幅为 1 的线形波，幅度为 00H～80H，水平部分靠调用延时程序来维持，写出梯形波产生程序。

11．若梯形波的水平部分用 8051 内部定时器来产生，程序应如何修改？

12．用两片 DAC0832 芯片和 8051 单片机连接（见图 9-25），编制一个产生等腰三角形的程序。即用一片 0832 产生水平锯齿波扫描信号，用另一片 0832 产生垂直信号（提示：等腰三角形可用两次扫描产生，第一次扫描产生等腰三角波，第二次产生三角形的底边。然后不断重复即可得到稳定的波形）。

13．说明双积分 A/D 转换器的工作原理。

14．双积分 A/D 转换器有什么优点和缺点。

15．说明逐次逼近型 A/D 转换器的工作原理。

16．若 8051 和 ADC0809 的连接采用图 9-39 的方式，用 8051 内部定时器来控制对模拟信号的采集，要求每分钟采集一次，写出对八路信号采集一遍的程序。

17．若 8051 和 ADC0809 的连接采用图 9-39 的方式，用 8051 内部定时器来控制对 0809 的 3 通道信号进行数据采集和处理，每分钟对 3 通道采集一次数据，连续采集 5 次。若 5 次的平均值超过 100，将 10H 置为"1"，否则将 10H 清"0"。请编制相应的程序。

第 **10** 章

系统设计及抗干扰技术

由于单片机用户系统的多样性，技术要求各不相同，因此单片机应用系统的设计方法和研制步骤不尽相同。本章将针对多数单片机应用系统的共性做一般的分析，供读者在研制过程中参考。

10.1 单片机应用系统的开发过程

单片机的应用系统由硬件和软件组成。硬件指单片机、扩展的存储器、输入/输出设备等组成系统的硬部件。软件是各种工作程序的总称。硬件和软件只有紧密配合、协调一致，才能组成高性能的单片机系统。在系统的研制过程中，软、硬件设计的功能总是在不断地调整，以便互相适应，故硬件设计和软件设计不能截然分开。硬件设计应考虑软件的设计方法，而软件设计应了解硬件的工作原理，在整个研制过程中互相协调，以利于提高工作效率。

单片机应用系统的研制过程包括方案论证、硬件设计、软件设计、在线调试及程序固化等几个阶段。但它们不是绝对分开的，有时候是交叉进行的。图 10-1 描述了单片机应用系统开发设计的一般过程。

10.1.1 技术方案论证

单片机应用系统的研制是从确定目标任务开始的，在着手进行系统设计之前，必须根据系统的应用场合、工作环境、具体用途提出合理的、详尽的功能技术指标和方案。这是系统设计的依据和出发点，也是决定系统成败的关键，所以必须认真做好这个工作。

在制定技术方案时，应对产品的可靠性、通用性、可维护性、先进性及成本等进行综合考虑，考虑国内、外同类产品的有关资料，使确定的技术指标合理而且符合有关标准。其具体要求如下：

（1）了解用户的需求，确定设计规模和总体框架。

（2）摸清软、硬件技术难度，明确技术主攻问题。

（3）针对主攻问题开展调研工作，查找中外有关资料，确定初步方案。

（4）单片机应用开发技术是软、硬件结合的技术，方案设计要权衡任务的软、硬件分工，有时硬件设计会影响到软件程序结构。如果系统中增加某个硬件接口芯片，而给系统程序的模块化带来了可能和方便，那么这个硬件开销是值得的。在无碍大局的情况下，以软件代替硬件正是计算机技术的长处。

（5）尽量采纳可借鉴的成熟技术，减少重复性劳动。

图 10-1 单片机应用系统开发设计流程图

10.1.2 硬件系统的设计

硬件系统设计的任务是根据技术方案的要求，在所选择的单片机型号的基础上，具体确定系统中所要使用的元器件，设计出系统的电路原理图，必要时做一些部件实验，以验证电路图的正确性、工艺结构的设计加工、印制电路板的制作及样机的组装等。

单片机应用系统的设计可划分为两部分：一部分是与单片机直接接口的数字电路范围的电路芯片的设计，如存储器和并行接口的扩展，定时系统、中断系统扩展，一般的外部设备的接口，甚至于 A/D、D/A 芯片的接口；另一部分是与模拟电路相关的电路设计，包括信号的整形、变换、隔离和选用传感器，输出通道中的隔离和驱动及执行元件的选用。其具体步骤如下：

（1）从应用系统的总线观念出发，各局部系统和通道接口设计与单片机要做到全局一盘棋。例如，芯片间的时间是否匹配、电平是否兼容及能否实现总线隔离缓冲等，避免"拼盘"战术。

（2）尽可能选用符合单片机用法的典型电路。

（3）尽可能采用新技术，选用新的元件及芯片。

（4）抗干扰设计是硬件设计的重要内容，如看门狗电路、去耦滤波、通道隔离及合理的印制板布线等。

（5）当系统扩展的各类接口芯片较多时，要充分考虑到总线驱动能力。当负载超过允许范围时，为了保证系统可靠的工作，必须加总线驱动器。

（6）可用印制板辅助设计软件，如用 PROTEL 进行印制板的设计，提高设计的效率和质量。

10.1.3 应用软件的设计

单片机系统应用软件的设计应注意以下几个方面：

（1）采用模块程序设计；

（2）采用自顶向下的程序设计；

（3）外部设备和外部事件尽量采用中断方式与 CPU 联络，这样既便于系统的模块化，也可提高程序的效率；

（4）近几年推出的单片机开发系统，有些是支持高级语言的，如 C51 与 PL/M96 的编程和在线跟踪调试；

（5）目前已有一些成熟的实用子程序在程序设计时可适当参考使用，其中包括运行子程序和控制算法程序等；

（6）系统的软件设计应充分考虑到软件抗干扰措施。

10.1.4 硬件、软件系统的调试

系统调试可检验所设计系统的正确性与可靠性，并从中发现组装的问题或设计的错误。这里所指的设计错误，是指设计过程中所出现的小错误或局部错误，决不允许出现重大错误。 对于系统调试中发现的问题或错误及出现的不可靠因素，要提出有效的解决方法，然后对原方案做局部修改，再进入调试。

10.1.5 程序的固化

所有开发装置调试通过的程序，最终要脱机运行，即将仿真运行的程序固化到芯片 ROM 中脱机运行。但在开发装置上运行正常的程序，固化后脱机运行并不一定同样正常。若脱机运行有问题，则需分析原因，如是否总线驱动功能不够或是对接口芯片操作的时间不

匹配等。经修改的程序需再次写入芯片 ROM，然后再脱机运行，直到正常为止。

10.2　单片机硬件系统的设计

10.2.1　元件的选取

元件的选取应充分考虑如下几个方面。

（1）性能参数和经济性

在选择元器件时，必须按照器件手册所提供的各种参数（如工作条件、电源要求、逻辑特性等）指标综合考虑，但不能单纯追求超出系统性能要求的高速、高精度及高性能。例如，一般 10 位精度的 A/D 转换器价格远高于同类 8 位精度的 A/D 转换器；陶瓷封装（一般适用于−25～+85℃或−55～+125℃）的芯片价格略高于塑料封装（0～+70℃）的同类型芯片。

（2）通用性

在应用系统中，尽量采用通用的大规模集成电路芯片，这样可大大简化系统的设计、安装和调试，也有助于提高系统的可靠性。

（3）型号和公差

在确定元器件参数之后，还要确定元器件的型号，这主要取决于电路所允许元器件的公差范围，如电解电容器可满足一般的应用，但对于电容公差要求高的电路，电解电容则不宜采用。

（4）与系统速度匹配

单片机时钟频率一般可在一定范围内选择（如 MCS-51 单片机芯片可在 0～20MHz 之间任意选择），在不影响系统性能的前提下，时钟频率选低些为好，这样可降低系统内其他元器件的速度要求，从而降低成本和提高系统的可靠性。在选择比较高的时钟频率时，需挑选和单片机速度相匹配的元器件。另外，较低的时钟频率会降低晶振电路产生的电磁干扰。

（5）电路类型

对于低功耗应用系统，必须采用 CHMOS 或 CMOS 芯片，如 74HC 系列、CD4000 系列，而一般系统可使用 TTL 数字集成电路芯片。

10.2.2　硬件电路的设计原则

一般在设计系统硬件电路时应遵循以下原则：

（1）尽可能选择标准化、模块化的典型电路，且符合单片机应用系统的常规用法；

（2）系统配置及扩展标准必须充分满足系统的功能要求，并留有余地，以利于系统的二次开发；

（3）硬件结构应结合应用程序设计一并考虑，软件能实现的功能尽可能由软件来完成，以简化硬件结构；

（4）系统中相关的器件要尽可能做到性能匹配；

（5）单片机外接电路较多时，必须考虑其驱动能力；

（6）可靠性及抗干扰设计是硬件系统设计不可缺少的一部分；

（7）TTL 电路未用引脚的处理；

（8）工艺设计，包括机架机箱、面板、配线、接插件等，必须考虑安装、调试、维护的方便。

10.2.3　单片机资源的分配

1．I/O 引脚资源分配

单片机芯片各功能不完全相同，如部分引脚具有第二输入/输出功能；各 I/O 引脚输出级电路结构不尽相同，如 8051 的 P0 口采用漏极开路输出方式，P1～P3 口采用准双向结构，P3 口为双功能口，作为一般 I/O 口使用时首选 P1 口。因此，在分配 I/O 引脚时，需要认真对待。

2．ROM 资源分配

片内 ROM 存储器用于存放程序和数据表格。按照 MCS-51 单片机的复位及中断入口的规定，002FH 以前的地址单元都作为中断、复位入口地址区。在这些单元中，一般都设置了转移指令，转移到相应的中断服务程序或复位启动程序。当程序存储器中存放的功能程序及子程序数量较多时，应尽可能为它们设置入口地址表。一般的常数、表格集中设置表格区。二次开发扩展区应尽可能放在高位地址区。

3．RAM 资源分配

RAM 分为片内 RAM 和片外 RAM。片外 RAM 的容量比较大，通常用来存放批量大的数据，如采样结果数据。片内 RAM 容量较少，尽可能重叠使用，如数据暂存区与显示、打印缓冲区重叠。

对于 MCS-51 单片机来说，片内 RAM 是指 00H～7FH 单元。这 128 个单元的功能并不完全相同，分配时应注意发挥各自的特点，做到物尽其用。

00H～1FH 这 32 个字节可以作为工作寄存器组。在工作寄存器的 8 个单元中，R0 和 R1 具有指针功能，是编程的重要角色，应充分发挥其作用。系统上电复位时，置 PSW=00H，SP=07H，则 RS1（PSW.4）、RS0（PSW.3）位均为 0，CPU 自动选择工作寄存器组 0 作为当前的工作寄存器，而工作寄存器组 1 为堆栈，并向工作寄存器组 2、3 延伸。例如，此时当 CPU 执行诸如 "MOV R1,#2FH" 的指令时，R1 即是指 01H 单元。在中断服务程序中，如果也要使用 R1 寄存器且不将原来的数据冲掉，则可在主程序中先将堆栈空间设置在其他位置，然后在进入中断服务程序后选择工作寄存器组 1、2 或 3。这时，若再执行如 "MOV R1,#00H" 指令时，就不会冲掉 R1（01H 单元）中原来的内容了。因为这时 R1 的地址已改变为 09H、11H 或 19H。在中断服务程序结束时，可重新选择工作寄存器组 0。因此，通常可在应用程序中安排主程序及其调用的子程序使用工作寄存器组 0，而安排定时器溢出中断、外部中断、串行口中断使用工作寄存器组 1、2 或 3。

20H～2FH 这 16 个字节具有位寻址功能，可用来存放各种软件标志、逻辑变量、位输入信息、位输出信息副本、状态变量及逻辑运算的中间结果等。当这些项目全部安排好后，保留一两个字节备用，剩下的单元可改做其他用途。

30H～7FH 为一般的通用寄存器，只能存入整字节信息。通常用来存放各种参数、指针及中间结果，或用做数据缓冲区。此外，也常将堆栈安放在片内 RAM 的高端（如 60H～7FH）。设置堆栈区时，应事先估算出子程序和中断嵌套的级数及程序中栈操作指令的使用情况，其大小应留有余量。当系统中扩展了 RAM 时，应把使用频率最高的数据缓冲区安排在片内 RAM 中，以提高处理速度。

10.2.4　印制电路板的设计

单片机应用系统产品在结构上离不开用于固定单片机芯片及其他元器件的印制电路板。通常，这类印制电路板布线密度高、焊点分布密度大，需要双面，甚至多层板才能满足电路要求。

在编辑印制电路板时，需要遵循下列原则：

（1）晶振必须尽可能地靠近 CPU 的晶振引脚，且晶振电路下方不能走线，最好在晶振电路下方放置一个与地线相连的屏蔽层。

（2）电源、地线要求。在双面印制电路板上，电源线和地线应安排在不同的面上，且平行走线，这样寄生电容将起滤波作用。对于功耗较大的数字电路芯片，如 CPU、驱动器等应采用单点接地方式，即这类芯片电源、地线应单独走线，并直接接到印制电路板电源、地线入口处。电源线和地线宽度应尽可能大一些，或采用微带走线方式。

（3）模拟信号和数字信号不能共地，即采用单点接地方式。

（4）在中低频应用系统（晶振频率小于 20MHz）中，走线转角可取 45°；在高频系统中，必要时可选择圆角模式。尽量避免使用 90°的转角。

（5）对于输入信号线，走线应尽可能短，必要时在信号线两侧放置地线屏蔽，防止可能出现的干扰。不同信号线避免平行走线，上、下两面的信号线最好交叉走线，相互干扰可减到最小。

（6）为减低系统功耗，对于未用 TTL 电路的单元必须按下列方式处理：

在设计印制电路板时，最容易忽略未用单元电路输入端的处理（因为原理图中没有给出）。尽管它不影响电路的功能，但却可增加系统的功耗，尤其是当系统靠电池供电时，就更应该注意未用单元引脚的连接。

在小规模 TTL 电路芯片中，同一芯片内常含有多套电路。例如，在 74LS00 芯片中，就含有 4 套"2 输入与非门"，设计时应充分考虑。

10.3　单片机软件系统的设计

软件是单片机应用系统中的一个重要的组成部分。一般计算机应用系统的软件包括系统软件和用户软件，而单片机应用系统中的软件只有用户软件，即应用系统软件。软件设计的关键是确定软件应完成的任务及选择相应的软件结构。

10.3.1　任务的确定

根据系统软、硬件的功能分工，可确定出软件应完成什么功能。作为实现控制功能的软件应明确控制对象、控制信号及控制时序；作为实现处理功能的软件应明确输入是什么、要做什么样的处理（即处理算法）、产生何种输出。

10.3.2　软件结构的设计

软件结构的设计与程序的设计技术密切相关。程序设计技术则提供了程序设计的基本方法。在单片机应用系统中，最常用的程序设计方法是模块程序设计。模块程序设计具有结构清晰、功能明确、设计简便、程序模块可共享、便于功能扩展及便于程序维护等特点。为了编制模块程序，先要将软件功能划分为若干子功能模块，然后确定出各模块的输入、输出及相互间的联系。单片机应用系统软件的一般结构如图 10-2 所示。

图 10-2 单片机应用系统软件的一般结构

10.4 单片机系统抗干扰技术

可靠性设计是一项系统工程，其中系统抗干扰性能是可靠性的重要指标。工业环境有强烈的电磁干扰，因此必须采取抗干扰措施，否则难以稳定、可靠运行。

工业环境中的干扰一般是以脉冲形式进入单片机系统，渠道主要有三条。

（1）空间干扰（场干扰）：电磁信号通过空间辐射进入系统。

（2）过程通道干扰：干扰通过与系统相连的前向通道、后向通道及与其他系统的相互通道进入。

（3）供电系统干扰：电磁信号通过供电线路进入系统。

一般情况下空间干扰在强度上远小于其他两种，故单片机系统中应重点防止过程通道与供电系统的干扰。抗干扰措施有硬件措施和软件措施。硬件措施如果得当，可将绝大部分干扰拒之门外，但仍然会有少数干扰进入单片机系统，故软件措施作为第二道防线必不可少。由于软件抗干扰措施是以 CPU 为代价的，如果没有硬件消除绝大多数干扰，CPU 将疲于奔命，无暇顾及正常工作，严重影响系统的工作效率和实时性。因此，一个成功的抗干扰系统是由硬件和软件相结合构成的。

10.4.1 硬件抗干扰措施

1. 输入/输出通道干扰的抑制措施

输入/输出通道干扰的抑制通常采用隔离和滤波技术。常用的隔离器件有隔离变压器、光电耦合器、继电器及隔离放大器等。其中，光电耦合器应用最为广泛。

输入/输出通道采用光电耦合器将单片机系统与各种传感器、开关、执行机构从电气上隔离开来，可将很大一部分干扰阻挡。在模拟通道中使用光电耦合器隔离时，应保证被传送信号的变化范围始终在光电耦合器的线性区内，否则会产生较大的误差。应尽可能将隔离器件设置在执行部件或传感器附近，通常是将光电隔离器放在 A/D、D/A 附近。

光电隔离前后，两部分电路应分别采用两组独立的电源供电。当数字通道输出的开关量是用于控制大负荷设备时，就不宜用光电耦合器，而采用继电器隔离输出。此时要在单片机输出端的锁存器 74LS273 与继电器间设置一个 OC 门驱动器，用以提供较高的驱动电流（一般 OC 门驱动器的低电平输出电流约有 300mA 左右，足以驱动小型继电器）。硬件滤波电路常采用 RC 低通滤波器，将它接在一些低频信号的传送电路中，可大大削弱各类高频干扰信号。

在输入/输出通道上还应采用过压保护电路，以防引入高电压，伤害单片机系统。过压保护电路由限流电阻和稳压管组成，限流电阻选择要适宜，太大会引起信号衰减，太小起不到保护稳压管的作用。稳压管的选择也要适宜，其稳压值以略高于最高传送信号电压为宜，太低将对有效信号起限幅效果，使信号失真。

2．供电系统干扰的抑制措施

单片机系统的供电线路和产生干扰的用电设备可分开供电。通常干扰源为各类大功率设备，如电机。对于小的单片机系统，可采用 CMOS 芯片，设计成低功耗系统，用电池供电，干扰可大大减少。

通过低通滤波器和隔离变压器接入电网。低通滤波器可以吸收大部分电网中的"毛刺"。隔离变压器是在初级绕组和次级绕组之间多加一层屏蔽层，并将它和铁芯一起接地，防止干扰通过初、次级之间的电容效应进入单片机供电系统。该屏蔽层也可用加绕的一层线圈来充当（一头接地，另一头空置）。

整流元件上并接滤波电容，可以在很大程度上削弱高频干扰，滤波电容选用容量为 1000pF～0.01μF 的无感瓷片电容为好。

选用高质量的稳压电路可使输出直流电压上的纹波很小，使干扰很难在输出端形成。

数字信号采用负逻辑传输。如果定义低电平为有效电平，高电平为无效电平，就可以减少干扰引起的误动作，提高数字信号传输的可靠性。

3．电磁场干扰的抑制措施

电磁场的干扰可采用屏蔽和接地措施。用金属外壳或金属屏蔽罩将整机或部分元器件包围起来，再将金属外壳接地，就能起到屏蔽作用。单片机系统中有数字地、模拟地、交流地、信号地及屏蔽地（机壳地），应分开连接不同性质的地。印制电路板中的地线应接成网状，而且其他布线不要形成回路，特别是环绕外周的环路。接地线最好应根据电路通路逐渐加宽，并且不要小于 3mm。在高频情况下，印制电路板多采用大面积地线直接与机壳直接相连，以形成多点接地方式。强信号地线和弱信号地线要分开。

4．减小 CPU 芯片工作时形成的电磁辐射

如果 CPU 工作产生的电磁辐射干扰了系统内的无线接收电路时，除了对 CPU 芯片采取屏蔽措施外，还必须在满足速度要求的前提下，尽可能降低系统的时钟频率。因为时钟频率越低，晶振电路产生的电磁辐射量越小。

尽量避免扩展外部存储器，即尽可能使用内含 Flash ROM、OTP ROM 存储器的芯片，且禁止 ALE 输出。

5. 采用硬件"看门狗"电路。

为了提高系统的可靠性，常用硬件"看门狗"电路来实现。图 10-3 中使用了一片 MAX813L（705/706）系统监视电路产品（详细技术资料请查阅 MAX 相关文献）。该电路具有上电使单片机自动复位，也允许人工随时手动复位，自动监视系统（掉电）等电源故障，程序跑飞使单片机自动复位的系统监视功能。该电路监视功能的具体实现说明如下：

图 10-3 MAX813L 与 8051 接口电路

（1）电源故障监视。当供电电源正常时，未经稳压的系统直流电源电压 V_{CC1} 经电阻 R1 和 R2 分压，使电源故障输入端 PFI 的电位大于 1.25V（内部参考电压）。一旦电源发生故障（如欠压），PFI 的电位低于 1.25V，则电源故障输出 PFO 将从高电平变为低电平，从而引起单片机中断，CPU 响应中断后可迅速执行诸如保护重要数据、发出电源故障报警等工作。

（2）看门狗定时器。看门狗电路监视单片机的 P1.0 线。正常情况下，P1.0 线不超过 1.6s 触发一次。若在 1.6s 内单片机不产生触发信号，看门狗输出端将变为低电平。由于与手动复位端（与 TTL/CMOS 兼容，可用外部逻辑线驱动）相连，当低电平维持时间超过 140ms，MAX813L（705/706）将复位，同时使看门狗清零。这样在 MAX 705/706/813L 的复位信号维持 200ms 结束后，单片机脱离复位状态，开始恢复程序并正常运行。

10.4.2 软件抗干扰措施

软件系统的可靠性设计的主要方法有开机自检、软件陷阱（进行程序"跑飞"检测）、设置程序运行状态标记、输出端口刷新、输入多次采样、软件"看门狗"等。通过软件系统的可靠性设计，达到最大限度地降低干扰对系统工作的影响，确保单片机及时发现因干扰导致程序出现的错误，并使系统恢复到正常工作状态或及时报警的目的。

1. 开机自检

开机后首先对单片机系统的硬件及软件状态进行检测，一旦发现不正常，就进行相应的处理。开机自检程序通常包括：

（1）检测 RAM。检查 RAM 读/写是否正常，实际操作是向 RAM 单元写"00H"，读出也应为"00H"，再向其写"FFH"，读出也应为"FFH"。如果 RAM 单元读/写出错，应给出 RAM 出错提示（声光或其他形式），等待处理。

（2）检查 ROM 单元的内容。对 ROM 单元的检测主要是检查 ROM 单元的内容的校验和。所谓 ROM 的校验和是将 ROM 的内容逐一相加后得到一个数值，该值便称校验和。ROM 单元存储的是程序、常数和表格。一旦程序编写完成，ROM 中的内容就确定了，其校验和也就是唯一的。若 ROM 校验和出错，应给出 ROM 出错提示（声光或其他形式），等待处理。

（3）检查 I/O 口状态。首先确定系统的 I/O 口在待机状态应处的状态，然后检测单片机的 I/O 口在待机状态下的状态是否正常（如是否有短路或开路现象等）。若不正常，应给出出错提示（声光或其他形式），等待处理。

（4）其他接口电路检测。除了对上述单片机内部资源进行检测外，对系统中的其他接口电路，如扩展的 E^2PROM、A/D 转换电路等，又如数字测温仪中的 555 单稳测温电路，均应通过软件进行检测，确定是否有故障。

2. CPU 抗干扰措施

前面几项抗干扰措施是针对 I/O 通道，干扰还未作用到单片机本身，这时单片机还能正确无误地执行各种抗干扰程序，当干扰作用到单片机本身时（通过干扰三总线等），单片机将不能按正常状态执行程序，从而引起混乱。如何发现单片机受到干扰，如何拦截失去控制的程序流向，如何使系统的损失减小，如何恢复系统的正常运行，这些就是 CPU 抗干扰需要解决的问题。可采用了以下几种方法：

（1）人工复位。对于失控的 CPU，最简单的方法是使其复位，程序自动从 0000H 开始执行。为此只要在单片机的 RESET 端加上一个高电平信号，并持续 10ms 以上即可。

（2）掉电保护。电网瞬间断电或电压突然下降将使微机系统陷入混乱状态，电网电压恢复正常后，微机系统难以恢复正常。对付这一类事故的有效方法就是掉电保护。掉电信号由硬件电路检测后，加到单片机的外部中断输入端（如图 10-3 中的欠压保护，通过 MAX813L 产生中断）。软件中断可将掉电中断设定为高级中断，使系统及时对掉电做出反应。在掉电中断子程序中，首先进行现场保护，保存当时重要的状态参数，当电源恢复正常时，CPU 重新复位，恢复现场，继续未完成的工作。

（3）睡眠抗干扰。CMOS 型的 51 系列单片机具有睡眠状态，此时只有定时/计数系统和中断系统处于工作状态。这时 CPU 对系统三总线上出现的干扰不会做出任何反应，从而大大降低系统对干扰的敏感程度。

通过仔细分析系统软件后发现，CPU 很多情况下是在执行一些等待指令和循环检查程序。由于这时 CPU 虽没有重要工作，但却是清醒的，很容易受干扰。让 CPU 在没有正常工作时休眠，必要时再由中断系统来唤醒它，之后又处于休眠。采用这种安排之后，大多数 CPU 可以有 50%～95%的时间用于睡眠，从而使 CPU 受到随机干扰的威胁大大降低，同时降低了 CPU 的功耗。

3. 指令冗余

当 CPU 受到干扰后，往往将一些操作数当做指令码来执行，引起程序混乱。这时首先要尽快将程序纳入正轨（执行真正的指令系列）。MCS-51 系统中所有指令都不超过 3 个字节，而且有很多单字节指令。当程序跑飞到某一条单字节指令上时，便自动纳入正轨。当跑飞到某一双字节或三字书指令上时，有可能落到其操作数上，从而继续出错。因此，应多采用单字节指令，并在关键的地方人为地插入一些单字节指令（NOP），或将有效单字节指令重复书写，这便是指令冗余。

在双字节和三字节指令之后插入两条 NOP 指令，可保护其后的指令不被拆散。或者说，某指令前如果插入两条 NOP 指令，则这条指令就不会被前面冲下来的失控程序拆散，并将被完整执行，从而使程序走上正轨。但不能加入太多的冗余指令，以免明显降低程序正常运行的效率。因此，常在一些对程序流向起决定作用的指令之前插入两条 NOP 指令，以保证跑飞的程序迅速纳入正确的控制轨道。此类指令有 RET、RETI、LCALL、SJMP、JZ、CJNE 等。在某些对系统工作状态至关重要的指令（如"SETB　EA"等）前也可插入两条 NOP 指令，以保证被正确执行。上述关键指令中，RET 和 RETI 本身即为单字节指令，可以直接用其本身来代替 NOP 指令，但有可能增加潜在危险，不如 NOP 指令安全。

4．软件陷阱

指令冗余使跑飞的程序重新回到用户指令是有条件的，首先跑飞的程序必须落到程序区，其次必须执行到冗余指令。当跑飞的程序落到非程序区（如 EPROM 中未使用的空间、程序中的数据表格区）时前一个条件即不满足；当跑飞的程序在没有碰到冗余指令之前，已经自动形成一个死循环，这时第二个条件也不满足。对前一种情况采取的措施就是设立软件陷阱，对后一种情况采取的措施是建立程序运行监视系统（看门狗"WATCHDOG"）。

所谓软件陷阱，就是一条引导指令，强行将捕获的程序引向对程序出错进行处理的程序。如果把这段程序的入口标号称为 ERR，软件陷阱即为一条"LJMP　ERR"指令。为加强其捕捉效果，一般还在它前面加两条 NOP 指令，因此，真正的软件陷阱由三条指令构成。

```
NOP
NOP
LJMP  ERR
```

软件陷阱安排在下列四种区域：

（1）未使用的中断向量区。当干扰使未使用的中断开放，并激活这些中断时，就会进一步引起混乱。如果在这些地方布上陷阱，就能及时捕捉到错误中断。

（2）未使用的大片 ROM 空间。现在使用 EPROM 都很少将其全部用完。对于剩余的大片未编程的 ROM 空间，一般均维持原状 FFH。FFH 对于指令系统，是一条单字节指令（MOV R7,A），程序跑飞到这一区域后将顺流而下，不再跳跃（除非受到新的干扰），只要每隔一段设置一个陷阱，就一定能捕捉到跑飞的程序。软件陷阱一定要指向出错处理过程 ERR。可以将 ERR 字排在 0030H 开始的地方，程序不管怎样修改，编译后 ERR 的地址总是固定的（因为它前面的中断向量区是固定的）。这样就可以用 00 00 02 00 30 五个字节作为陷阱来填充 ROM 中的未使用空间，或者每隔一段设置一个陷阱（02 00 30），其他单元保持 FFH 不变。

（3）表格。汇编程序中有两类表格：一类是数据表格，供"MOVC A,@A+PC"指令或"MOVC A,@A+DPTR"指令使用，其内容完全不是指令；另一类是散转表格，供 JMP@A+DPTR 指令使用，其内容为一系列的三字节指令 LJMP 或两字节指令 AJMP。由于表格内容和检索值有一一对应关系，在表格中间安排陷阱将会破坏其连续性和对应关系，只能在表格的最后安排五字节陷阱（NOP　NOP　LJMP　ERR）。

（4）程序区。程序区是由一串串执行指令构成的，在这些指令串之间常有一些断裂点，正常执行的程序到此便不会继续往下执行了，这类指令有 JMP、RET 等。这时 PC 的值应发生正常跳变。如果还要顺次往下执行，必然就出错了。当然，跑飞来的程序刚好落到断裂点的操作数上或落到前面指令的操作数上（又没有在这条指令之前使用冗余指令），则程序就会越过断裂点，继续执行。在这种地方安排陷阱之后，就能有效地捕捉住它，而又不影响正常执行的程序流程。例如：

```
        ……
        AJMP    ABC
        NOP
        NOP
        LJMP    ERR
        ……
ABC:    MOV     A,R2
        RET
        NOP
        NOP
        LJMP    ERR
ERR:    ……
```

由于软件陷阱都安排在程序正常执行不到的地方，故不会影响程序执行效率。

5. 输出端口刷新

由于单片机的 I/O 口很容易受到外部信号的干扰，输出口的状态也可能因此而改变。在程序中周期性地添加输出端口刷新指令，可以降低干扰对输出口状态的影响。在程序中指定 RAM 单元存储输出口当时应处的状态，在程序运行过程中根据这些 RAM 单元的内容去刷新 I/O 口。

6. 输入多次采样

干扰对单片机的输入会造成输入信号瞬间采样的误差或误读。要排除干扰的影响，通常采取重复采样、加权平均的方法。

例如，对于外部电平采样（如按键），采取软件每隔 10ms 读一次键盘或连续读若干次，每次读出的数据都相同或者采取表决的方法确认输入的键值；又如在用单稳电路检测温度的系统中采取对单稳电路的脉冲宽度计数，然后查表求温度值的方法。为排除干扰的影响，可以采取三次采样求平均值，也可以采取两次采样、差值小于设定值为有效，然后求平均值的方法（又称软件滤波）。

7. 重复输出同一个信号

单片机在输出信号时，外部干扰有可能使信号出错。如系统中单片机发出的驱动步进电动机的信号经锁存器锁存后传送给驱动电路，锁存器对干扰非常敏感，当锁存线上出现干扰时，会盲目锁存当前数据，而不管是否有效。因此首先应将锁存器与单片机安装在同一电路板上，使传输线上传送的是已经锁存好的控制信号。同时在软件上，最有效的方法就是重复输出同一个信号，只要重复周期尽可能短，锁存器接收到一个被干扰的错误信号后还来不及做出有效的反应，一个正确的输出信号又到达，就可以及时防止错误动作的产生。

8. 软件"看门狗"

软件陷阱是在程序运行到 ROM 的非法区域时检测程序出错的方法。而"看门狗"是根据程序在运行指定时间间隔内未按时复位看门狗定时器，来判断程序运行出错的。

在系统成本允许的情况下，应选择专门的看门狗电路芯片或片内带看门狗定时器的单片机。如果条件不允许，应加软件"看门狗"。用一个定时器来做"看门狗"，将它的溢出中断设定为高级中断，系统中的其他中断可设为低级中断。当"看门狗"启动后，在主程序中，必须在一定时间内（小于定时器初值）重新给定时器赋初值，这样在程序正常运行时不会产生溢出中断。当程序陷入死循环后，由于定时溢出中断的是高级中断，可夺走对 CPU 的控制权，则经过定时时间后产生一次定时器溢出中断，从而退出死循环。定时器溢出中断可直接转向出错处理程序，在中断向量区安排一条"LJMP ERROR"即可。由出错程序来完成各种善后工作，并用软件方法使系统复位。

第11章

Keil C51 软件的使用

Keil C51 μVision2 是目前最流行的 C51 集成开发环境（IDE），集编辑、编译、仿真于一体，支持 C51 及汇编编程，界面友好，易学易用。下面通过简单的编程、调试，说明 Keil C51 软件的基本使用方法和基本的调试技巧。

进入 Keil C51 后，屏幕如图 11-1 所示。几秒后出现 Keil C51 应用程序界面，如图 11-2 所示。

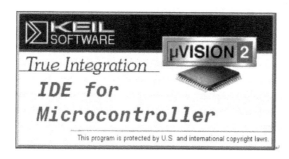

图 11-1　启动 Keil C51 时的屏幕

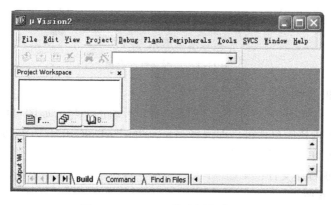

图 11-2　Keil C51 的应用程序界面

11.1 工程文件的建立及设置

11.1.1 工程文件的建立和编译、连接

Keil C51 是 Windows 版的软件，不管使用汇编或 C 语言编程，也不管是一个还是多个文件的程序，都先要建立一个工程文件。没有工程文件，将不能进行编译和仿真。图 11-2 左边有一个工程管理窗口，该窗口有 3 个标签，分别是"Files"、"Regs"和"Books"，分别用于显示当前项目的文件结构、CPU 内部的寄存器及部分特殊功能寄存器的值（调试时才出现）和所选 CPU 的附加说明文件。工程文件的建立，可分为以下几步。

（1）新建工程

单击"Project"菜单，在弹出的下拉菜单中选中"New Project"选项，如图 11-3 所示，输入工程文件的名字（如 ads），选择要保存的路径（如保存到 C51 目录里），然后单击"保存"按钮，如图 11-4 所示。

图 11-3　新建工程菜单的选择

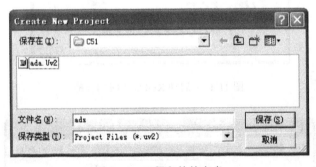

图 11-4　工程文件的存盘

（2）选择单片机的型号

在第（1）步后会弹出一个对话框，要求选择单片机的型号，如图 11-5 所示。Keil C51 几乎支持所有的 51 内核的单片机，如选择 Atmel 的"AT89C1051"，右边栏是对这个单片机的基本的说明，然后单击"确定"按钮。

（3）为工程添加程序文件：单击"File"菜单，再在下拉菜单中单击"New"选项，新建文件后屏幕如图 11-6 所示。

图 11-5　CPU 的选择

图 11-6　新建文件的编辑窗体

此时光标在编辑窗口里闪烁，这时可以输入用户的应用程序了，但最好先保存该空白的文件，单击菜单上的"File"，在下拉菜单中选中"Save As"选项单击，屏幕如图 11-7 所示。在"文件名"栏右侧的编辑框中，输入欲使用的文件名（如 Text1）及其扩展名。

图 11-7　新建程序文件的存盘

注意：如果用 C 语言编写程序，则扩展名为（.c）；如果用汇编语言编写程序，则扩展名必须为（.asm）。然后，单击"保存"按钮。

（4）将程序文件添加到工程中

回到项目管理窗口，单击"Target 1"前面的"＋"号，然后在"Source Group 1"文件夹上单击右键，弹出下拉菜单，如图 11-8 所示。

然后单击"Add Files to Group 'Source Group 1'"，找到刚才建立的文件 Test1.c。因为是

c 程序文件，所以文件类型选择 "C Source file(*.c)"。如果是汇编文件，就选择 "asm source file"；如果是目标文件，就选择 "Object file"；如果是库文件，选择 "Library file"。最后单击 "Add" 按钮。

图 11-8　程序文件添加到工程的选择菜

图 11.9　子项 "Text1.c" 文件

单击 "Add" 按钮之后，窗口不会消失，如果要添加多个文件，可以不断添加，添加完毕此时再单击 "Close" 按钮关闭该窗口。在图 11-9 中，注意到 "Source Group 1" 文件夹中多了一个子项 "Text1.c"，子项的多少与所增加的源程序的多少相同。

（5）在编辑窗体中输入如下的 C 语言源程序

```
#include <reg52.h>          //包含文件
#include <stdio.h>
void main(void)             //主函数
{ SCON=0x52;
    TMOD=0x20;
    TH1=0xf3;
    TR1=1; //此行及以上 3 行为 PRINTF 函数所必需
    TI=1;
    printf("Hello world. \n"); //打印程序执行的信息
    while(1);}
```

在输入上述程序时，可以看到事先保存待编辑的文件的好处，即 Keil C51 会自动识别关键字，并以不同的颜色提示用户加以注意。这样会使用户少犯错误，有利于提高编程效率。程序输入完毕后，如图 11-10 所示。

（6）代码的编译和连接

在建立好工程文件后，就可对程序文件进行编译和连接，单击 "Project" 菜单，在其下拉菜单中单击 "Built Target" 选项（或者使用快捷键 F7），则会对当前工程进行连接。如果当前文件已修改，软件先对当前文件进行编译，然后再连接以产生目标代码；若没有修改，则不会编译。如果选择 "Rebuild All target"，将会对当前工程中的所有文件重新进行编译后再连接，确保最终产生的目标代码是最新的；而选择 "translate……" 项则仅对该文件进行编译，不进行连接。编译信息显示在输出窗口 "Build" 页中，如图 11-10 所示。若编译后报错"IO.C(65): error C141: syntax error near 'while', target not created",说明"IO.c"程序文件的 65 行在"while"附近有语法错误,目标文件没有建立。用鼠标双击该行,则编辑窗口出现一个蓝色箭头,指出出错位置。修改后重新编译,若成功,最终会得到图 11-10 所示的信息。

图 11-10 程序文件的建立

以上操作也可以通过图 11-11 所示的工具栏按钮直接进行,工具栏图标从左到右分别是"编译"、"当前工程编译连接"、"全部重建"、"停止编译"、"下载到 Flash"和"对工程属性进行设置"的工具按钮。

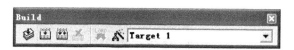

图 11-11 编译、连接、工程设置等的工具条

11.1.2 设置工程文件的属性

单击"Project"菜单,在下拉菜单中单击"Options for Target 'Target 1'",可更改工程属性设置,其中常用的标签页是"Device"、"Target"、"Output"、"Listing"、"C51"和"Debug"。

1."Target"标签属性

(1)选择"Target"选项,如图 11-12 所示。

Xtal(MHz):设置单片机的工作频率。该数值与最终产生的目标代码无关,这样做的好处是可以在软件仿真时,计算出程序运行时间。将其设置成硬件系统所用的晶振频率,则显示时间与实际所用时间一致。默认值为 24.0MHz。

图 11-12　"Target"属性标签

- Use On-chip ROM(0x0-0x7FF)若使用片内 Flash ROM，则选择该项，默认不选这项。
- Off-chip Code memory：设置外接的 ROM 的开始地址和大小，默认无。
- Off-chip Xdata memory：设置外部数据存储器的起始地址和大小，默认无。
- Code Banking：使用 Code Banking 技术 Keil 可以支持程序代码超过 64KB 的情况，最大可以有 2MB 的程序代码，默认不选这项。

（2）"Memory Model"有 3 个选项，如图 11-13 所示。

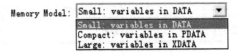

图 11-13　Memory　Model 选项

- Small：变量存储在内部 RAM 中，默认选 Small。
- Compact：变量存储在外部 RAM 里，使用 8 位页间接寻址。
- Large：变量存储在外部 RAM 里，使用 16 位间接寻址。

三种存储方式都支持内部 256B 和外部 64KB 的 RAM，区别是变量默认的存储位置。

（3）Code Rom Size 有 3 个选项，如图 11-14 所示。

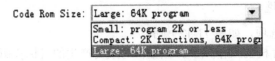

图 11-14　Code Rom Size 选项

- Small：program 2K or less：整个工程不超过 2KB 的代码，适用于 89C2051 这些芯片。
- Compact：2K functions，64K program：表示每个子函数大小不超过 2KB，整个工程可以有 64KB 的代码。
- Large：64K program：表示程序或子函数都可以大到 64KB，使用 code banking 还可

以更大，默认选 Large。在确认每个子函数不会超过 2KB 时，可以选择 Compact。

（4）Operating 有 3 个选项，如图 11-15 所示。

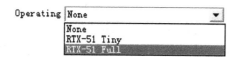

图 11-15　Memory　Model 选项

- None：表示不使用操作系统。
- RTX-51 Tiny：表示使用 Tiny 操作系统。
- RTX-51 Full：表示使用 Full 操作系统。

Keil C51 提供了 Tiny 多任务操作系统，使用定时器 0 来做任务切换，效率很低，无实用价值。Full 需要用户使用外部 RAM，且需要单独购买运行库，不能使用，默认选 None。

2．"Output"标签属性

"Output"标签属性设置窗口如图 11-16 所示。

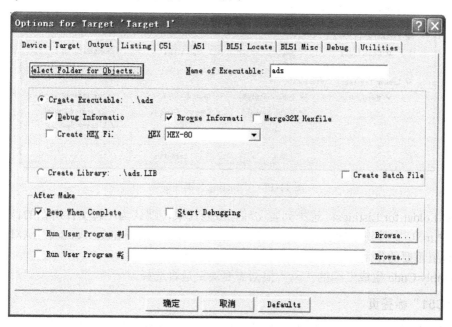

图 11-16　"Output"属性标签

（1）Select Folder for Objects：选择编译之后的目标文件存储在哪个目录里，默认位置为工程文件的目录里。

（2）Name of Executable：设置生成的目标文件的名字，默认是工程文件的名字。

（3）Create Executable：是生成 OMF 以及 HEX 文件。OMF 文件名同工程文件名但没有带扩展名。

（4）Create Hex File：默认情况下未被选中，如果要写片，就必须选中该项。这一点请务必注意，否则编译后不生成 Hex 文件。

（5）Create Library：生成 lib 库文件，默认不选。

（6）After Make 部分有以下几个设置：

- Beep When Complete：编译完成之后发出咚的声音。
- Start Debugging：编译完成之后，马上启动调试（软件仿真或硬件仿真），默认不选中。
- Run User Program #1，Run User Program #2：根据需要设置编译之后运行的应用程序，比如自己编写的烧写芯片的程序，或调用外部的仿真程序。

3."Listing"标签属性

"Listing"标签页用于调整生成的列表文件选项，一般常设置成如图 11-17 所示。

图 11-17 "Listing"属性标签

Select Folder for Listings：选择列表文件存放的目录，默认为工程文件所在的目录。

*.lst *.m51 文件对了解程序用到了那些 idata、data、bit、xdata、code、RAM、ROM、Stack 等有很重要的作用。

Assembly Code 生成汇编的代码，根据需要决定是否选择。

4."C51"标签页

"C51"标签页用于对 Keil 的 C51 编译器编译过程进行控制，其中比较常用的是"Code Optimization"组，如图 11-18 所示。

该组中"Level"是优化等级，C51 在对源程序进行编译时可以对代码多至 9 级优化，默认使用第 8 级，一般不必修改。如果在编译中出现一些问题可以降低优化级别试一试。

"Emphasis"是选择编译优先方式，第一项是代码量优化（最终生成的代码量小），第二项是速度优先（最终生成的代码速度快），第三项是默认的，是速度优先，可根据需要更改。

5."Debug"标签页

"Debug"选项卡用来设置调试器，如图 11-19 所示。可以选择硬件、软件仿真器进行仿真。

图 11-18　"C51" 属性标签

图 11-19　"Debug" 属性标签

（1）Use Simulator：选择 Keil 内置的模拟调试器，进行软件仿真。该设置为工程默认设置。

（2）Use：选择硬件仿真，默认的是 "Keil Monitor-51 Drive"。如果发现是其他参数，可以单击下拉列表进行重新设置，选择完成后单击 "Setting" 按钮，选择 PC 所用的串行口、通信的波特率（通常可以使用 38400），其他设置一般不需要更改，完成后单击 "OK" 按钮，如图 11-20 所示。

图 11.20 硬件仿真的通信设置对话框

（3）Load Application at Start：启动时直接装载程序。

（4）Go till main：装载后直接运行到 main 函数。

11.2 程序调试

前面所进行的代码的编译和连接，只能确定源程序没有语法错误。至于源程序中是否存在错误，必须通过反复调试才能发现，因此调试是软件开发中的一个重要环节。本节将介绍常用的调试命令，利用在线汇编、设置断点进行程序调试的方法。

11.2.1 常用调试命令

单击"Debug"菜单，在下拉菜单中单击"Start/Stop Debug Session"（或者使用快捷键 Ctrl+F5），即可进入/退出调试状态，模拟执行程序。此时，工具栏会多出一个用于运行和调试的工具条。如图 11-21 所示，"Debug"菜单上的大部分命令可以在此找到对应快捷按钮，从左到右依次是复位、全速运行、暂停、单步、过程单步、执行完当前子程序、运行到当前行、下一状态、打开跟踪、观察跟踪、反汇编窗口、观察窗口、代码作用范围分析、1#串行窗口、内存窗口、性能分析、工具按钮等命令。

图 11-21 调试工具条

复位按钮可模拟芯片的复位，使程序回到最开头处执行。过程单步就是说将汇编语言或高级语言中的函数作为一个语句全速运行，不逐行执行被调用子函数。打开 1#串行窗口，可以看到从 51 芯片的串行口输入/输出的字符。

单击"Debug"菜单→在下拉菜单中单击"Go"选项（或者使用快捷键 F5）→单击"Debug"菜单→在下拉菜单中单击"Stop Running"选项（或者使用快捷键 Esc）→单击

"View" 菜单→在下拉菜单中单击 "Serial Windows #1" 选项，就可以在 Serial Windows #1
看到前面所建的 test1.c 程序运行后的结果，其结果如图 11-22 所示。

图 11-22 程序运行结果的显示

11.2.2 在线汇编

在调试过程中如果发现错误，可以直接对程序进行修改，但是不能编译，必须退出调试
环境才能编译，然后再进入调试，这样使调试过程变得麻烦。为此 Keil 软件提供了在线汇编
的功能。

把光标放在需要修改的程序行上，选择菜单 "Debug" → "Inline Assembly..."，出现
如图 11-23 的对话框。在 "Enter New" 后面的编辑框内输入新的程序语句，输入完后按回
车键将自动指向下一条语句，可以继续修改。如果不再需要修改，单击右上角的关闭按钮关
闭窗口。

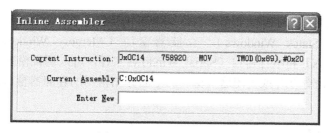

图 11-23 在线汇编对话框

11.2.3 断点设置

程序调试时，一些程序行必须满足一定的条件才能被执行到，这时就要使用到程序调试
中一种非常重要的方法——断点设置。

断点设置的方法有多种，常用的是在某一程序行设置断点，设置好断点后可以全速运行
程序，一直执行到该程序行即停止，可在此观察有关变量值，以确定问题所在。在程序行设
置/移除断点的方法：将光标定位于需要设置断点的程序行，使用菜单 "Debug" →

"Insert/Remove Breakpoint"设置或移除断点（也可以在该行双击实现）；"Debug"→"Enable/Disable Breakpoint"是开启或暂停光标所在行的断点功能；"Debug"→"Disable All Breakpoint"暂停所有断点；"Debug"→"Kill All Breakpoint"清除所有的断点设置。这些功能也可以用工具条上的快捷按钮进行设置。

除了在程序行设置断点外，Keil 还有多种设置断点的方法，单击"Debug"→"Breakpoint…"弹出一个对话框。通过该对话框可对断点进行详细的设置，如图 11-24 所示。

图 11-24 中"Expression"编辑框内用于输入确定程序停止运行的条件表达式。Keil 内置的表达式的定义功能非常强大，并可在条件表达式 Expression 达到所要求的 Count 次数时设为断点，如假设条件 Expression 为"p1==1、count=2"，则将第二次"p1==1"时设为断点。Command 设置满足 Expression 条件时在信息窗口输出的信息，与 Count 无关，每次满足该条件都会输出信息。

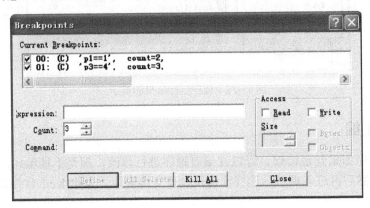

图 11-24　Keil 的断点设置对话框

11.3　Keil 程序调试窗口

Keil 软件在调试程序时提供了多个窗口，主要包括输出窗口（Output Windows）、观察窗口（Watch&Call Statck Windows）、存储器窗口（Memory Windows）、反汇编窗口（Dissambly Windows）和串行窗口（Serial Windows）等。进入调试模式后，可以通过菜单"Views"下的相应命令打开或关闭这些窗口。下面介绍常用的存储器窗口、观察窗口和工程窗口寄存器页。

11.3.1　存储器窗口

存储器窗口中可以显示和修改系统中各种内存中的值，如图 11-25 所示。通过在"Address"编辑框内输入"字母:数字"即可显示相应内存值，其中字母可以是 C、D、I、X，分别代表程序存储空间、直接寻址的片内存储空间、间接寻址的片内存储空间、扩展的外部 RAM 空间，数字代表想要查看的地址。例如：输入"D:0"即可观察到地址 0 开始的片内 RAM 单元值；输入"C:0"即可显示从 0 开始的 ROM 单元中的值，即查看程序的二进制代码。该窗口的显示值可以以各种形式显示：十进制、十六进制、字符型等，改变显示方式的方法是单击鼠标右键，在弹出的快捷菜单中选择。该菜单用隐形线条分隔成上中下三部分（如图 11-25 所示），其中第一部分与第二部分的三个选项为同一级别。

图 11-25 存储器窗口及数据显示方式的下拉菜单

选中第一部分的任一选项，内容将以整数形式显示，其中"Decimal"项是一个开关，如果选中该项，则窗口中的值以十进制的形式显示，否则按默认的十六进制方式显示。"Unsigned"和"Signed"分别代表无符号、有符号形式，其后均有三个选项，即"Char"、"Int"、"Long"，分别代表以用户的设置的单元开始，以单字节、整数型、长整数型数方式显示。以整型为例，如果输入的是"I:0"，那么 00H 和 01H 单元的内容将会组成一个整型数。有关数据格式与 C 语言规定相同，请参考 C 语言相关书籍。默认以无符号单字节方式显示。

第二部分有三项，"Ascii"项是字符型式显示，"Float"项是将相邻 4 字节组成浮点数形式显示，"Double"是将相邻 8 字节组成双精度形式显示。

第三部分的"Modify Memory at X:xxx"用于更改鼠标处的内存单元值。选中该项即出现如图 11-26 所示的对话框，可以在对话框内输入新的值、单个字符加单引号、字符串加双引号，从指定单元开始存放。

图 11-26 存储单元值的修改

11.3.2 观察窗口

由于工程窗口中仅可以观察到工作寄存器和有限的寄存器，如 A、B、DPTR 等，如果需要观察其他寄存器的值或者在高级语言编程时需要直接观察变量时，就要借助于观察窗口了。单击"View"→"Watch and call stack Windows"即可弹出观察窗口，如图 11-27 所示，按功能键 F2 可输入观察对象的名称。一般情况下，仅在单步执行时才对变量值的变化感兴趣，全速运行时，变量的值是不变的，只有在程序停下来之后，才会将这些值最新的变化反映出来。但是，若选中"View"→"Periodic Windows Updata"（周期更新窗口），则在全速运行时也能观察到变量的变化，但其将使程序模拟执行的速度变慢。

图 11.27 观察窗口

图 11.28　工程窗口寄存器页

11.3.3　工程窗口寄存器页

图 11-28 所示是工程寄存器页的内容。寄存器页包括了当前的工作寄存器组和系统寄存器组。系统寄存器组有一些是实际存在的寄存器，如 a、b、dptr、sp、psw 等，有一些是实际中并不存在或虽然存在却不能对其操作的，如 PC、states 等。每当程序中执行到对某寄存器的操作时，该寄存器会以反色显示，用鼠标双击可修改该值。

11.3.4　外围接口窗口

通过单击"Peripherals"菜单，Keil 提供了单片机中的定时器、中断、并行端口、串行口等常用外设接口对话框。这些对话框只有在调试模式才能使用，且内容与用户建立项目时所选的 CPU 有关。打开这些对话框，列出了外围设备的当前使用情况、各标志位的情况等，可以在这些对话框中直观地观察和更改各外围设备的运行情况。图 11-29、图 11-30、图 11-31、图 11-32 所示的是 89C52 单片机 P1 口、定时器、串行口、中断窗口。在这些窗口中可以观察单片机外围设备的状态，还可对它们的工作模式进行修改。

图 11.29　单片机 P1 口窗口

图 11.30　单片机定时器窗口

图 11.31　单片机串行口窗口

图 11.32　单片机中断窗口

附录 A   MCS-51 指令表

MCS-51 指令系统所用的符号和含义

addr11	页面地址
bit	位地址
rel	相对偏移量，为 8 位有符号数（补码形式）
direct	直接地址单元（RAM、SFR、I/O）
(direct)	直接地址指出的单元内容
#data	立即数
Rn	工作寄存器 R0～R7
(Rn)	工作寄存器的内容
A	累加器
(A)	累加器的内容
Ri	i=0,1，数据指针 R0 或 R1
(Ri)	R0 或 R1 的内容
((Ri))	R0 或 R1 指出的单元内容
X	某一个寄存器
(X)	某一个寄存器的内容
((X))	某一个寄存器指出的单元内容
→	数据传送方向
∧	逻辑与
∨	逻辑或
⊕	逻辑异或
√	对标志产生影响
×	不影响标志
△	$A_{10}A_9A_80$
*	$A_{10}A_9A_81$

MCS-51 指令表

十六进制代码	助 记 符	功 能	对标志的影响				字节数	周期数
			P	OV	AC	CY		
算术运算指令								
28~2F	ADD A, Rn	(A)+(Rn)→A	√	√	√	√	1	1
25	ADD A, direct	(A)+(direct)→A	√	√	√	√	2	1
26,27	ADD A, @Ri	(A)+((Ri))→A	√	√	√	√	1	1
24	ADD A, #data	(A)+data→A	√	√	√	√	2	1
38~3F	ADDC A, Rn	(A)+(Rn)+CY→A	√	√	√	√	1	1
35	ADDC A,direct	(A)+(direct)+CY→A	√	√	√	√	2	1
36,37	ADDC A, @Ri	(A)+((Ri))+CY→A	√	√	√	√	1	1
34	ADDC A, #data	(A)+data+CY→A	√	√	√	√	2	1
98~9F	SUBB A, Rn	(A)-(Rn)-CY→A	√	√	√	√	1	1
95	SUBB A, direct	(A)-(direct)-CY→A	√	√	√	√	2	1
96,97	SUBB A, @Ri	(A)-((Ri))-CY→A	√	√	√	√	1	1
94	SUBB A, #data	(A)-data-CY→A	√	√	√	√	2	1
04	INC A	(A)+1→A	√	×	×	×	1	1
08~0F	INC Rn	(Rn)+1→Rn	×	×	×	×	1	1
05	INC direct	(direct)+1→direct	×	×	×	×	2	1
06,07	INC @Ri	((Ri))+1→(Ri)	×	×	×	×	1	1
A3	INC DPTR	(DPTR)+1→DPTR					1	2
14	DEC A	(A)-1→A	√	×	×	×	1	1
18~1F	DEC Rn	(Rn)-1→Rn	×	×	×	×	1	1
15	DEC direct	(direct)-1→direct	×	×	×	×	2	1
16,17	DEC @Ri	((Ri))-1→Ri	×	×	×	×	1	1
A4	MUL AB	(A)*(B)→AB	√	√	×	√	1	4
84	DIV AB	(A)/(B)→AB	√	√	×	√	1	4
D4	DA A	对 A 进行十进制加法调整	√	√	√	√	1	1
逻辑运算指令								
58~5F	ANL A, Rn	(A)∧(Rn)→A	√	×	×	×	1	1
55	ANL A, direct	(A)∧(direct)→A	√	×	×	×	2	1
56,57	ANL A, @Ri	(A)∧((Ri))→A	√	×	×	×	1	1
54	ANL A #data	(A)∧data→A	√	×	×	×	2	1
52	ANL direct,A	(direct)∧(A)→direct	×	×	×	×	2	1
53	ANL direct,#data	(direct)∧data→direct	×	×	×	×	3	2
48~4F	ORL A,Rn	(A)∨(Rn) →A	√	×	×	×	3	2
45	ORL A,direct	(A)∨(direct) →A	√	×	×	×	1	1
46,47	ORL A,@Ri	(A)∨((Ri)) →A	√	×	×	×	2	1
44	ORL A,#data	(A)∨data→A	√	×	×	×	1	1
42	ORL direct,A	(direct)∨(A) →direct	×	×	×	×	2	1
43	ORL direct,#data	(direct)∨data →direct	×	×	×	×	2	1

续表

十六进制代码	助 记 符	功 能	对标志的影响				字节数	周期数
			P	OV	AC	CY		
68~6F	XRL A,Rn	$(A) \oplus (Rn) \to A$	√	×	×	×	3	2
65	XRL A,direct	$(A) \oplus (direct) \to A$	√	×	×	×	1	1
66,67	XRL A,@Ri	$(A) \oplus ((Ri)) \to A$	√	×	×	×	2	1
64	XRL A,#data	$(A) \oplus data \to A$	√	×	×	×	1	1
62	XRL direct,A	$(direct) \oplus (A) \to direct$	×	×	×	×	2	1
63	XRL direct,#data	$(direct) \oplus data \to direct$	×	×	×	×	2	1
E4	CLR A	$0 \to A$	√	×	×	×	3	2
F4	CPL A	$\overline{(A)} \to A$	×	×	×	×	1	1
23	RL A	A 循环左移一位	×	×	×	×	1	1
33	RLC A	A 带进位循环左移一位	√	×	×	√	1	1
03	RR A	A 循环右移一位	×	×	×	×	1	1
13	RRC A	A 带进位循环右移一位	√	×	×	√	1	1
C4	SWAP A	A 半字节交换	×	×	×	×	1	1
数据传送指令								
E8~EF	MOV A, Rn	$(Rn) \to A$	√	×	×	×	1	1
E5	MOV A, direct	$(direct) \to A$	√	×	×	×	2	1
E6, E7	MOV A, @Ri	$((Ri)) \to A$	√	×	×	×	1	1
74	MOV A, #data	$Data \to A$	√	×	×	×	2	1
F8~FF	MOV Rn,A	$(A) \to Rn$	×	×	×	×	1	1
A8~AF	MOV Rn,direct	$(direct) \to Rn$	×	×	×	×	2	2
78~7F	MOV Rn,#data	$data \to Rn$	×	×	×	×	2	1
88~8F	MOV direct,Rn	$(Rn) \to direct$	×	×	×	×	2	1
85	MOV direct1,direct2	$(direct2) \to direct1$	×	×	×	×	2	2
86,87	MOV direct,@Ri	$((Ri)) \to direct$	×	×	×	×	3	2
75	MOV direct,#data	$data \to direct$	×	×	×	×	2	2
F5	MOV direct,A	$(A) \to direct$	×	×	×	×	2	1
F6,F7	MOV @Ri,A	$(A) \to (Ri)$	×	×	×	×	3	2
A6,A7	MOV @Ri,direct	$(direct) \to (Ri)$	×	×	×	×	1	1
76,77	MOV @Ri,#data	$data \to (Ri)$	×	×	×	×	2	2
90	MOV DPTR,#data16	$data16 \to DPTR$	×	×	×	×	2	1
93	MOVC A,@A+DPTR	$((A)+(DPTR)) \to A$	√	×	×	×	3	2
83	MOVC A,@A+PC	$((A)+(PC)) \to A$	√	×	×	×	1	2
E2,E3	MOVX A,@Ri	$((P2)(Ri)) \to A$	√	×	×	×	1	2
E0	MOVX A,@DPTR	$((DPTR)) \to A$	√	×	×	×	1	2
F2,F3	MOVX @Ri,A	$(A) \to (P2)(Ri)$	×	×	×	×	1	2
F0	MOVX @DPTR,A	$(A) \to ((DPTR))$	×	×	×	×	1	2
C0	PUSH direct	$(SP)+1 \to SP (direct) \to (SP)$	×	×	×	×	2	2
D0	POP direct	$((SP)) \to direct (SP)-1 \to SP$	×	×	×	×	2	2
C8~CF	XCH A,Rn	$(A) \longleftrightarrow (Rn)$	√	×	×	×	1	1

十六进制代码	助记符	功　能	对标志的影响				字节数	周期数
			P	OV	AC	CY		
C5	XCH A,direct	(A) ⟷ (direct)	√	×	×	×	2	1
C6,C7	XCH A,@Ri	(A) ⟷ ((Ri))	√	×	×	×	1	1
D6,D7	XCHD A,@Ri	(A)$_{0\sim3}$ ⟷ ((Ri))$_{0\sim3}$	√	×	×	×	1	1
位操作指令								
C3	CLR C	0→cy	×	×	×	√	1	1
C2	CLR bit	0→bit	×	×	×		2	1
D3	SETB C	1→cy	×	×	×	√	1	1
D2	SETB bit	1→bit	×	×	×		2	1
B3	CPL C	$\overline{cy}$→cy	×	×	×	√	1	1
B2	CPL bit	$\overline{bit}$→bit	×	×	×		2	1
82	ANL C,bit	(cy)∧(bit)→cy	×	×	×	√	2	2
B0	ANL C,/bit	(cy)∧(bit)→cy	×	×	×	√	2	2
72	ORL C,bit	(cy)∨(bit)→cy	×	×	×	√	2	2
A0	ORL C,/bit	(cy)∨($\overline{bit}$)→cy	×	×	×	√	2	2
A2	MOV C,bit	bit→cy	×	×	×	√	2	1
92	MOV bit,C	cy→bit	×	×	×	×	2	2
控制移位指令								
*1	ACALL addr 11	(PC)+2→PC (SP)+1→SP,(PC)$_L$→(SP) (SP)+1→SP,(PC)$_H$→(SP) addr11→PC$_{10\sim0}$	×	×	×	×	2	2
12	LCALL addr 16	(PC)+2→PC,(SP)+1→SP (PC)$_L$→(SP),(SP)+1→SP (PC)$_H$→(SP),addr16→PC	×	×	×	×	3	2
22	RET	((SP))→PC$_H$,(SP)-1→SP ((SP))→PC$_L$,(SP)-1→SP	×	×	×	×	1	2
32	RETI	((SP))→PC$_H$,(SP)-1→SP ((SP))→PC$_L$,(SP)-1→SP 从中断返回	×	×	×	×	1	2
△1	AJMP addr 11	Addr11→PC$_{10\sim0}$	×	×	×	×	2	2
02	LJMP addr 16	Addr16→PC	×	×	×	×	3	2
80	SJMP rel	(PC)+(rel)→PC	×	×	×	×	2	2
73	JMP @A+DPTR	(A)+(DPTR)→PC	×	×	×	×	1	2
60	JZ rel	(PC)+2→PC 若(A)=0，则(PC)+(rel)→PC	×	×	×	×	2	2
70	JNZ rel	(PC)+2→PC 若(A)≠0，则(PC)+(rel)→PC	×	×	×	×	2	2
40	JC rel	(PC)+2→PC 若cy=1，则(PC)+(rel)→PC	×	×	×	×	2	2

十六进制代码	助 记 符	功　　能	对标志的影响				字节数	周期数
			P	OV	AC	CY		
50	JNC rel	(PC)+2→PC 若 cy=0，则(PC)+(rel)→PC	×	×	×	×	2	2
20	JB bit,rel	(PC)+3→PC 若 bit=1，则(PC)+(rel)→PC	×	×	×	×	3	2
30	JNB bit,rel	(PC)+3→PC 若 bit=0，则(PC)+(rel)→PC	×	×	×	×	3	2
10	JBC bit,rel	(PC)+3→PC 若 bit=1，则 0→bit，(PC)+(rel)→PC	×	×	×	×	3	2
B5	CJNE A,direct,rel	(PC)+3→PC 若(A)≠(direct)，则(PC)+(rel)→PC 若(A)<(direct)，则 1→cy	×	×	×	×	3	2
B4	CJNE A,#data,rel	(PC)+3→PC 若(A)≠data，则(PC)+(rel)→PC 若(A)<data，则 1→cy	×	×	×	×	3	2
B8～BF	CJNE Rn,#data,rel	(PC)+3→PC 若(Rn)≠data，则(PC)+(rel)→PC 若(Rn)<data，则 1→cy	×	×	×	×	3	2
B6,B7	CJNE @Ri,#data,rel	(PC)+3→PC 若((Ri))≠data，则(PC)+(rel)→PC 若((Ri))<data，则 1→cy	×	×	×	×	3	2
D8～DF	DJNZ Rn,rel	(PC)+2→PC，(Rn)-1→Rn 若(Rn)≠0，则(PC)+(rel)→PC	×	×	×	×	2	2
D5	DJNZ direct,rel	(PC)+3→PC，(direct)-1→direct 若(direct)≠0，则(PC)+(rel)→PC	×	×	×	×	3	2
00	NOP	空操作	×	×	×	×	1	1

附录 B   ASCII 码表

低位\高位		0H	1H	2H	3H	4H	5H	6H	7H
		000	001	010	011	100	101	110	111
0H	0000	NUL	DLE	SP	0	@	P	`	p
1H	0001	SOH	DC1	!	1	A	Q	a	q
2H	0010	STX	DC2	"	2	B	R	b	r
3H	0011	ETX	DC3	#	3	C	S	c	s
4H	0100	EOT	DC4	$	4	D	T	d	t
5H	0101	ENQ	NAK	%	5	E	U	e	u
6H	0110	ACK	SYN	&	6	F	V	f	v
7H	0111	BEL	ETB	'	7	G	W	g	w
8H	1000	BS	CAN	(	8	H	X	h	x
9H	1001	HT	EM	)	9	I	Y	i	y
AH	1010	LF	SUB	*	:	J	Z	j	z
BH	1011	VT	ESC	+	;	K	[	k	{
CH	1100	FF	FS	,	<	L	\	l	|
DH	1101	CR	GS	—	=	M	]	m	}
EH	1110	SO	RS	.	>	N	^	n	~
FH	1111	SI	US	/	?	O	_	o	DEL

反侵权盗版声明

　　电子工业出版社依法对本作品享有专有出版权。任何未经权利人书面许可，复制、销售或通过信息网络传播本作品的行为；歪曲、篡改、剽窃本作品的行为，均违反《中华人民共和国著作权法》，其行为人应承担相应的民事责任和行政责任，构成犯罪的，将被依法追究刑事责任。

　　为了维护市场秩序，保护权利人的合法权益，我社将依法查处和打击侵权盗版的单位和个人。欢迎社会各界人士积极举报侵权盗版行为，本社将奖励举报有功人员，并保证举报人的信息不被泄露。

举报电话：（010）88254396；（010）88258888

传　　真：（010）88254397

E-mail：　dbqq@phei.com.cn

通信地址：北京市万寿路173信箱
　　　　　电子工业出版社总编办公室

邮　　编：100036